高等医药院校系列教材

无机化学实验与学习指导

第2版

主　　编　海力茜·陶尔大洪　姚　军
副主编　王　磊　程煜凤　骈继鑫　沈　静
编　　委　（以姓氏笔画为序）
马桂芝（新疆医科大学）
王　磊（新疆医科大学）
王小静（新疆师范大学）
李月红（新疆医科大学）
李改茹（新疆医科大学）
沈　静（新疆医科大学）
阿合买提江·吐尔逊（新疆医科大学）
哈及尼沙（新疆医科大学）
姚　军（新疆医科大学）
骈继鑫（新疆医科大学）
海力茜·陶尔大洪（新疆医科大学）
程煜凤（新疆医科大学）

科学出版社
北　京

内 容 简 介

本书第一部分无机化学实验是学习无机化学的重要环节，本部分的主要任务和达到的目的就是通过实验，使学生巩固和加深对无机化学基本理论和基本知识的理解，训练学生正确地掌握化学实验的基本方法和规范化实验操作技能，从而培养学生严谨的科学态度和分析解决问题的独立工作能力。无机化学是药学、中药学、制药工程等专业本科生的第一门专业基础课，对学生后续专业课程的学习有着非常重要的作用。然而多年来，学生在学习无机化学时常感到内容繁多、不得要领及概念混淆等问题，为了帮助学生学好这门功课，我们结合自己多年来的教学经验，编写了本书的第二部分，培养学生的思维方法和创新能力，既传授知识又开发智力，既统一要求又发展个性的目的，在编写过程中，力争做到教师易教，学生易学。

图书在版编目（CIP）数据

无机化学实验与学习指导 / 海力茜 · 陶尔大洪，姚军主编. —2 版. —北京：科学出版社，2017.1

ISBN 978-7-03-049751-2

Ⅰ.①无… Ⅱ.①海… ②姚… Ⅲ.①无机化学–化学实验–医学院校–教学参考资料 Ⅳ.①O61-33

中国版本图书馆 CIP 数据核字（2016）第 199937 号

责任编辑：胡治国 / 责任校对：张凤琴

责任印制：徐晓晨 / 封面设计：陈 敬

科 学 出 版 社 出版

北京东黄城根北街 16 号

邮政编码：100717

http://www.sciencep.com

天津市新科印刷有限公司 印刷

科学出版社发行 各地新华书店经销

*

2007 年 1 月第 一 版 开本：787×1092 1/16

2017 年 1 月第 二 版 印张：12 1/8

2022 年 7 月第二十四次印刷 字数：300 000

定价：48.00 元

（如有印装质量问题，我社负责调换）

前　言

无机化学实验是学习无机化学的重要环节，本书第一部分的主要任务和达到的目的就是通过实验，使学生巩固和加深对无机化学基本理论和基本知识的理解，训练学生正确地掌握化学实验的基本方法和规范化实验操作技能，从而培养学生严谨的科学态度，求实的实验作风和分析解决问题的独立工作能力。

本书第一部分在内容选材上注意科学性、实用性和预见性，在实验内容的编排上注意与理论教材结合，内容精炼，力求标准。内容包括两章。第一章为实验总则，介绍实验规则、实验室安全守则及事故处理，无机化学实验常用仪器介绍，无机化学实验基本操作和数据记录及处理；第二章为实验内容，选编了 14 个实验，包括基本理论的验证、综合实验、化合物的制备和设计实验等内容。

同时我们针对学生在学习无机化学时常感到内容杂和多，抓不住要领，做习题时出现一些化学概念的混淆，如何正确运用基本理论解释无机化学实验现象或分析问题、解决问题更显困难，为了帮助学生学好这门功课，我们结合自己多年来的教学经验，编写了本书第二部分， 实现教学内容、课程体系、教学方法和教学手段的现代化。

培养学生创新能力和逻辑思维能力的关键步骤之一是对所学知识的应用和实践，通过习题的演练，既可以考察对知识的理解和运用又可达到培养学生各种能力的目的。本书主要是依据药学类本科无机化学教学大纲的基本要求，本着培养学生的思维方法和创新能力，既传授知识又开发智力，既统一要求又发展个性的目的，为帮助学生更好地学习无机化学课程而编写的。在编写过程中，力争为原教材服务，做到教师易教，学生易学。

由于编者水平有限，难免有疏漏，敬请各位同仁和读者不吝赐教。

编　者

2016 年 7 月

目　录

第一部分　无机化学实验

第二部分　无机化学学习指南

第一部分　无机化学实验

第一章　实 验 总 则

一、实验室规则

（1）实验前必须认真预习，明确实验的目的要求，弄清有关基本原理、操作步骤、方法以及安全注意事项，做到心中有数，有计划地进行实验。

（2）进入实验室必须穿工作服。在实验过程中应保持安静，做到认真操作，细致观察，积极思考，并及时、如实记录实验现象和实验数据。

（3）爱护国家财产，小心使用仪器和设备，节约药品和水、电。

（4）实验台上的仪器应整齐地摆放在一定的位置，并保持台面的整洁。不得将废纸、火柴梗、破损玻璃仪器等丢入水池，以免堵塞。

（5）使用精密仪器时，必须严格按照操作规程进行操作。如发现仪器有异常，应立即停止使用并报告指导老师，及时排除故障。

（6）实验后，应将所用仪器洗净并整齐地放回实验柜内。如有损坏，必须及时登记补领。由指导老师检查并在原始记录本上签字后，方可离开实验室。

（7）每次实验后，由学生轮流值日，负责打扫和整理实验室，并检查水、电开关及门、窗是否关紧，以保持实验室的整洁和安全。

（8）做完实验后，应根据原始记录，联系理论知识，认真处理数据，分析问题，写出实验报告，按时交指导老师批阅。

二、实验室安全守则及事故处理

化学实验中常常会接触到易燃、易爆、有毒、有腐蚀性的化学药品，有的化学反应还具有危险性，且经常使用水、电和各种加热灯具（酒精灯、酒精喷灯和煤气灯等）。因此，在进行化学实验时，必须在思想上充分重视安全问题。实验前充分了解有关安全注意事项，实验过程中严格遵守操作规程，以避免事故发生。

（一）安全守则

（1）凡产生刺激性的、恶臭的、有毒的气体（如 Cl_2、Br_2、HF、H_2S、SO_2、NO_2、CO 等）的实验，应在通风橱内（或通风处）进行。

（2）浓酸浓碱具有强腐蚀性，使用时要小心，切勿溅在衣服、皮肤及眼睛上。稀释浓硫酸时，应将浓硫酸慢慢倒入水中并搅拌，而不能将水倒入浓硫酸中。

（3）有毒药品（如重铬酸钾、铅盐、钡盐、砷的化合物、汞的化合物，特别是氰化物）不能进入口内或接触伤口。也不能将其随便倒入下水道，应按教师要求倒入指定容器内。

（4）加热试管时，不能将管口朝向自己或别人，也不能俯视正在加热的液体，以防液体溅出伤人。

（5）不允许用手直接取用固体药品。嗅闻气体时，鼻子不能直接对着瓶口或试管口，而应用手轻轻将少量气体扇向自己的鼻孔。

（6）使用酒精灯，应随用随点，不用时盖上灯罩。严禁用燃着的酒精灯点燃其他的酒精灯，以免酒精流出而失火。

（7）使用易燃、易爆药品，严格遵守操作规程，远离明火。

（8）绝对不允许擅自随意混合各种化学药品，以免发生意外事故。

（9）水、电、煤气使用完毕应立即关闭。

（10）实验室内严禁吸烟、饮食。实验结束，洗净双手，方可离开实验室。

（二）事故处理

1. 割伤　立即用药棉揩净伤口，用碘酒涂抹并包扎；伤口内若有玻璃碎片，须先挑出，然后敷药包扎；若伤口过大，应立即到医务室治疗。

2. 烫伤　在烫伤处抹上黄色的苦味酸溶液或烫伤膏，切勿用水冲洗。

3. 吸入有毒气体　吸入硫化氢气体，应立即到室外呼吸新鲜空气；吸入氯、氯化氢气体时，可吸入少量酒精和乙醚的混合蒸气使之解毒；吸入溴蒸气时，可吸入氨气和新鲜空气解毒。

4. 酸蚀伤　立即用大量水冲洗，然后用饱和碳酸氢钠溶液或稀氨水冲洗，最后再用水冲洗。

5. 碱蚀伤　立即用大量水冲洗，然后用硼酸或稀醋酸冲洗，最后再用水冲洗。

6. 白磷灼伤　用 1%硫酸铜或高锰酸钾溶液冲洗伤口，然后包扎。

7. 毒物入口内　把 5～10ml 稀硫酸铜溶液（约 5%）加入一杯温水中，内服，然后用手指伸入喉喉，促使呕吐，并立即送医院。

8. 触电　立即切断电源。必要时进行人工呼吸。

9. 起火　立即灭火，并要防止火势蔓延（如切断电源，移走易燃物质等）。灭火的方法要根据起火原因采用相应的方法。一般的小火可用湿布、石棉布覆盖燃烧物灭火。火势大时可使用炮沫灭火器。但电器设备引起的火灾，只能用四氯化碳灭火器灭火。实验人员衣服着火时，切勿乱跑，应赶快脱下衣服，用石棉布覆盖着火处，或者就地卧倒滚打，也可起到灭火的作用。火势较大，应立即报火警。

三、无机化学实验常用仪器介绍

见表 1-1-1。

表 1-1-1　无机化学实验常用仪器介绍

仪器	规格	用途	注意事项
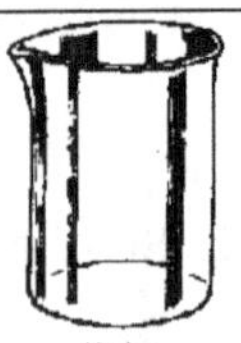 烧杯	以容积（ml）大小表示。外形有高、低之分	用作反应物量较多时的反应容器。反应物易混合均匀	加热时应放置在石棉网上，使受热均匀
 圆底烧瓶	以容积（ml）表示	用于反应物多，且需长时间加热时的反应容器	加热时应放置在石棉网上使受热均匀

续表

仪器	规格	用途	注意事项
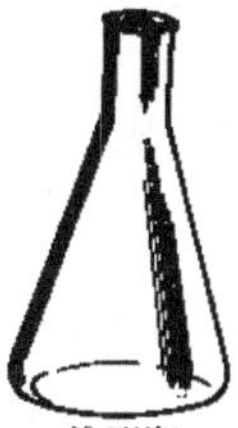 锥形瓶	以容积（ml）表示	反应容器。振荡方便，适用于滴定操作	加热时应放置在石棉网上使受热均匀
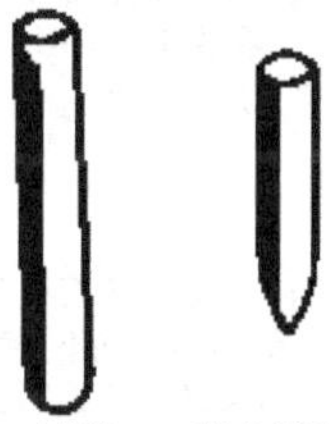 试管 离心试管	分硬质试管，软质试管，普通试管，离心试管。普通试管以管口外径（mm）×长度（mm）表示。离心试管以体积（ml）表示	用作少量试剂的反应容器。便于操作和观察。离心试管还可用作定性分析中的沉淀分离	可直接用火加热。硬质试管可以加热至高温。加热后不能骤冷，特别是软质试管更易破裂。离心试管只能用水浴加热
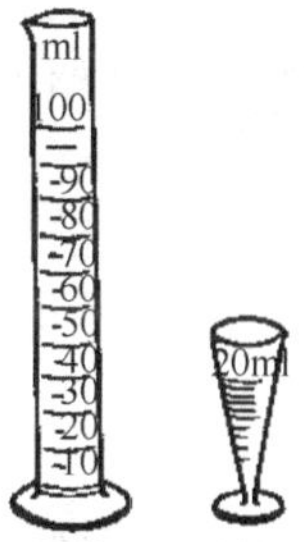 量筒 量杯	以所度量的最大容积（ml）表示	用于度量一定体积的液体	不能加热，不能用作反应容器
 容量瓶	以刻度以下的容积（ml）表示	用来配制准确浓度的溶液	不能加热。磨口塞是配套的，不能互换
 滴瓶 细口瓶 广口瓶	以容积（ml）表示	广口瓶用于盛放固体药品；滴瓶、细口瓶用于盛放液体药品；不带磨口塞子的广口瓶可作集气瓶	不能直接用火加热，瓶塞不能互换，如盛放碱液时，要用橡皮塞，不能用磨口瓶塞，以免时间长了，玻璃磨口瓶被腐蚀粘牢
 表面皿	以口径（mm）表示	盖在烧杯上，防止液体溅出或其他用途	不能直接用火加热
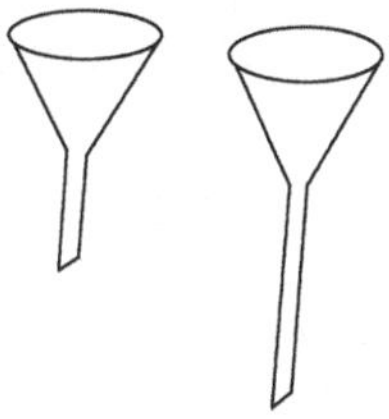 漏斗 长颈漏斗	以口径（mm）表示	用于过滤等操作。长颈漏斗特别适用于定量分析中的过滤操作	不能直接用火加热

续表

仪器	规格	用途	注意事项
 吸滤瓶 布氏漏斗	吸滤瓶以容积（ml）表示。布氏漏斗为瓷质，以容量（ml）或口径（mm）表示	两者配套用于晶体或沉淀的减压过滤。利用水泵或真空泵降低吸滤瓶中压力，以加速过滤	不能用火直接加热
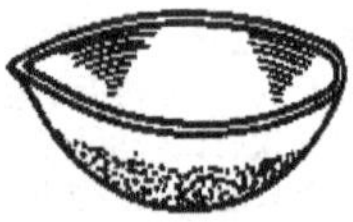 蒸发皿	以容量（ml）或口径（mm）表示。有瓷、石英、铂等不同质地	蒸发液体用。随液体性质不同可选用不同质地的蒸发皿	能耐高温，但不宜骤冷。蒸发溶液时，一般放在石棉网上加热。也可直接用火加热
 坩埚	以容积（ml）表示。有瓷、石英、铁、镍或铂等不同质地	灼烧固体时用。随固体性质不同可选用不同质地的坩埚	可直接用火灼烧至高温，但不宜骤冷。灼热的坩埚不要直接放在桌上（可放在石棉网上）
 石棉网	由铁丝编成，中间涂有石棉，有大小之分	加热时，垫上石棉网能使受热物体均匀受热，不致造成局部过热	不能与水接触。以免石棉脱落或铁丝锈蚀
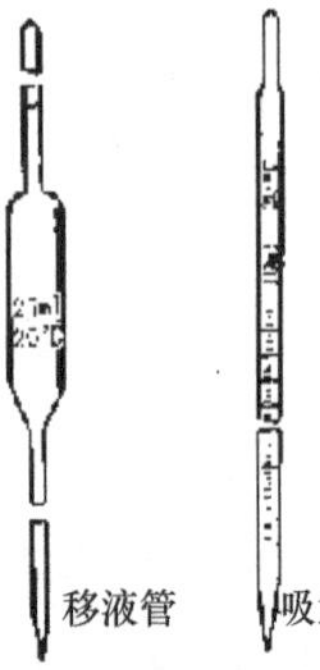 移液管 吸量管	以刻度以下的容积（ml）表示	用于准确地移取一定体积的液体	未标明“吹”字的容器，不要将残留在尖嘴内的液体吹出，因为校正容量时，未考虑这一滴液体
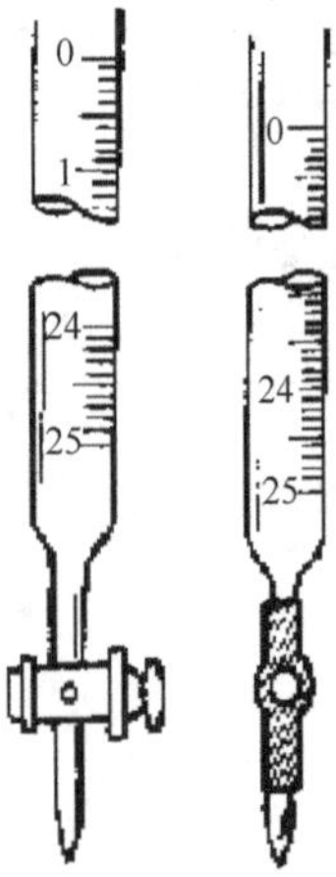 酸式滴定管 碱式滴定管	以刻度以下的容积（ml）表示。分“酸式”和“碱式”两种	滴定时准确测量溶液的体积	使用前应检查旋塞是否漏液，转动是否灵活

四、无机化学实验基本操作

（一）玻璃仪器的洗涤和干燥

1. 仪器的洗涤　无机化学实验经常使用各种玻璃仪器，而这些仪器是否干净，常常影响到实验结果的准确性。因此，在进行实验时，必须把仪器洗涤干净。

洗涤仪器的方法应根据实验要求、污物的性质、沾污的程度和仪器的特点来选择。

（1）水洗：将玻璃仪器用水淋湿后，借助毛刷刷洗仪器。如洗涤试管时可用大小合适的试管刷在盛水的试管内转动或上下移动。但用力不要过猛，以防刷尖的铁丝将试管戳破。这样既可以使可溶性物质溶解，也可以除去灰尘，使不溶物脱落。但洗不去油污和有机物质。

（2）洗涤剂洗：常用的洗涤剂有去污粉和合成洗涤剂。用这种方法可除去油污和有机物质。

（3）铬酸洗液：铬酸洗液是重铬酸钾和浓硫酸的混合物。有很强的氧化性和酸性，对油污和有机物的去污能力特别强。

仪器沾污严重或仪器口径细小（如移液管、容量瓶、滴定管等），可用铬酸洗液洗涤。

用铬酸洗液洗涤仪器时，先往仪器（碱式滴定管应先将橡皮管卸下，套上橡皮头。仪器内应尽量不带水分以免将洗液稀释）内加入少量洗液（约为仪器总容量的 1/5），使仪器倾斜并慢慢转动，让其内壁全部被洗液润湿，再转动仪器使洗液在仪器内壁流动，转动几圈后，把洗液倒回原瓶。然后用自来水冲洗干净，最后用蒸馏水冲洗 3 次。根据需要，也可用热的洗液进行洗涤，效果更好。

铬酸洗液具有很强的腐蚀性，使用时一定要注意安全，防止溅在皮肤和衣服上。

使用后的洗液应倒回原瓶，重复使用。如呈绿色，则已失效，不能继续使用。用过的洗液不能直接倒入下水道，以免污染环境。

必须指出，能用别的方法洗干净的仪器，尽量不要用铬酸洗液洗，因为 Cr(Ⅵ)具有毒性。

（4）特殊污物的洗涤：如果仪器壁上某些污物用上述方法仍不能去除时，可根据污物的性质，选用适当试剂处理。如沾在器壁上的二氧化锰用浓盐酸；沾有硫磺时用硫化钠；银镜反应黏附的银可用 $6mol \cdot L^{-1}$ 硝酸处理等。

仪器用自来水洗净后，还需用蒸馏水洗涤二、三次，洗净后的玻璃仪器应透明，不挂水珠。已经洗净的仪器，不能用布或纸擦拭，以免布或纸的纤维留在器壁上沾污仪器。

2. 仪器的干燥

（1）晾干：不急用的仪器在洗净后可以放置在干燥处，任其自然晾干。

（2）吹干：洗净的仪器如需迅速干燥，可用干燥的压缩空气或电热吹风直接吹在仪器上进行干燥。

（3）烘干：洗净的仪器放在电烘箱内烘干，温度控制在 100℃以下。

（4）烤干：烧杯、蒸发皿等能加热的仪器可以置于石棉网上用小火烤干。试管可以直接在酒精灯上用小火烤干，但必须使试管口倾斜向下，以免水珠倒流试管炸裂。

（5）有机溶剂干燥：带有刻度的计量仪器，不能用加热的方法进行干燥，加热会影响仪器的精密度。可以在洗净的仪器中加入一些易挥发的有机溶剂（常用的是乙醇溶液或乙醇与丙酮体积比为 1∶1 的混合液），倾斜并转动仪器，使器壁上的水与有机溶剂混合，然后倒出，少量残留在仪器中的混合液很快挥发而使仪器干燥。

（二）酒精灯的使用

酒精灯是无机化学实验室最常用的加热器具，常用于加热温度不需太高的实验，其火焰温度在 400～500℃。使用时应注意以下几点。

（1）乙醇溶液不可装得太满，一般不应超过灯容积的 2/3，也不能少于 1/5。添加乙醇溶液时应先将火熄灭。

（2）点燃酒精灯时，切勿用已燃着的酒精灯引燃。

（3）熄灭酒精灯时，要用灯罩盖熄，不可用嘴吹。为避免灯口炸裂，盖上灯罩使火焰熄灭后，应再提起灯罩，待灯口稍冷后再盖上灯罩。

（4）酒精灯连续使用时间不能太长，以免酒精灯灼热后，使灯内乙醇溶液大量气化而发生危险。

（三）试剂的取用

化学试剂根据杂质含量的多少，可以分为优级纯（一级，GR）、分析纯（二级，AR）、化学纯（三级，CP）和实验试剂（四级，LR）四种规格。根据实验的不同要求，可选用不同级别的试剂。在无机化学实验中，常用的是化学纯试剂，只有在个别实验中使用分析纯试剂。

在实验室，固体试剂一般装在广口瓶内；液体试剂盛放在细口瓶或滴瓶内；见光易分解的试剂盛放在棕色瓶内。每个试剂瓶上都贴有标签，标明试剂的名称、浓度和配制日期。

1. 固体试剂的取用

（1）固体试剂要用干净的药匙取用。一般药匙两端分别为大小两个匙，可根据用量多少选用。用过的药匙必须洗净晾干后才能再使用，以免沾污试剂。

（2）取用试剂时，瓶盖要倒置实验台上，以免污染。试剂取用后，立即盖紧瓶盖，避免盖错。

（3）取药时不要超过指定用量。多取的试剂，不能倒回原瓶，可放在指定容器中供他人使用。

（4）有毒药品、特殊试剂要在教师指导下取用。

2. 液体试剂的取用

（1）从滴瓶中取用试剂时，先提起滴管至液面以上，再按捏胶头排去滴管内空气，然后伸入滴瓶液体中，放松胶头吸入试剂，再提起滴管，按握胶头将试剂滴入容器中。取用试剂时滴管必须保持垂直，不得倾斜或倒立。滴加试剂时滴管应在盛接容器的正上方，不得将滴管伸入容器中触及盛接容器器壁，以免污染（图 1-1-1）。滴管放回原滴瓶时不要放错。不允许用自己的滴管到滴瓶中取用试剂。

（2）从细口瓶中取用试剂时，先将瓶塞取下，反放在实验台面上，然后将贴有标签的一面向着手心，逐渐倾斜瓶子，瓶口紧靠盛接容器的边缘或沿着洁净的玻璃棒，慢慢倾倒至所需的体积（图 1-1-2）。最后把瓶口剩余的一滴试剂“碰”到容器中去，以免液滴沿着瓶子外壁流下。注意不要盖错瓶盖。若用滴管从细口瓶中取用少量液体，则滴管一定要洁净、干燥。

（3）准确量取液体试剂时，可用量筒、移液管或滴定管，多取的试剂不能倒回原瓶，可倒入指定容器。

实验室中试剂的存放，一般都按照一定的次序和位置，不要随意变动。试剂取用后，应立即放回原处。

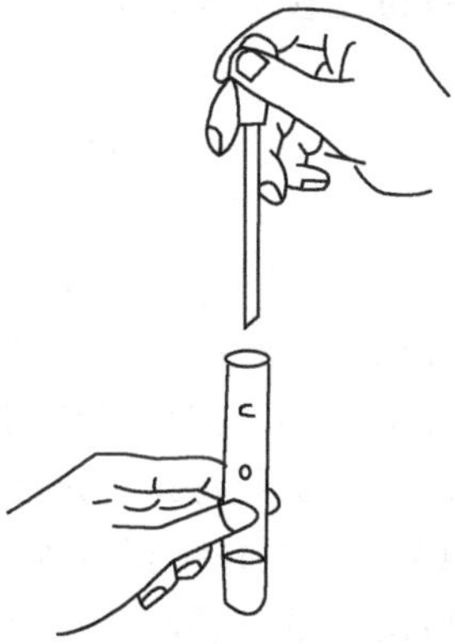

图 1-1-1 用滴管加少量液体的操作

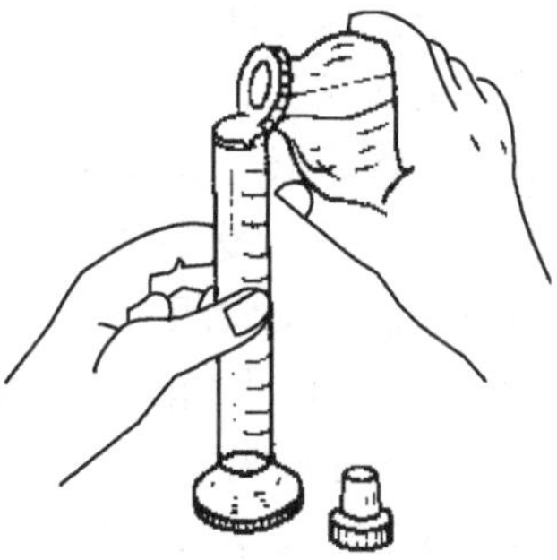

图 1-1-2 从试剂瓶中倒取液体的操作

（四）沉淀的分离和洗涤

在无机化合物的制备、混合物的分离、离子的分离和鉴定等操作中，常用到沉淀的分离和洗涤。

沉淀和溶液分离常用的方法有三种。

1. 倾析法 当沉淀的结晶颗粒较大或密度较大，静置后能很快沉降至容器底部时，可用倾析法分离和洗涤沉淀。操作时，小心地把沉淀物上部的溶液倾入另一容器，使沉淀留在底部。如需洗涤沉淀，再加入少量洗涤剂（一般为蒸馏水），充分搅拌，静置，待沉淀物沉下，倾去洗涤液。如此重复操作 2～3 次，即可把沉淀洗净。

2. 过滤法 过滤是分离沉淀最常用的方法之一。当溶液和沉淀的混合物通过过滤器时，沉淀留在过滤器上，溶液则通过过滤器而滤入容器中，过滤所得的溶液称为滤液。

溶液的温度、黏度、过滤时的压力、过滤器的孔隙大小和沉淀物的状态等，都会影响过滤的速度，实验中应综合考虑多方面因素，选择不同的过滤方法。

常用的过滤方法有常压过滤、减压过滤和热过滤三种。

（1）常压过滤：此法最为简便和常用。滤器为贴有滤纸的漏斗。先把滤纸对折两次（若滤纸为方形，此时应剪成扇形），然后将滤纸打开成圆锥形（一边为 3 层，一边为 1 层），放入漏斗中。若滤纸与漏斗不密合，应改变滤纸折叠的角度，直到与漏斗密合为止。再把 3 层上沿外面 2 层撕去一小角，用食指把滤纸按在漏斗内壁上（图 1-1-3），滤纸的边缘略低于漏斗边缘 3～5mm。用少量蒸馏水湿润滤纸，赶去滤纸与漏斗壁之间的气泡。这样过滤时，漏斗颈内可充满滤液，即形成“水柱”，滤液以其自身的重量拖引漏斗内液体下漏，可使过滤速度加快。

将漏斗放在漏斗架上，下面放接受容器（如烧杯），使漏斗颈下端出口长的一边紧靠容器壁。将要过滤的溶液沿玻璃棒慢慢倾入漏斗中（玻璃棒下端对着 3 层滤纸处，图 1-1-4），先转移溶液，后转移沉淀。每次转移量，不能超过滤纸容量的 2/3。然后用少量洗涤液（蒸馏水）淋洗盛放沉淀的容器和玻璃棒，将洗涤液倾入漏斗中。如此反复淋洗几次，直至沉淀全部转移至漏斗中。

若需要洗涤沉淀，可用洗瓶使细小缓慢的洗涤液沿漏斗壁，从滤纸上部螺旋向下淋洗，绝对不能快速浇在沉淀上，待洗涤液流完，再进行下一次洗涤。重复操作 2～3 次，即可洗去杂质。

（2）减压过滤：减压可以加速过滤，也可把沉淀抽吸得比较干燥，但不适用于胶状沉淀和颗粒太小的沉淀的过滤。

在水泵和吸滤瓶之间安装一个安全瓶以防止倒吸。过滤完毕时，应先拔掉吸滤瓶上的橡皮管，然后关水龙头。

过滤前，先将滤纸剪成直径略小于布氏漏斗内径的圆形，平铺在布氏漏斗瓷板上，用少量蒸馏水润湿滤纸，慢慢抽吸，使滤纸紧贴在漏斗的瓷板上，然后进行过滤（布氏漏斗的颈口应与吸滤瓶的支管相对，便于吸滤）。溶液和沉淀的转移与常压过滤的操作相似。

洗涤沉淀时，应停止抽滤，加入少量洗涤液（蒸馏水），让其缓缓地通过沉淀物进入吸滤瓶。最后，将沉淀抽吸干燥。如沉淀需洗涤多次，则重复以上操作，直至达到要求为止。

（3）热过滤：如果溶液中的溶质在温度下降时容易析出大量结晶，而我们又不希望它在过滤过程中留在滤纸上，这时就要进行热过滤。过滤时把玻璃漏斗放在铜质的热漏斗内，热漏斗内装有热水，以维持溶液的温度。

也可以在过滤前把普通漏斗放在水浴上，用蒸气加热，然后使用。此法简单易行。另外，热过滤时选用的漏斗越短越好，以免散热降温析出晶体而发生堵塞。

图 1-1-3　用手指按住滤纸

图 1-1-4　过滤操作

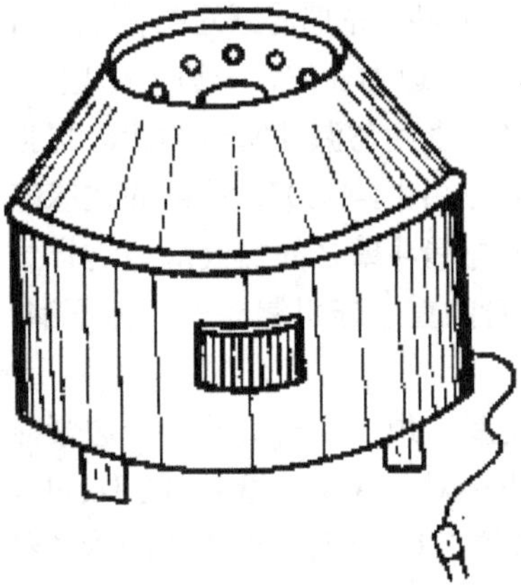

图 1-1-5　电动离心机

3. 离心分离法　当被分离的沉淀的量很少时，可以应用离心分离法。实验室中常用的离心仪器是电动离心机（图 1-1-5）。使用时，先把要分离的混合物放在离心试管中，再把离心试管装入离心机的套管内，位置要对称，重量要平衡。如果只有一支离心管中的沉淀进行分离，则可另取一支空离心试管盛以相等体积的水，放入对称的套管中以保持平衡。否则重量不均衡会引起振动，造成机轴磨损。

开启离心机时，应先低速，逐渐加速，根据沉淀的性质决定转速和离心的时间。关机后，应让离心机自己停下，决不可用手强制其停止转动。

取出离心试管，以一毛细吸管，捏紧其橡皮头，插入离心管中，插入的深度以尖端不接触沉淀物为限。然后慢慢放松捏紧的橡皮头，吸出溶液，留下沉淀物。

如果沉淀物需要洗涤，加入少量蒸馏水，充分搅拌，离心分离，用吸管吸出清液，重复洗涤 2～3 次。

（五）溶解与结晶

1. 溶解　用溶剂溶解试样时，应先把盛放试样的烧杯适当倾斜，然后把盛放溶剂的量杯嘴靠近烧杯壁，让溶剂慢慢顺着杯壁流入。或使溶剂沿玻璃棒慢慢流入，以防杯内溶液溅出而损失。溶剂加入后，用玻璃棒搅拌，使试样溶解完全。对溶解时会产生气体的试样，则应先用少量水将其润湿成糊状，用表面皿将烧杯盖好，然后用滴管将溶剂自杯嘴逐滴加入，以防生成的气体将粉状的试样带出。对于需要加热溶解的试样，加热时要防止溶液剧烈沸腾和溅出。加热后要用蒸馏水冲洗表面皿和烧杯内壁，冲洗时也应使水顺杯壁或玻璃棒流下。在整个实验过程中，盛放试样的烧杯要用表面皿盖上，以防弄脏。放在烧杯内的玻璃棒，不要随意取出，以免溶液损失。

2. 结晶

（1）蒸发浓缩：蒸发浓缩一般在水浴上进行。若溶液太稀，可先放在石棉网上直接加热蒸发，再用水浴蒸发。常用的蒸发容器是蒸发皿。蒸发皿内所盛液体的量不应超过其容量的 2/3。随着水分的蒸发，溶液逐渐被浓缩，浓缩的程度取决于溶质溶解度的大小及对晶粒大小的要求。

（2）重结晶：重结晶是提纯固体的重要方法之一。把待提纯的物质溶解在适当的溶剂中，经除去杂质离子，滤去不溶物后进行蒸发浓缩。浓缩到一定浓度的溶液，经冷却就会析出溶质的晶体，这种操作过程就是重结晶。当结晶一次所得物质的纯度不符合要求时，可以重新加入尽可能少的溶剂溶解晶体，经蒸发后再进行结晶。

（六）容量瓶、滴定管、移液管的使用

1. 容量瓶　容量瓶是用来精确地配制一定体积、一定浓度溶液的量器。容量瓶的颈部有一刻度线，表示在所指温度下，当瓶内液体到达刻度线时，其体积恰与瓶上所注明的体积相等。

容量瓶在使用前应先检查是否漏水。检查的方法是：加自来水至标线附近，盖好瓶塞，瓶外水珠擦拭干净，一手用食指按住瓶塞，其余手指拿住瓶颈标线以上部分，另一手用指尖托住瓶底边缘，倒立 2min。如不漏水，将瓶塞旋转 180° 后再倒立 2min 试一次，不漏水洗净后即可使用。

用固体溶质配制溶液时，先将准确称量的固体溶质放入烧杯中用少量蒸馏水溶解，然后将烧杯中的溶液沿玻璃棒小心地转入容量瓶中。转移时，要使玻璃棒的下端靠紧瓶内壁，使溶液沿玻璃棒及瓶颈内壁流下（图 1-1-6）。溶液全部流完后，将烧杯沿玻璃棒往上提升直立，使附着在玻璃棒和烧杯嘴之间的溶液流回烧杯中。再用少量蒸馏水淋洗烧杯和玻璃棒 3 次，并将每次淋洗的蒸馏水转入容量瓶中。然后加蒸馏水至容量瓶体积的 2/3，按水平方向旋摇容量瓶几次，使溶液大体混匀，继续加蒸馏水至接近标线（约相距 1cm），再使用细而长

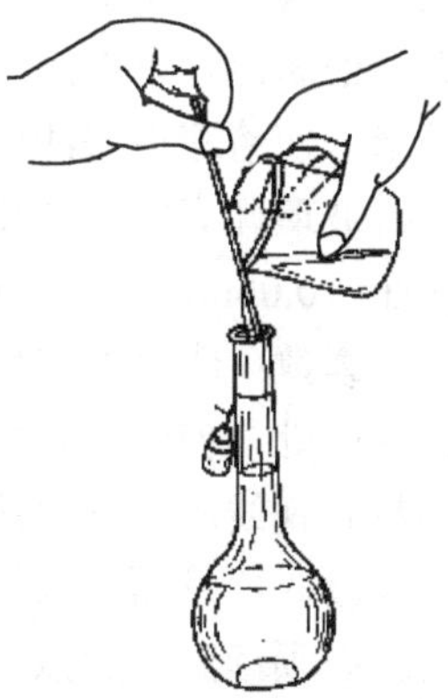

图 1-1-6　将溶液转移到容量瓶中操作

的滴管小心逐滴加入蒸馏水，直至溶液的弯月面与标线相切为止。最后塞紧瓶塞，将容量瓶倒转数次（此时必须用手指压紧瓶塞，以免脱落）。并在倒转时加以摇荡，以保证瓶内溶液充分混合均匀。

用容量瓶稀释溶液时，则用移液管准确吸取一定体积的浓溶液移入容量瓶中，按上述方法稀释至标线，摇匀。

需要注意的是，磨口瓶塞与容量瓶是互相配套的，不能张冠李戴。可将瓶塞用橡皮圈系在容量瓶的瓶颈上。

2. 滴定管　滴定管是滴定时用来精确量度液体体积的量器，刻度由上而下，与量筒刻度相反。常用滴定管的容量限度为50ml和25ml，最小刻度为0.1ml，而读数可估计到0.01ml。

滴定管可分为两种，一种是酸式滴定管，另一种是碱式滴定管。酸式滴定管的下端有一玻璃活塞，碱式滴定管的下端连接一橡皮管，内放玻璃珠，可代替玻璃活塞以控制溶液的流出。酸式滴定管可装入酸性或氧化性滴定液；碱液则应装入碱式滴定管中。应注意，碱式滴定管不能盛放酸性或氧化性等腐蚀橡胶的溶液。

滴定管的使用需按下列步骤进行

（1）准备：滴定管的准备包括检漏和洗涤。酸式滴定管试漏的方法是先将活塞关闭同时注意活塞转动是否灵活，在滴定管内装满自来水，垂直放在滴定管架上 2min。如管尖及活塞两端不漏水，将活塞转动 180°，再放置 2min，若无漏水现象，活塞转动也灵活，即可使用。否则应将活塞取出，洗净活塞套及活塞并用滤纸碎片擦干，然后分别在活塞套的细端内壁和活塞的粗端表面各涂一层很薄的凡士林（亦可在玻璃活塞孔的两端涂上一薄层凡士林），小心不要涂在孔边以防堵塞孔眼（图 1-1-7a）。再将活塞放入活塞套，向同一方向旋转至透明为止（图 1-1-7b）。套上小橡皮圈，再一次检查是否漏水，活塞旋转是否灵活。

碱式滴定管应选大小合适的玻璃珠和橡皮管，并检查滴定管是否漏水，是否能灵活控制液滴。

滴定管在装入滴定液前，除了需用洗涤剂（或铬酸洗液）、自来水及蒸馏水依次洗涤清洁外，为了避免装入的滴定液浓度被管内残留的水稀释，还需用少量滴定溶液（每次约 5～10ml）荡洗滴定管 2～3 次。荡洗时两手平持（管口略向上）滴定管，慢慢转动，使滴定液与管内壁的所有部分能充分接触，然后将溶液从管尖放出。对于碱管，应不断改变捏玻璃珠的位置，使玻璃珠下方能充分荡洗。特别值得注意的是，滴定液必须直接从试剂瓶中倒入滴定管，不得用任何其他容器盛放后再转移，以免滴定液浓度改变或造成污染。

（2）装液：用滴定液荡洗后的滴定管即可倒入滴定液直至零刻度以上为止。装好溶液后，必须把滴定管下端的气泡赶出，以免使用时带来读数误差。对于酸式滴定管，可迅速转动活塞，使溶液很快冲出，将气泡带走；对于碱式滴定管，可将橡皮管向上弯折，然后轻轻捏挤玻璃珠旁侧的橡皮管，即可排出气泡（图 1-1-8）。排除气泡后，调节液面在“0.00ml”处，或在“0.00ml”刻度稍微偏下处，并记下初读数。

（3）读数：读数时需将滴定管从滴定管架上拿下来，用右手大拇指和食指捏住滴定管上部无刻度处，使滴定管垂直，然后读数。

读数时视线应与管内液面在同一水平面上，偏高偏低都会带来误差。对于无色或浅色溶液，应读取弯月面下缘最低点；溶液颜色太深而弯月面不够清晰时，可读取液面两侧的最高点。必须读到小数点后第二位，即要求估计到 0.01ml。

为了便于读数，可在滴定管后面衬一张纸片作背景，形成颜色较深的弯月面，读取弯月面下缘的最低点。若为蓝线滴定管，则应取蓝线上下两端交点的位置读数。

由于滴定管的刻度不可能绝对均匀，所以在同一实验中，溶液的体积应控制在滴定管刻度的同一部位，以抵消由于刻度不准确而引起的误差。

（4）滴定：滴定操作可在锥形瓶或烧杯内进行，并以白瓷板作背景。滴定开始前，先把悬挂在滴定管尖端的液滴用滤纸片轻轻“吸”去。

使用酸式滴定管时，左手的拇指、食指和中指控制活塞。在转动活塞时，手指微微弯曲并轻轻向内扣住，手心不要顶住活塞的小头，以免顶出造成漏液。右手的拇指、食指和中指拿住锥形瓶颈，使滴定管的下端伸入瓶口约 1cm，并运用腕力向同一方向作圆周运动旋摇锥形瓶，以使溶液混合均匀（图 1-1-9）。刚开始滴定时，滴定速度可稍快，但不能形成“水线”临近终点时，应改为加一滴，摇几下，并用洗瓶加入少量蒸馏水冲洗锥形瓶内壁，使溅起附着在锥形瓶内壁的溶液洗下。最后，每加一滴或半滴，即摇动锥形瓶，直至终点为止。半滴的加法是微微转动滴定管活塞，使溶液悬挂在出口管尖上，将锥形瓶内壁与管尖轻轻接触，使溶液靠入瓶中并用蒸馏水冲下。

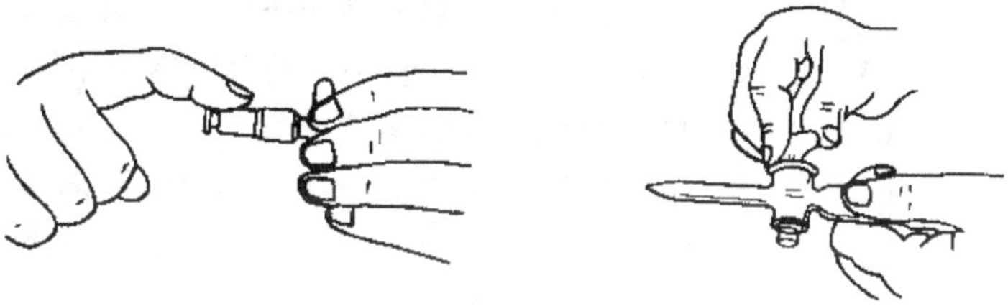

a.涂油手法　　b. 转动活塞

图 1-1-7　酸式滴定管活塞上涂油与安装

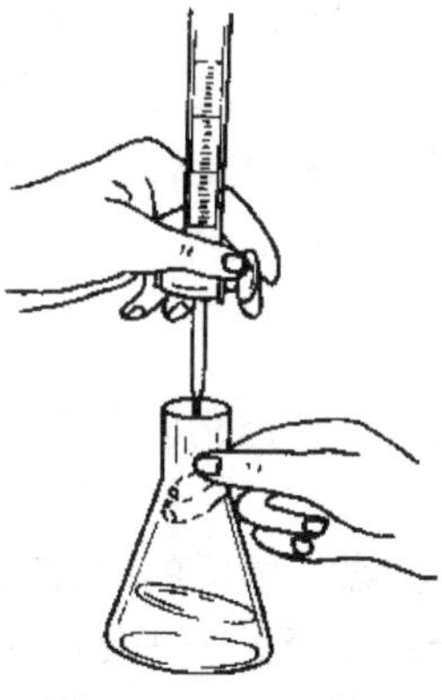

图 1-1-8　逐气泡法

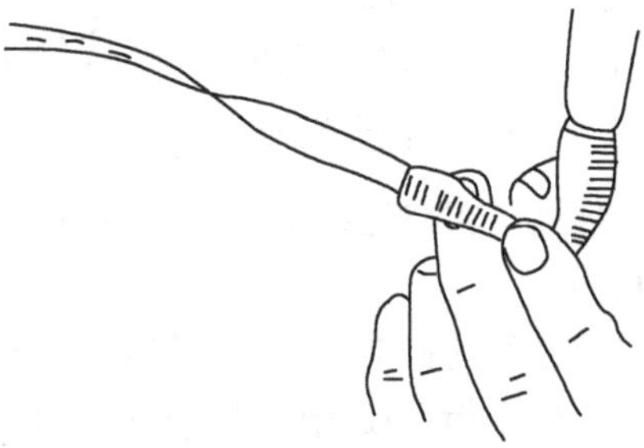

图 1-1-9　酸式滴定管操作

使用碱式滴定管时，右手照上述方法持锥形瓶，左手拇指和食指捏住橡皮管中的玻璃珠所在部位稍上处，向右侧挤捏橡皮管，使橡皮管和玻璃珠之间形成一条缝隙，溶液即可流出。注意不能挤捏玻璃珠下方的橡皮管，否则空气进入易形成气泡。

在烧杯中进行滴定时，调节滴定管高度，使滴定管下端伸入烧杯内 1cm 左右。在左手控制活塞滴加溶液的同时，右手持搅拌棒在烧杯右前方搅拌溶液。搅拌棒应向同一方向作圆周运动，但不要接触烧杯壁和底。

3. 移液管和吸量管　移液管和吸量管都是用来准确移取一定体积溶液的量器。移液管中间有膨大部分；吸量管为直形，管上刻有分度。

移液管和吸量管在使用前，应依次用洗涤剂（或铬酸洗液）、自来水、蒸馏水洗涤清洁。

移取溶液时，先用滤纸片将洗净的移液管（或吸量管）尖端内外的水吸去，然后用待吸取的溶液润洗 3 次。润洗的操作方法是：用右手拿住管上端标线以上部分，将管下端伸入待吸溶液面下 1～2cm 深处。不要伸入太浅，以免液面下降后造成吸空；也不要伸入太深，以免管外壁黏附溶液过多。左手拿吸耳球，先把球内空气压出，然后将球的尖端紧贴在移液管管口上，慢慢放松吸耳球吸入少量溶液。移走洗耳球，立即用右手食指按住管口，将移液管提离液面并倾斜，松开食指，两手平持移液管（管口稍向上）并转动，使溶液与管内壁所有部分充分接触（注意不要使溶液从管口流出），再使管直立，将溶液由管尖放出。如此反复 3 次即可。

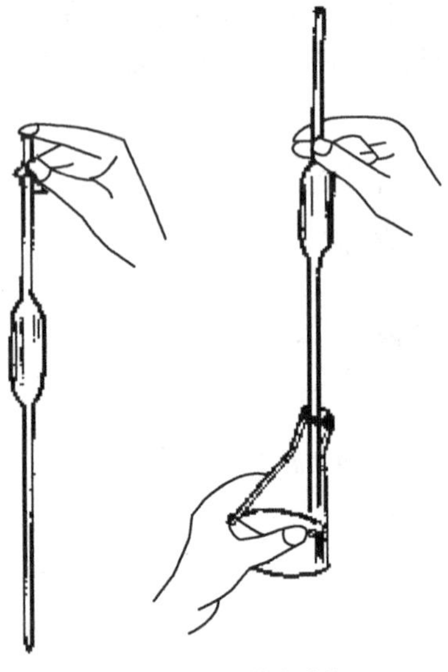

a.调节液面　　b.放出液体

图 1-1-10　移液管的使用

定量移取溶液的操作方法与润洗基本类似，但吸取溶液要至标线以上约 1～2cm，立即用右手食指按住移液管并直立提离液面后，将管下端外壁黏附的溶液用滤纸轻轻擦干（或将移液管下端沿待吸取液容器内壁轻转两圈），然后稍松食指，使液面慢慢下降（图 1-1-10a），直至视线平视时溶液的弯月面与标线相切，立即按紧食指，使液体不再流出。左手将承接溶液的容器稍倾斜，将移液管垂直放入容器中，管尖紧贴容器内壁，松启右手食指，使溶液沿器壁自由流下（图 1-1-10b）。待液面下降到管尖后，再等 15s 左右取出移液管。

注意，除非特别注明需要“吹”的以外，管尖最后留有的少量溶液不能吹入容器中，因为在校正移液管时，未将这部分液体体积计算在内。在用吸量管量取非满刻度体积的溶液时，必须吸至满刻度后再放出液体，至所需体积为止。

（七）台秤（托盘天平）

台秤用于粗略地称量物质的质量。它具有称量迅速的特点，但精确度不高，一般能称准至 0.1g。

（1）台秤的构造（图 1-1-11）台秤的横梁左右有两个托盘，横梁的中部有指针与刻度盘相对。根据指针在刻度盘左右的摆动情况，可以判断台秤是否处于平衡状态。

（2）称量：在称量物体之前，应检查台秤是否平衡。检查的方法是：将游码拨到游码标尺的“0”处，此时指针在刻度盘左右摆动的格数应相等，且指针静止时应位于刻度盘的中间位置。如果不平衡，可调节台秤托盘下侧的平衡调节螺丝，使之平衡。

称量物体时，左盘放称量物，右盘放砝码。砝码应用镊子夹取。添加砝码时，应先加质量大的砝码，再加质量小的砝码，5g（或 10g）以下的砝码用游码代替，直到台秤平衡为止。

称量时应注意：不能称量热的物品；称量物不能直接放在托盘上，应根据情况决定称量物放在纸上、表面皿或其他容器中。

称量完毕，应将砝码放回砝码盒中，将游码拨到“0”位处，并将两托盘放在同一侧，以免台秤摆动。应经常保持台秤的整洁，托盘上有药品或其他污物时应立即清除。

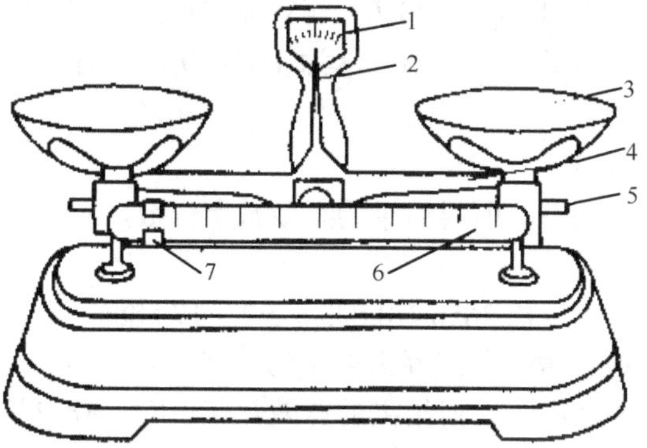

图1-1-11 台秤

1. 刻度盘；2. 指针；3. 托盘；4. 横梁；5. 平衡节螺丝；6. 游码标尺；7. 游码

五、数据记录及处理

（一）数据记录

1. 原始记录的目的与要求 为了培养学生严谨的科学态度和较强的实验室工作能力，尤其是训练学生实事求是的实验作风，要求学生必须备有专门的记录本，以便及时、如实地记录实验过程中所观察到的各种现象或测定出的各种数据。

记录本应编好页码，不要随便撕扯。记录实验数据时，绝不允许拼凑或涂改。若发现数据记错或算错需要改动时，可在该数据前划一小叉，并在其下方写上正确的数据。

记录的数据所保留的有效数字位数，应与所用仪器的精确度相适应，任何超过或低于仪器精确度的有效数字位数都是不恰当的。

2. 有效数字 有效数字，是指从测量仪器上能直接读出的几位数字（包括最后一位估计读数在内）。例如，某物体在台秤上称量，得到的结果是 2.4g。由于台秤只能称准到 0.lg，所以该物体的质量可表示为 2.4±0.1g，它的有效数字是 2 位。若将该物体放在万分之一的分析天平上称量，得到的结果为 2.4234g。因为分析天平可称准至 0.000 1g，所以该物体的质量应表示为 2.4234±0.000 1g，它的有效数字是 5 位。

根据以上讨论可以看出：测量仪器能测到哪一位有效数字，测量结果就应该写到这一位有效数字，而且最后一位数字总是估计出来的。故所谓有效数字位数实际上总是包括可疑的最后一位数。例如上述物体的质量在台秤上称量为 2.4g，其中“2”是准确值，“4”是估计值；在分析天平上称量为 2.4234g，其中“2.423”为准确值，“4”为估计值。又如，测量液体体积的 10ml 量筒的精度为 0.1ml 时，而 50ml 滴定管的精度可达 0.01ml。因此，用一个 10ml 量筒量得液体的体积为 7.4ml 时，不应记录为 7ml 或 7.40ml，而用 50ml 滴定管量得液体的体积为 25.48ml 时，则不应记录为：25.5ml 或 25.480ml。

一种仪器可达到的精度一般与最小刻度有关，但不一定是相同的。例如万分之一电光分析天平在屏幕上可以估计出 0.000 01g，但实际上只能称准到 0.000 lg，即读数时小数点后只保留 4 位有效数字。

数字 1，2，3…9 都可作为有效数字，只有“0”有些特殊。它在数字的前面时，只表示小数点的位置，起定位作用，不是有效数字；而“0”在数字的中间或末端时，都是有效数字。例如数值 0.0068、0.0608、0.6080，其有效数字位数分别为 2、3、4。但是“0”不在小数点后时，意义不确切。例如 4800，有效数字位数不定。这时只能按照实际测量的精确度来确定。若有 2 位有效数字，则表示为 4.8×10^3；若有 3 位有效数字，则应表示为 4.80×10^3。

3. 有效数字位数的取舍

（1）加减法：在加减法中，所得结果的有效数字位数，应与各数值中小数点后位数最少者相同。例如：

$$12.3656 + 0.023 + 5.2 = 17.5886$$

结果应写为 17.6（按四舍五入法弃去多余的数字）。

（2）乘除法：在乘除法中，所得结果的有效数字位数，应与各数值中有效数字位数最少者相同，而与小数点的位置无关。例如：

$$1.2\times3.45\times0.06789 = 0.2810646$$

结果应写为 0.28。

进行较复杂的运算时，中间各步可以暂时多保留一位有效数字，以免多次四舍五入造成误差的积累。但最后结果仍只保留其应有位数。

幂运算与乘除法运算类似。例如

$$\sqrt{256}=16.0 \qquad 1.6^2 = 2.6$$

（3）对数运算：无机化学计算中还会遇到 pH、pK_i、lg$K$ 等对数运算，其有效数字位数取决于小数部分数字的位数，而整数部分只供定位用。例如 pH = 11.78，则〔H^+〕= 1.7×10^{-12}mol · L^{-1} 有效数字是 2 位，而不是 4 位。

必须指出，在化学计算中常常遇到一些分数与倍数的关系。例如，2mol NaOH 的质量为 2×40=80（g），摩尔质量前的系数“2”不能看成只有一位有效数字，而应认为是无限多位有效数字。

（二）数据处理（作图法）

处理实验数据时常用作图法。因为利用图形表达实验结果能直接显示出数据的特点及变化规律，并能利用图形求得斜率、截距、外推值等。根据多次测量数据得到的图形一般具有“平均”的意义，因而可消除一些偶然误差。作图时应注意以下几点。

1. 选择适宜的坐标标度　一般使用直角坐标纸。习惯上以横坐标表示自变量，纵坐标表示因变量。坐标轴旁应注明所代表的变量的名称及单位，坐标读数不一定从零开始。坐标轴上比例尺的选择应遵循下列原则：

（1）能表示出全部有效数字，从图中读出的物理量的准确度与测量准确度一致。

（2）坐标轴上每一格所对应的数值应便于迅速读数和计算，即每单位坐标标度应代表 1、2 或 5 的倍数，而不宜采用 3、6、7、9 的倍数。而且应把逢 5 或 10 的数字标在图纸粗线上。

（3）作图时要使图中的点分散开，全图布局均匀，不要偏于一角。

（4）如所作图形为直线，则应使直线与横坐标的夹角在 45° 左右，角度不宜太大或太小。

2. 点要标清楚　根据实验测得的数据，在坐标纸上画出的点应该用符号⊙、⊕、⊗、△、⊡等标示清楚，符号的重心所在位置即表示读数值。绝不允许只点一小点“.”，避免作出曲线后，看不出各数据点的位置。

3. 连接曲线要平滑 根据实验数据标出各点后，即可连成平滑的曲线。曲线应尽可能接近大多数点，并使各点均匀地分布在曲线两侧。

4. 求直线的斜率时，要从线上取点 当所作图形为一直线时，可根据直线方程 $y=kx+b$，求得斜率 $k=\dfrac{y_2-y_1}{x_2-x_1}$，即在直线上任取两点 A（x_1，y_1）、B （x_2，y_2），将其坐标值代入求得斜率。但应注意：所取两点不能相隔太近，也不能直接取两组实验数据代入计算（除非这两组数据代表的点恰在线上且相距足够远），以便减小误差。计算时还应注意 k 是两点坐标差之比，而不是纵、横坐标线段长度之比。因为纵、横坐标的比例可能不同，用线段长度之比求斜率，必然导致错误结果。

六、实验报告格式示例

Ⅰ 无机化学制备实验报告

实验名称：__________________ 日期________ 室温______

一、实验目的

二、实验原理

三、简单流程 （可用图表表示）

四、实验结果

产品外观：

产量：

产率：

五、产品纯度检验：（可列表说明）

六、问题和讨论：

对产率、纯度和操作中遇到的问题进行讨论。

Ⅱ 无机化学测定实验报告

实验名称：__________________ 日期________ 室温______

一、实验目的

二、实验原理

三、实验内容

四、数据与结果

用表格的形式列出实验测定的数据并进行计算或作图，得出结果。

五、问题和讨论

将计算结果与理论值（或文献值）比较，分析产生误差的原因。

Ⅲ 无机化学性质实验报告

实验名称：__________________ 日期________ 室温______

一 实验目的

二 实验内容（用表格表示）

例：碘的氧化性

实验内容	实验现象	解释和反应式
5 滴碘试液+1 滴淀粉液，再逐滴加入 0.1mol·L^{-1} $Na_2S_2O_3$ 溶液	溶液由蓝色变为无色	I_2 遇淀粉变蓝 $I_2+2S_2O_3^{2-} = 2I^- + S_4O_6^{2-}$

三、问题和讨论

总结实验收获和体会，分析实验中出现的“反常”现象。

第二章　实 验 内 容

实验一　基本操作训练和溶解及溶液的配制

【实验目的】

（1）在本实验中学生要熟悉化学实验的规则和安全知识，进一步掌握基本操作技能和知识。

（2）观察溶解过程中的物理化学现象。

（3）掌握溶液浓度的计算方法及常见溶液的配制方法

（4）熟悉台秤、量筒的使用方法，学习移液管、容量瓶等仪器的使用方法。

（5）学习溶液的定量转移及稀释操作。

【实验原理】

溶解不仅是物理状态的改变，还包括化学作用——溶剂化，生成溶剂化合物（在水中就是水合物）。因此在溶解过程中会发生总体积改变、吸热或放热、颜色变化等物理化学现象。

溶液的配制是药学工作的基本内容之一。在配制溶液时，首先应根据所提供的药品计算出溶质及溶剂的用量，然后按照配制的要求决定采用的仪器。

在计算固体物质用量时，如果物质含结晶水，则应将其计算在内。稀释浓溶液时，计算需要掌握的一个原则就是：稀释前后溶质的量不变。

如果对溶液浓度的准确度要求不高，可采用台秤、量筒等仪器进行配制；若要求溶液的浓度比较准确，则应采用分析天平、移液管、容量瓶等仪器。

配制溶液的操作程序一般是：

1. 称量　用台秤或扭力天平、电子天平称取固体试剂，用量筒、量杯或移液管、吸量管量取液体试剂。

2. 溶解　凡是易溶于水且不易水解的固体均可用适量的水在烧杯中溶解（必要时可加热）。易水解的固体试剂（如 $SbCl_3$、Na_2S 等），必须先以少量浓酸（碱）使之溶解，然后加水稀释至所需浓度。

3. 定量转移　将溶液从烧杯向量筒或容量瓶中转移后，应注意用少量水荡洗烧杯 2～3 次，并将荡洗液全部转移到量筒或容量瓶中，再定容到所示刻度。

有些物质易发生氧化还原反应或见光受热易分解，在配制和保存这类溶液时必须采用正确的方法。

【实验用品】

1. 仪器　温度计（100℃）、瓷坩埚、石棉网、量筒（10ml、50ml、100ml）、烧杯（50ml、100ml）、移液管（25ml）、容量瓶（50ml）、台秤。

2. 试剂　浓 H_2SO_4、0.20mol · L^{-1}HAc 滴定液、NaCl（固）、浓 HCl、NH_4NO_3（固）、NaOH（固）、$Na_2SO_4 \cdot 10H_2O$（固）、$CuSO_4 \cdot 5H_2O$（固）、95％乙醇溶液。

【实验内容】

1. 溶解热效应

（1）在一支试管中加入约 3ml 水，用温度计测量水的温度。加入约 0.5g NH_4NO_3 结晶，用玻璃棒轻轻搅拌，并注意温度的改变，试说明 NH_4NO_3 溶解时所发生的热效应。用同法试验固体 NaOH 溶解时所发生的热效应。解释所观察到的现象。

（2）结晶水合物及其无水盐溶解时的热效应

1）在一支试管中，将重约 0.5g 的 $Na_2SO_4 \cdot 10H_2O$ 结晶溶于 2ml 水中，并观察溶解时温度的降低。

2）另将重约 0.5g 的 $Na_2SO_4 \cdot 10H_2O$ 结晶置于坩埚中，在石棉网上慢慢加热，并不断搅拌，可见 $Na_2SO_4 \cdot 10H_2O$ 晶体首先熔化，继续加热得白色无水 Na_2SO_4。放冷坩埚，刮出无水盐，倒入已盛有 2ml 水的试管中（事先已测知水温）观察无水 Na_2SO_4 溶解时的放热现象。

2. 溶质溶剂化后颜色的改变　在坩埚内盛 $CuSO_4 \cdot 5H_2O$ 蓝色结晶少许，直火慢慢灼烧，观察颜色的变化，坩埚冷却后在固体上加水数滴使湿润，颜色又有何变化？试加以解释。

3. 溶质和溶剂混合后体积的改变　分别准确量取 10ml 蒸馏水和 10ml 95%乙醇溶液，混合后，总体积是否为 20ml？解释观察到的现象。

4. 溶液的配制

（1）由浓 H_2SO_4 配制稀 H_2SO_4：计算出配制 50ml 3mol · L^{-1} H_2SO_4 溶液所需浓 H_2SO_4（98%，相对密度 1.84）的体积。在一洁净的 50ml 烧杯中加入 20ml 左右水，然后将用量筒量取的浓 H_2SO_4 缓缓倒入烧杯中，并不断搅拌，待溶液冷却后再转移至 50ml 量筒内稀释至刻度。配制好的溶液倒入实验室统一的回收瓶中。

（2）由固体试剂配制溶液

1）生理盐水的配制：计算出配制生理盐水 90ml 所需固体 NaCl 的用量，并在台秤上称量。将称得的 NaCl 置于 100ml 洁净烧杯内，用适量水溶解，然后转移至 100ml 量筒内稀释至刻度。配制好的溶液统一回收。

2）2mol · L^{-1} 盐酸溶液的配制：计算出配制 2mol · L^{-1} 盐酸溶液 50ml 所需浓 HCl 的用量。自己设计步骤并配制溶液。配制好的溶液统一回收。

（3）将已知浓度的标准溶液稀释：用 25ml 移液管取少量 0.2000mol · L^{-1} HAc 溶液荡洗 2～3 次，然后准确移取 25ml HAc 溶液于 50ml 洁净的容量瓶中，加水稀释至刻度。配制好的溶液统一回收。

【思考题】

（1）固体溶解时，为什么发生吸热或放热现象？为什么带有结晶水的盐类溶于水时多表现吸热现象？

（2）能否在量筒、容量瓶中直接溶解固体试剂？为什么？

（3）移液管洗净后还须用待吸取液润洗，容量瓶也需要吗？为什么？

（4）稀释浓 H_2SO_4 时，应注意什么？

（5）在配制和保存 $BiCl_3$、$FeSO_4$、$AgNO_3$ 溶液时应注意什么？为什么？

（6）用固体 NaOH 配制溶液时，为什么要先在烧杯内加入少量水，再加入 NaOH，而不将固体 NaOH 加入干烧杯中？

实验二 酸 碱 滴 定

【实验目的】

（1）练习滴定操作。

（2）测定氢氧化钠溶液和盐酸溶液的浓度（$mol \cdot L^{-1}$）。

【实验原理】

利用酸碱中和反应，可以测定酸或碱的浓度。量取一定体积的酸溶液，用碱溶液滴定，可以从所用的酸溶液和碱溶液的体积（V_a和 V_b）与酸溶液的浓度（c_a）算出碱溶液的浓度（c_b）：

$$c_a \cdot V_a = c_b \cdot V_b$$

$$c_a = \frac{c_a \cdot V_a}{V_b}$$

反之，也可以从 V_a、V_b 和 c_b 求出 c_a。

中和反应的化学计量点可借助于酸碱指示剂确定。

本实验用 NaOH 溶液滴定已知浓度的草酸，标定 NaOH 溶液的浓度。再用已标定的 NaOH 溶液来滴定未知浓度的 HCl。

【仪器和药品】

1. 仪器　滴定管，移液管、锥形瓶。

2. 药品　未知浓度 NaOH 溶液（$0.1mol \cdot L^{-1}$），未知浓度 HCl 溶液（$0.1mol \cdot L^{-1}$），草酸标准溶液（$0.05mol \cdot L^{-1}$ 标准溶液），酚酞指示剂，甲基橙指示剂。

【实验内容】

1. NaOH 溶液浓度的标定　把已洗净的碱式滴定管用少量 NaOH 溶液荡洗三遍。每次都要将滴定管持平、转动，最后溶液从尖嘴放出。再将 NaOH 溶液装入滴定管中，赶走橡皮管和尖嘴部分的气泡，调整管内液面的位置恰好为“0.00ml”。

用移液管量取 20.00ml 草酸标准溶液，把它加到锥形瓶中，再加入 2～3 滴酚酞指示剂，摇匀。

挤压碱式滴定管橡皮管内的玻璃球，使液体滴入锥形瓶中。开始时，液滴流出的速度可以快一些，但必须成滴而不是一股水流。碱液滴入瓶中，局部出现粉红色，随着摇动锥形瓶，红色很快消失。当接近终点时，粉红色消失较慢，就应该逐滴加入碱液。最后应控制加半滴，即令液滴悬而不落，用锥形瓶内壁将其靠下，摇匀。放置半分钟后粉红色不消失，即认为已达终点。稍停，记下滴定管中液面的体积。

如上法，再取草酸标准溶液，用 NaOH 溶液滴定，重复两次，要求 3 次所用碱液的体积相差不超过 0.10ml。

2. HCl 溶液浓度的测定　检查酸式滴定管不漏水后，先洗净再用少量 HCl 溶液荡洗三遍，赶净尖端气泡，然后加满 HCl 溶液，使液面调至“0.00ml”。

用 20ml 移液管吸取少量已标定的 NaOH 溶液润洗 3 遍，然后准确吸取 NaOH 溶液 20.00ml 于锥形瓶中，再加入 2～3 滴甲基橙指示剂，摇匀，按上法滴定。当最后半滴酸液滴入锥形瓶内，溶液颜色由黄色变为橙色时，即达到终点。稍停，记下滴定管中液面的体积。

如上法，再取 NaOH 溶液，用 HCl 溶液滴定，重复两次，要求 3 次所用碱液的体积相差不超过 0.10ml。

3. 数据记录

（1）NaOH 溶液浓度的标定

实验序号	1	2	3
NaOH 溶液用量（ml）			
草酸溶液用量（ml）			
草酸溶液浓度（$mol \cdot L^{-1}$）			
NaOH 溶液浓度（$mol \cdot L^{-1}$）			
NaOH 溶液平均浓度（$mol \cdot L^{-1}$）			

（2）HCl 溶液浓度的标定

实验序号	1	2	3
NaOH 溶液用量（ml）			
HCl 溶液用量（ml）			
NaOH 溶液浓度（$mol \cdot L^{-1}$）			
HCl 溶液浓度（$mol \cdot L^{-1}$）			
HCl 溶液平均浓度（$mol \cdot L^{-1}$）			

【注意事项】

（1）酸式滴定管的活塞两端涂以凡士林，塞紧后检查，应不从两侧漏水。切忌整个活塞涂满凡士林，这会使孔堵塞。

（2）用自来水、蒸馏水洗净滴定管和移液管，再用待测溶液荡洗三次。

（3）移液管内液体流完后，在锥形瓶口靠停约 30s，再将移液管拿开。

（4）开始滴定时，速度可稍快些，此时出现指示剂的粉红色会很快消失，当接近终点时，粉红色消失较慢，就应逐滴进行。粉红色在半分钟内不消失，即可认为已达到终点。

【思考题】

（1）用碱溶液滴定以酚酞为指示剂时，达到化学计量点的溶液放置一段时间后会不会褪色？为什么？

（2）怎样洗涤移液管？为什么最后要用需移取的溶液来荡洗移液管？滴定管和锥形瓶最后是否也需要用同样方法荡洗？

【报告格式】

1. 实验目的
2. 实验原理
3. NaOH 溶液浓度的标定（以表格形式例出）
4. HCl 溶液浓度的标定（以表格形式例出）

实验三　溶液的通性

【实验目的】

（1）观察溶液的通性，练习用冰点下降法测定物质摩尔质量（或分子量），加深对稀溶液依数性的认识。

（2）通过实验进一步理解拉乌尔定律。

（3）练习使用移液管，学习台秤或电子天平的称量方法。

【实验原理】

蒸气压下降、沸点上升、凝固点下降、渗透压的产生这些溶液的通性，对于稀溶液来说，它们的量和一定量的溶剂中所溶解的非电解质溶质的分子数成正比，所以这些性质又叫稀溶液的依数性。因此测定这些性质（常用冰点下降法来测定），可以计算溶质的分子量。

凝固点是溶液（或液态溶剂）与其固态溶剂具有相同的蒸气压而能平衡共存时的温度。当在溶剂中加入难挥发的非电解质溶质时，由于溶液的蒸气压小于同温度下纯溶剂的蒸汽压，因此溶液的凝固点必低于纯溶剂的凝固点。根据拉乌尔定律可推出，稀溶液的凝固点降低值ΔT_f近似地与溶液的质量摩尔浓度（m）成正比，而与溶质的本性无关：

$$\Delta T_f = K_f \cdot m \qquad (1)$$

式中K_f为凝固点降低常数。若有g克溶质溶解在G克溶液中，且溶质的摩尔质量为M，则（1）式可转换为

$$M = \frac{K_f \times g \times 1000}{G \times \Delta T_f} \qquad (2)$$

因此，在已知K_f、G、g的前提下，只要测出稀溶液的凝固点降低值ΔT_f，即可按（2）式求出溶质的摩尔质量。

为测定ΔT_f，应通过实验分别测出纯溶液和溶剂的凝固点。凝固点的测定采用过冷法。

【实验用品】

1. 试剂　50%硅酸钠、3%～5%硫酸铜、葡萄糖、氯化钠、$K_4[Fe(CN)_6]$、食盐、水、铜、铁、钴、镍、锰、铝、镁等的盐类。

2. 仪器　测冰点装置一套　2个大试管

100ml烧杯　普通温度计（150℃）1支

【实验内容】

1. “化学风景”　向100ml小烧杯中加入60ml50%硅酸钠溶液，投入数粒可溶性的铜、铁、钴、镍、锰、铝、镁等盐类的晶体，在晶体表面立即生成一层不溶性的硅酸盐，由于渗透现象于是水渗入膜中，使其膨胀长大，以致变成好似花草、山水、树木等“化学风景”。

2. “化学海草”　在大试管中倒入3%～5%硫酸铜溶液，再投入几粒亚铁氰化钾$K_4[Fe(CN)_6]$晶粒，在晶体表面由于形成亚铁氰化铜$Cu_2[Fe(CN)_6]$半透膜而产生渗透现象，渐渐生成一种深黄色的“海草”。

3. 沸点上升　取100ml烧杯一个，加入30ml自来水，加热至沸，用普通温度计量其温度，向沸水中投入3～5g氯化钠晶体，继续加热直至沸腾，再记下沸腾的温度，比较二者沸点的差别。

4. 冰点下降法测蒸馏水和葡萄糖分子量

（1）几点说明

1）冰点：冰点这一温度不是很容易读出，因为溶液往往冷却到冰点时还不结冰，只有使其温度下降到某一温度时才析出冰来，此时因放出大量的熔化热而使温度突然上升。上升的最高点就是冰点。

2）冰盐冷冻剂　当食盐、冰及少量水混合在一起时，因为在同温下冰的蒸气压大于饱和食盐水的蒸汽压：故冰要融化，熔化时就要吸收周围的热量，故冰盐水可做冷冻剂，最低可降至–22℃。若为“氯化钙、冰、水”冷冻剂，最低可达–55℃。

3）使用 1/10 刻度温度计必须注意：

a. 这种温度计很贵重而且很长，使用和放置均要注意，避免碰断。

b. 水银球处玻璃薄，不能用力捏，若被冻住，不可用力拔，应用手握试管，待冰融化后方能取出。

c. 1/10 温度计的刻度可读至 0.01℃，准确到 0.1℃。

（2）操作步骤

1）水的冰点的测定：在洗净的内管中注入 10ml 蒸馏水（或离子交换水），装置好后不断搅拌。注意观察温度的变化，测出水的冰点。为减少误差，可将试管取出，用手握管，待冰融化后再测一次，直到前后两温差不超过 0.02℃，则所测温度就是水的冰点，定此点为该温度计的零点。

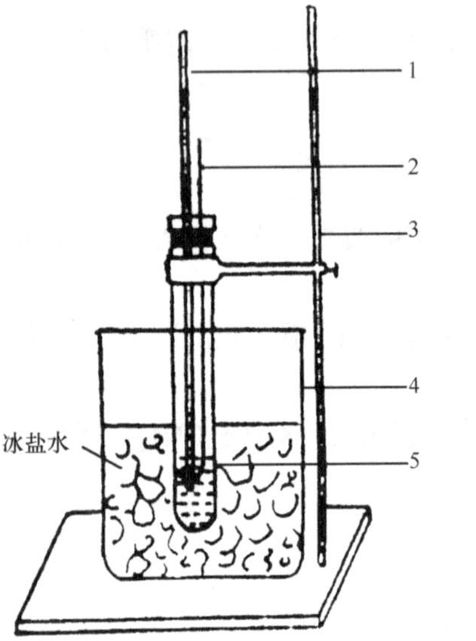

图 1-2-1　凝固点测定装置

1. 温度计；2. 搅拌棒；3. 铁站架；4. 烧杯；5. 测量管

2）葡萄糖溶液冰点的测定：先在台秤上称取葡萄糖 1.00g，再在电子天平上精确称量（读至小数点后 3 位）。将称好的葡萄糖小心倒入干燥洁净的测定管中，然后准确吸取 10ml 蒸馏水沿管壁加入，轻轻振荡（注意切勿溅出）。待葡萄糖完全溶解后，装上塞子（包括温度计与细搅拌棒），将测管直接插入冰盐水中。

用粗搅拌 棒搅动冰盐水，同时用细搅拌棒搅拌溶液，但注意不要碰及管壁与温度计以免摩擦生热影响实验结果。当溶液逐渐降温至过冷再析出结晶时，温度降低后又回升的最高点温度可作为溶液的冰　点（通过放大镜准确读数）。

冰点的测定须重复两次。两次测定结果的差值，要求在±0.04℃以内。溶液的冰点取两次结果的平均值（图 1-2-1）。

（3）数据记录及结果处理

测定次数	冰点，℃		溶质质量 g	溶剂质量 g	ΔT_f
	蒸馏水	葡萄糖溶液			
1					
2					
3					
结果计算	$M=\dfrac{K_f\times g\times 1000}{G\times \Delta T_f}$				

【注意事项】

（1）测定管需干燥。

（2）温度计前端的玻璃极薄（可提高测温的灵敏度），切勿将温度计代替搅拌棒用。

（3）测蒸馏水冰点时，有时温度计会与冰冻结在一起，此时应注意让冰融化后再取出温度计。

【注】 准确测量冰点下降，应使用贝克曼温度计，这种温度计可以准确测量温度差，可读至 0.002℃。

【思考题】

（1）蒸气压下降、冰点下降、沸点上升及渗透压是哪些溶液的通性？什么情况下是依数性？

（2）冰盐水为什么能做冷冻剂？多加食盐，是否可以使温度降到–22℃以下，这什么？

（3）使用 1/10 刻度温度计应注意哪些事项？

【报告格式】

1. 实验目的
2. 实验原理
3. 实验数据处理、结论与讨论。

实验四 $I_3^- \rightleftharpoons I^- + I_2$ 平衡常数的测定

———滴定操作

【实验目的】

（1）测定 $I_3^- \rightleftharpoons I^- + I_2$ 的平衡常数。加强对化学平衡、平衡常数的理解并了解平衡移动的原理。

（2）了解碘量法滴定的基本操作。

【实验原理】

碘溶于碘化钾溶液中形成 I_3^- 离子，并建立下列平衡；

$$I_3^- \rightleftharpoons I^- + I_2 \qquad (1)$$

在一定温度条件下其平衡常数为

$$K=\frac{\alpha_{I^-}\cdot\alpha_{i_2}}{\alpha_{i_3^-}}=\frac{\gamma_{I^-}\cdot\gamma_{I_2}}{\gamma_{I_3^-}}\cdot\frac{[I^-][I_2]}{[I_3^-]}$$

式中 α 为活度，γ 为活度系数，$[I^-]$、$[I_2]$、$[I_3^-]$为平衡浓度。由于在离子强度不大的溶液中

$$\frac{\gamma_{I^-}\cdot\gamma_{I_2}}{\gamma_{I_3^-}}\approx 1$$

所以

$$K\approx\frac{[I^-][I_2]}{[I_3^-]} \qquad (2)$$

为了测定平衡时的$[I^-]$、$[I_2]$、$[I_3^-]$，可用过量固体碘与已知浓度的碘化钾溶液一起摇荡，达到平衡后，取上层清液，用标准硫代硫酸钠溶液进行滴定：

$$2Na_2S_2O_3+I_2=2NaI+Na_2S_4O_6$$

由于溶液中存在 $I_3^- \rightleftharpoons I^- + I_2$ 的平衡，所以用硫代硫酸钠溶液滴定，最终测到的是平

衡时 I_2 和 I_3^- 的总浓度。设这个总浓度为 C 则

则 $$C=[I_2]+[I_3^-] \qquad (3)$$

$[I_2]$ 则可通过在相同温度条件下，测定过量固体碘与水处于平衡时，溶液中碘的浓度来代替。设这个浓度为 C'，则

$$[I_2]=C'$$

整理（3）式 $[I_3^-]=C-[I_2]=C-C'$

从（1）式可以看出，形成一个 I_3^- 就需要一个 I^-，所以平衡时 $[I^-]$ 为

$$[I^-]=C_0-[I_3^-]$$

式中 C_0 为碘化钾的起始浓度。

将 $[I_2]$、$[I_3^-]$ 和 $[I^-]$ 代入（2）式即可求得在此温度条件下的平衡常数 K。

【实验用品】

1. 仪器　量筒（10ml、100ml）、吸量管（10ml）、移液管（50ml）、碱式滴定管、碘量瓶（100ml、250ml）、锥形瓶（250ml）、洗耳球。

2. 试剂　碘、KI（0.0100mol · L^{-1}、0.0200mol · L^{-1}）、$Na_2S_2O_3$ 标准溶液（0.0050mol · L^{-1}）、淀粉溶液（0.2%）。

【实验内容】

（1）取两只干燥的 100ml 碘量瓶和一只 250ml 碘量瓶，分别标上 1、2、3 号。用量筒分别量取 40ml 0.0100mol · L^{-1} KI 溶液注入 1 号瓶，40ml 0.0200mol · L^{-1} KI 溶液注入 2 号瓶，100ml 蒸馏水注入 3 号瓶。然后在每个瓶内各加入 0.3g 研细的碘，盖好瓶塞。

（2）将 3 只碘量瓶在室温下振荡或者在磁力搅拌器上搅拌 20min，然后静置 10min，待过量固体碘完全沉于瓶底后，取上层清液进行滴定。

（3）用 5ml 吸量管取 1 号瓶上层清液两份，分别注入 250ml 锥形瓶中，再各注入 20ml 蒸馏水，用 0.0050mol · L^{-1} 标准溶液 $Na_2S_2O_3$ 溶液滴定其中一份至呈淡黄色时（注意不要滴过量），注入 2ml 0.5%淀粉溶液，此时溶液应呈蓝色，继续滴定至蓝色刚好消失。记下所消耗的 $Na_2S_2O_3$ 溶液的体积。平行做第二份清液。

同样方法滴定 2 号瓶上层的清液。

（4）用 25ml 移液管取 3 号瓶上层清液两份，用 0.0050mol · L^{-1} $Na_2S_2O_3$ 标准溶液滴定，方法同上。

【数据记录和处理】

将数据记入表中。

瓶号		1	2	3
取样体积 V/ml				
$Na_2S_2O_3$ 溶液的用量（ml）	Ⅰ			
	Ⅱ			
	平均			
$Na_2S_2O_3$ 溶液的浓度/ mol · L^{-1}				
$[I_2]$ 与 $[I_3^-]$ 的总浓度/molL^{-1}				
水溶液中碘的平衡浓度/ mol · L^{-1}				
$[I_2]$ / mol · L^{-1}				
$[I_3^-]$/ mol · L^{-1}				

续表

瓶号	1	2	3
C_0 / mol · L^{-1}			
[I^-]/ mol · L^{-1}			
K			
$\bar{K}$			

用 $Na_2S_2O_3$ 标准溶液滴定碘时，相应的碘的浓度计算方法如下；

1、2 号
$$c = \frac{c_{Na_2S_2O_3} \cdot V_{Na_2S_2O_3}}{2V_{KI-I_2}}$$

3 号
$$c' = \frac{c_{Na_2S_2O_3} \cdot V_{Na_2S_2O_3}}{2V_{H_2O-I_2}}$$

本实验测定 K 值在 1.0×10^{-3}～2.0×10^{-3} 范围内合格（文献值 K=1.5×10^{-3}）。

【注意事项】

（1）要充分振摇，并放置 10min，使沉淀完全。

（2）吸取上清液时，注意不要将沉于溶液底部或旋于溶液表面少量固体碘吸入移液管。

（3）碘量法要注意的两个重要误差来源，一是 I_2 的挥发；二是 I^-被空气氧化。实验中应采取适当的措施减少或排除这两种误差。

【思考题】

（1）本实验中，碘的用量是否要准确称取？为什么？

（2）出现下列情况，将会对本实验产生何种影响？

1）所取碘的量不够；

2）三只碘量瓶没有充分振荡；

3）在吸取清液时，不注意将沉在溶液底部或悬浮在溶液表面的少量固体碘带入吸量管。

（3）由于碘易挥发，所以在取溶液和滴定时操作上要注意什么？

【报告格式】

1. 实验目的
2. 实验原理
3. 数据记录及结果处理（以表格形式列出）

实验五 乙酸解离度和解离常数的测定
——pH 计的使用

【实验目的】

（1）测定乙酸的解离度（α）和解离常数（K_a）；

（2）学习使用 pH 计；

（3）学习使用吸量管和移液管。

【实验原理】

乙酸是一元弱酸，在水溶液中存在以下解离平衡：

$$HAc \rightleftharpoons H^+ + Ac^-$$

若 C 为 HAc 的起始浓度，$[H^+]$、$[Ac^-]$和$[HAc]$分别为 H^+、Ac^-和 HAc 的平衡浓度，α 为解离度，K_a 为解离常数，则有

$$\alpha = \frac{[H^+]}{c} \times 100\%$$

$$K_a = \frac{[H^+][Ac^-]}{[HAc]} = \frac{[H^+]^2}{c - [H^+]}$$

用 pH 计测得醋酸溶液中$[H^+]$，即可求得其解离度 α 和解离常数 K_a。

【实验用品】

1. 仪器　pHS-3C 型酸度计（复合电极），移液管（25ml），吸量管（5ml），烧杯（50ml），容量瓶（50ml）。

2. 试剂　0.1mol · L^{-1}NaOH 标准溶液。0.10mol · L^{-1}HAc 溶液。

【实验内容】

1. 乙醇酸溶液浓度的测定　精密吸取 0.10mol · L^{-1}HAc 溶液 10.00ml，置于 250ml 锥形瓶中，加酚酞指示剂 2 滴，用氢氧化钠标准溶液滴定至现浅红色，30s 不褪色为滴定终点，记录 V_{NaoH}，并计算 c_{HAc}，将结果填入下表中

序号	1	2	3
NaoH 溶液的浓度（mol · L^{-1}）			
HAc 溶液的用量（ml）			
NaoH 溶液消耗的体积（ml）			
HAc 溶液浓度（mol · L^{-1}）			
平均浓度（mol · L^{-1}）			

2. 配制不同浓度的 HAc 溶液　用移液管或吸量管分别取 25.00ml、5.00ml、2.50mlHAc 标准溶液，分别置于 3 个 50ml 容量瓶中，用蒸馏水稀释至刻度，摇匀，计算出这 3 个容量瓶中 HAc 溶液的准确浓度。

3. 测定不同浓度 HAc 溶液的 pH，并计算电离度（α）和电离常数（K_a）　将以上配制的 3 种不同浓度的 HAc 溶液分别加入干燥洁净的 50ml 烧杯中，另取 1 干燥洁净的 50ml 烧杯，加入 HAc 标准溶液，按由稀到浓的次序在 pH 计上分别测定它们的 pH，记录数据和室温，见下表。

【数据记录及结果处理】

见下表。　　　　室温：

序号	HAc 浓度 mol • L^{-1}	测得 pH	$[H^+]$ mol • L^{-1}	解离度 α（%）	解离常数 K_a	
					计算值	平均值
1						
2						
3						
4						

本实验测定的 K_a 在 1.0×10^{-5}～2.0×10^{-5} 范围内合格（25℃的文献值为 1.71×10^{-5}）

【思考题】

（1）改变所测 HAc 溶液的浓度或温度，电离度和电离常数有无变化？若有变化，会有怎样的变化？

（2）若所用 HAc 溶液的浓度极稀，是否还能用 $K_a = \frac{[H^+]^2}{c}$ 来求解离常数？为什么？

（3）“解离度越大，酸度就越大”，这句话是否正确？

【注意事项】

（1）玻璃电极下端的玻璃球很薄，所以切忌与硬物接触，否则电极将失效。

（2）校准仪器时应尽量选用与待测溶液 pH 接近的标准缓冲溶液。

（3）校准仪器的标准溶液与被测溶液的温度应不大于 1℃。

【报告格式】

1. 实验目的

2. 实验原理

3. 数据记录及结果处理（以表格形式列出）

附 pHS－3C 型精密 pH 计测定溶液 pH 的方法

1. 开机

（1）电极安装。将电极安装在 pH 计右侧的金属架上，电极导线插入仪器后端的插孔内。安装电极时要十分小心，以防玻璃电极碰破。

（2）接电源，按下电源开关，预热 30min。

2. 校准

仪器连续使用时，24 小时标定一次即可。

（1）把“选择”开关旋钮置于 pH 档。

（2）调节“温度补偿”旋钮，使旋钮白线对准溶液的温度值。

（3）把“斜率调节”旋钮顺时针旋到底。

（4）将清洗过的电极插入选定的标准缓冲溶液中，调节“定位”旋钮，使仪器显示读数与该缓冲溶液当时温度下的 pH 相一致。

3. 测量

（1）清洗电极，用滤纸擦干。

（2）将电极放入待测溶液中，轻轻晃动烧杯，待数据稳定后记录 pH。

（3）清洗电极，测定下一个溶液的 pH。

4. 测量完后，关闭电源，洗净电极，并将电极保护套套上。

实验六 酸碱性质与酸碱平衡

【实验目的】

（1）掌握同离子效应对电离平衡的影响。

（2） 学习缓冲溶液的配制方法，熟悉缓冲溶液中弱酸及其共轭碱浓度的比值与溶液 pH 关系。

（3）观察稀释以及加少量酸或碱对缓冲溶液 pH 的影响。

【实验原理】

同离子效应能使弱电解质的电离度降低，从而改变弱电解质溶液的 pH。pH 的变化可借助指示剂变色来确定，也可用 pH 测定。缓冲溶液能抵抗外加少量酸、碱或水的稀释而保持溶液 pH 基本不变，缓冲溶液中具有抗酸和抗碱成分，对外加的少量酸或碱或稀释具有缓冲作用，如若缓冲溶液由弱酸及其共轭碱的混合溶液组成，它的 pH 可用下式表示：

$$PH = pK_a + \lg\frac{c_{共轭碱}}{c_{弱酸}}$$

当温度一定时，某一弱酸的 pK_a 为一常数。因此缓冲溶液的 pH 就随酸及其共轭碱的浓度比值而变，若制备缓冲溶液所用酸和共轭碱的浓度相等时，则配制时所取共轭碱和弱酸溶液体积比就等于它们的浓度比。上式可改写成：

$$pH = pK_a + \lg\frac{V_{共轭碱}}{V_{弱酸}}$$

可见取相同浓度的弱酸及其共轭碱配制缓冲溶液时，其毫升数的比值不同，即可得 pH 不同的缓冲溶液。稀释缓冲溶液时，溶液中共轭碱和弱酸的浓度都以相等比例降低，弱酸及其共轭碱浓度比值不改变。因此适当稀释不影响缓冲溶液的 pH。

【实验用品】

1. 仪器　试管、试管夹、烧杯（100ml）、酸度计 、移液管（25ml）、量筒（10ml）

2. 试剂（$0.1mol \cdot L^{-1}$，$1mol \cdot L^{-1}$）HCl、$0.1mol \cdot L^{-1}$HAc、$0.1mol \cdot L^{-1}$NaOH、（$0.1mol \cdot L^{-1}$、$1mol \cdot L^{-1}$）$NH_3 \cdot H_2O$、$1mol \cdot L^{-1}$NaAc、NH_4Ac（固）、$0.1mol \cdot L^{-1}NH_4Cl$、$0.1mol \cdot L^{-1}FeCl_3$、$0.1mol \cdot L^{-1}Na_2HPO_4$、$0.1mol \cdot L^{-1}KH_2PO_4$、$0.1mol \cdot L^{-1}MgCl_2$、pH 试纸、甲基橙指示剂、酚酞指示剂、溴麝香草酚蓝指示剂。

【实验内容】

1. 酸碱溶液的 pH　用 pH 试纸测定 $0.1mol \cdot L^{-1}$HCl、$0.1mol \cdot L^{-1}$HAc、蒸馏水、$0.1mol \cdot L^{-1}$NaOH、$0.1mol \cdot L^{-1}NH_3 \cdot H_2O$ 的 pH，并与计算值相比较。结果填入下表

实验内容	$0.1mol \cdot L^{-1}$ HCl	$0.1mol \cdot L^{-1}$ HAc	蒸馏水	$0.1mol \cdot L^{-1}$ NaOH	$0.1mol \cdot L^{-1}$ $NH_3 \cdot H_2O$
pH 计算值					
pH 测定值					

2. 同离子效应

（1）在试管中加入 1ml $0.1mol \cdot L^{-1}$HAc 溶液和 2 滴甲基橙指示剂，摇匀，观察溶液颜色。再加入固体 NH_4Ac 适量，振摇使之溶解，观察溶液颜色的变化，解释之。

（2）在试管中加入 1ml $0.1mol \cdot L^{-1}NH_3 \cdot H_2O$ 溶液和 2 滴酚酞指示剂，摇匀，观察溶液颜色。再加入固体 NH_4Ac 适量，振摇使之溶解，观察溶液颜色有何变化。将结果填入下表并解释之。

实验内容	实验现象	解释和反应式

3. 缓冲溶液

（1）缓冲溶液的配制及其 pH 的测定：用移液管吸取 $1mol \cdot L^{-1}NH_3 \cdot H_2O$ 和 $0.1mol \cdot L^{-1}NH_4Cl$ 溶液各 10.00ml，置于 50ml 干燥洁净的小烧杯中，混匀后，用酸度计测定该缓冲溶液的 pH，并与计算值比较。将有关数据填入下表

缓冲溶液	pH（计算值）	pH（测定值）
10ml 1mol · $L^{-1}NH_3.H_2O$ +10ml 0.1mol · $L^{-1}NH_4Cl$		

（2）缓冲溶液的缓冲作用：在上面配制的缓冲溶液中，用量筒量取 1ml 0.1mol · L^{-1}HCl 溶液加入摇匀，用酸度计测定 pH；再加入 2ml 0.1mol · L^{-1}NaOH 溶液并摇匀，测定 pH；将有关数据填入下表并解释之。

缓冲溶液	pH（测定值）
加入 1ml 0.1mol.L^{-1}HCl	
再加入 2ml 0.1mol.L^{-1}NaOH	

讨论实验结果。

（3）稀释对缓冲溶液的影响：取两个小试管，在一试管中用移液管加入 0.1mol · L^{-1} KH_2PO_4 2.0ml 和 0.1mol · $L^{-1}Na_2HPO_4$ 2.0ml，在另一试管中用移液管加入 0.1mol · L^{-1} KH_2PO_4 1.0ml 和 0.1mol · $L^{-1}Na_2HPO_4$ 1.0ml，并加蒸馏水稀释一倍，然后在两试管中各加入溴麝香草酚蓝指示剂 1 滴，比较两试管中溶液的颜色，并解释所得的结果。

（4）缓冲溶液的应用：用 1mol · $L^{-1}NH_3 \cdot H_2O$ 和 0.1mol · $L^{-1}NH_4Cl$ 溶液配制成 pH=9 的缓冲溶液 10ml（应取 1mol · $L^{-1}NH_3 \cdot H_2O$ __ ml 和 0.1mol · $L^{-1}NH_4Cl$ __ ml），然后一分为二，在 1 支试管中加入 10 滴 0.1mol · $L^{-1}MgCl_2$，另 1 支试管中加入 10 滴 0.1mol · $L^{-1}FeCl_3$ 溶液，观察现象，试说明能否用此缓冲溶液分离 Mg^{2+}和 Fe^{3+}。

【思考题】

（1）用酚酞是否能正确指示 HAc 或 NH_4Cl 溶液的 pH？为什么？

（2）为什么 $NaHCO_3$ 水溶液呈碱性，而 $NaHSO_4$ 水溶液呈酸性？

（3）缓冲溶液具有哪些性质？

（4）$NaHCO_3$ 溶液是否具有缓冲能力？为什么？

（5）配制的缓冲溶液，其 pH 计算值与实验测定值为何不相同？

【报告格式】

1. 实验目的
2. 实验原理
3. 列表说明实验内容、现象、原理和结论。

实验七 溶解沉淀平衡

【实验目的】

（1）熟悉沉淀平衡及沉淀平衡的移动。

（2）根据溶度积规则判断。

1）沉淀的生成和溶解；

2）沉淀的转化和分步沉淀。

（3）测定溶度积。

【实验原理】

（1）在难溶盐的饱和溶液中，未溶解的固体与溶解后形成的离子之间存在着平衡，若以 AB 代表难溶盐，A^+、B^-代表溶解后的离子，它们之间存在着

$$AB(s) = A^+(aq) + B^-(aq)$$

利用沉淀的生成可以将有关离子从溶液中除去.但不可能完全除去。

在沉淀中若增加 A^+或 B^-的浓度，平衡向生成沉淀的方向移动，有沉淀析出，这种现象叫同离子效应。

据溶度积能判断沉淀的生成于溶解，$[A^+][B^-] > K_{sp}$，则有沉淀析出；

$[A^+][B^-] = K_{sp}$，溶液达到饱和，但仍无沉淀析出；$[A^+][B^-] < K_{sp}$，溶液达到饱和，没有沉淀析出.

实验中有关难溶电解质的 K_{sp} 如下表：

难溶电解质	$Pb(SCN)_2$	$PbCl_2$	PbI_2	$PbCrO_4$	CuS	PbS	$AgCrO_4$
K_{sp}	2×10^{-5}	1.6×10^{-5}	7.1×10^{-5}	1.8×10^{-5}	1.3×10^{-5}	8.8×10^{-5}	1.1×10^{-5}

（2）硫代乙酰胺的分子结构式为 CH_3CSNH_2，水解后产生 H_2S，与 $PbCl_2$ 沉淀的反应如下：$CH_3CSNH_2 + H_2O \rightarrow CH_3COONH_2 + H_2S$

$$PbCl_{2(s)} \rightleftharpoons 2Cl^- + Pb^{2+}$$

$$H_2S \rightleftharpoons 2H + S^{2+}$$

$$Pb^{2+} + S^{2+} \longrightarrow PbS_{(S)}\text{(黑色)}$$

（3）如果在溶液中有两种以上的离子都可以与一种沉淀剂反应生成难溶盐，沉淀的先后次序是根据所需沉淀剂离子浓度的大小而定。所需沉淀剂离子浓度小的先沉淀出来，所需沉淀剂离子浓度大的后沉淀出来，这种先后沉淀的现象，成为分步沉淀。

使一种难溶电解质转为另一种难溶电解质的过程称为沉淀的转化，一般说来，溶解度大的难溶电解质容易转化为溶解度小的难溶电解质。

【实验用品】

1. 仪器　离心机、烧杯

2. 药品

（1）酸：HNO_3 6 mol · L^{-1}

（2）碱：NaOH 0.2 mol · L^{-1}、$NH_3 \cdot H_2O$ mol · L^{-1}

（3）盐：$Pb(NO_3)_2$ 0.1mol · L^{-1}、0.001mol · L^{-1}、KI 0.1mol · L^{-1}、0.001mol · L^{-1}、NH_4Cl 1mol · L^{-1}、NH_4CNS 0.5mol · L^{-1}、$FeCl_3$ 0.1mol · L^{-1}、K_2CrO_4 0.1mol · L^{-1}、Na_2S 0.1mol · L^{-1}、Na_2CO_3 0.1m mol · L^{-1}、NaCl 0.1mol · L^{-1}、MgCl 0.2 mol · L^{-1}、$(NH_4)_2C_2O_4$ 饱和溶液、$AgNO_3$ 0.1 mol · L^{-1}、$CuSO_4$ 0.1 mol · L^{-1}、CuCl 0.1 mol · L^{-1}、$BaCl_2$ 0.3 mol · L^{-1}、硫代乙酰胺溶液。

（4）其他：pH 试纸。

【实验内容】

1. 沉淀平衡与同离子效应

（1）沉淀溶解平衡：取 0.1 mol · L^{-1} $Pb(NO_3)$ 溶液 10 滴，加 0.5mol · L^{-1} 硫氰酸铵溶液至沉淀完全，振荡试管（由于 $Pb(SCN)_2$ 容易形成过饱和溶液，可用玻棒摩擦试管内壁，或剧烈摇动试管）。离心分离，在离心液中加 0.1mol · L^{-1} K_2CrO_4 溶液，振荡试管，有什么现象？试说明在沉淀移去后离心液中是否有 Pb^{2+} 存在？

（2）同离子效应：在试管中加 1ml 饱和 PbI_2 溶液，然后加 5 滴 KI 0.1mol · L^{-1} 溶液，振摇片刻，观察有何现象产生？为什么？

2. 溶度积规则应用

（1）沉淀的生成

1）在试管中加 1ml 0.1mol · L^{-1} $Pb(NO_3)_2$ 溶液，然后加 1ml 0.1mol · L^{-1} KI 溶液，观察有无沉淀生成。试以溶度积规则解释之。

2）在试管中加 1ml 0.001mol · L^{-1} $Pb(NO_3)_2$ 溶液，然后加 1ml 0.001mol · L^{-1} KI 溶液，观察有无沉生成。试以溶度积规则解释之。

3）在离心管中加 2 滴 0.5mol · L^{-1} Na_2S 溶液和 5 滴 0.5mol · L^{-1} K_2CrO_4 溶液。加 5ml 蒸馏水稀释，再加 5 滴 0.1mol · L^{-1} $Pb(NO_3)_2$ 溶液，观察首先生成的沉淀是黑色还是黄色？离心分离，再向离心液中滴加 0.1mol · L^{-1} $Pb(NO_3)_2$ 溶液，会出现什么颜色的沉淀？根据有关溶度积数据加以说明。

（2）沉淀的溶解

1）取 0.1mol · L^{-1} $BaCl_2$ 溶液 5 滴，加饱和草酸铵溶液 3 滴，此时有白色沉淀生成，离心分离，弃去溶液，在沉淀上滴加 6mol · L^{-1}HCl 溶液，有何现象？写出反应式。

2）取 0.1mol · L^{-1} $AgNO_3$ 溶液 10 滴，加 0.1 mol · L^{-1} NaCl 溶液 10 滴，离心分离，弃去溶液，在沉淀上滴加 6mol · L^{-1} 氨水溶液。有何现象，写出反应式。

3）取 0.1mol · L^{-1} $FeCl_3$ 溶液 5 滴，加 0.2mol · L^{-1} NaOH 溶液 5 滴，生成 $Fe(OH)_3$ 沉淀；另取 0.1mol · L^{-1} $CaCl_2$ 溶液 5 滴，加 0.1mol · L^{-1} Na_2CO_3 溶液 5 滴，得 $CaCO_3$ 沉淀。分别在沉淀上滴加 6mol · L^{-1} HCl，观察它们的现象。写出反应式。

4）在试管中加 10 滴 0.2mol · $L^{-1}$$MgCl_2$ 溶液，再滴加 2mol · L^{-1} 的氨水，观察有何现象？然后再滴 1mol · $L^{-1}$$NH_4Cl$ 溶液，又有何现象发生？写出反应式。

5）在置有 5 滴 0.1mol · L^{-1} $CuSO_4$ 的试管中加 0.1mol · L^{-1} 的 Na_2S 溶液 5 滴，观察有何现象？然后向该试管中滴加 10 滴 6 mol · L^{-1} HNO_3 溶液，并微热之，观察有何现象？写出反应式。

（3）沉淀的转化

1）在置有 10 滴 0.1mol · $L^{-1}$$AgNO_3$ 溶液的试管中，加 5 滴 0.1mol · L^{-1}NaCl 溶液，然后滴加 0.1mol · L^{-1}KI 溶液，观察有何现象产生，写出反应式。

2）取 0.1mol · $L^{-1}$$Pb(NO_3)_2$ 溶液 5 滴，加 3 滴 0.1mol · L^{-1}NaCl 溶液，有白色沉淀生成，再加 5 滴硫代乙酰胺溶液，水浴加热，有何现象，为什么？

（4）分步沉淀

1）在置有 5 滴 0.1mol · L^{-1}NaCl 和 5 滴 0.1mol · L^{-1}KI 溶液中，然后逐滴加入 0.1mol · $L^{-1}$$AgNO_3$ 溶液，观察有何现象产生，写出反应式。

2）在置有 10 滴 0.1mol · $L^{-1}$$AgNO_3$ 溶液的试管中，加 10 滴 0.1mol · $L^{-1}$$K_2CrO_4$ 溶液，然后滴加 0.1mol · L^{-1}NaCl 溶液 10 滴，观察有何现象产生。写出反应式。

【注意事项】

（1）离心机的使用及注意事项

1）记住自己放入的位置。

2）离心管应对称放置，以防止由于重量不均衡引起振动而造成轴的磨损。只有一份溶液需离心时，应再取一只空白离心管，加入与试样体积相同的蒸馏水，与试样离心管一起对称放入离心机进行离心。

3）停止离心操作时，不可用手去按住离心机的轴，应让其自然停止转动。

（2）溶液和沉淀分离的操作。取一毛细吸管，先捏紧其橡皮头，然后插入试管中，插入的深度以尖端接近沉淀而不接触沉淀为限。然后慢慢放松橡皮头，吸出溶液移去，这样反复数次尽可能把溶液移去，留下沉淀。

（3）水浴加热是在一定温度范围内进行较长时间加热的一种方法。此外，还有油浴、沙浴、蒸汽浴等。水浴加热可用铜制水锅，也可用烧杯代替。在烧杯中放入一定量的水，在电炉（或其他热源）上加热后即为水浴。将需进行水浴加热的样品试管放入其中即可。

（4）离心管是用来进行离心分离的试管；标有刻度且管底玻璃较薄，整个试管的厚度不匀。所以离心管不能用直火加热，只能在水浴中加热。

【思考题】

（1）难溶电解质与弱电解质在性质上有哪些相同与不同之处？要区别电离度和溶解度的概念。

（2）沉淀平衡与弱电解质的电离平衡有哪些相同的地方？

（3）沉淀平衡中的同离子效应与电离平衡中的同离子效应是否相同？

（4）沉淀生成的条件是什么？

（5）什么叫分步沉淀？怎样根据溶度积的计算来判断本实验中沉淀先后次序？

（5）沉淀的溶解有哪几种方法？

实验八　碘酸铜溶度积的测定

【实验目的】

（1）加强对溶度积原理的理解。

（2）学习沉淀（难溶盐）的制备、洗涤及过滤等操作方法。

（3）学习分光光度计的使用。

【实验原理】

难溶盐碘酸铜是强电解质，它和一切难溶电解质一样，与其饱和水溶液建立如下平衡：

$$Cu(IO_3)_{2(s)} \xrightleftharpoons{\text{溶解}} Cu(IO_3)_2 \xrightleftharpoons{\text{解离}} Cu^{2+} + 2IO_3^-$$

上式可简化为：

$$Cu(IO_3)_{2(s)} \rightleftharpoons Cu^{2+} + 2IO_3^-$$

碘酸铜的溶度积为：

$$K_{sp} = [Cu^{2+}][IO_3^-]^2 \quad (1)$$

在碘酸铜饱和溶液中，Cu^{2+}的浓度等于$Cu(IO_3)_2$在该温度下的摩尔溶解度S_0，所以有：

$$K_{SP} = [Cu^{2+}][IO_3^-]^2 = S_0(2S_0)^2 = 4S_0^3 = 4[Cu^{2+}]^3 \quad (2)$$

为测定$[Cu^{2+}]$，须在$Cu(IO_3)_2$饱和溶液中加入氨水，使Cu^{2+}变成蓝色的$[Cu(NH_3)_4]^{2+}$，反应式如下：

$$Cu^{2+} + 4NH_3 \rightleftharpoons [Cu(NH_3)_4]^{2+}\text{（蓝色）}$$

由于反应定量，所以$Cu^{2+} \approx [Cu(NH_3)_4]^{2+}$设其$C_x$。$C_x$可通过分光光度法测定。根据Lambert-Beer定律，当某一单色光通过一定厚度的有色物质溶液时，有色物质对光的吸收程度（以吸光度A表示）与有色物质的浓度（C）成正比，公式如下：

$$A=\varepsilon Cl \qquad (3)$$

ε 为比例常数，称为摩尔吸光系数，它与有色物质的种类和单色光的波长有关。已知 $[Cu(NH_3)_4]^{2+}$的稀溶液符合定律 Lambert-Beer，在单色光波长为 620nm 时，以蒸馏水为空白，测定待测液（浓度为 C_x）的吸收度 A_x 则有如下关系：

$$A_x=\varepsilon C_x l \qquad (4)$$

对准确已知$[Cu(NH_3)_4]^{2+}$浓度（C_s）的标准浓度，测其吸收度（A_s），公式为：

$$A_s=\varepsilon C_s l \qquad (5)$$

出于 ε 相同，当 l 相同时得：

$$C_x=-\frac{A_x}{A_s}\times C_s \qquad (6)$$

可求出 C_x，进而推算出 $Cu(IO_3)_2$ 饱和溶液中 Cu^{2+}的浓度代入（2）式，可求出 K_{sp}。

【实验用品】

1. 仪器　721 型分光光度计、吸量管（2ml）、移液管（25ml）、移液管（20ml）、容量瓶（50ml）、量筒（20ml、50ml）、3 个烧杯（50ml）及 2 个漏斗。

2. 试剂　$0.25mol\cdot L^{-1}$ $Cu(NO_3)_2$ 溶液、$0.5mol\cdot L^{-1}$ $NaIO_3$ 溶液、$2mol\cdot L^{-1}$ 氨水及 0.1000 $mol\cdot L^{-1}$ $Cu(NO_3)_2$ 溶液。

【实验步骤】

1. 固体碘酸铜的制备　用 10ml 量筒量取 $0.25mol\cdot L^{-1}$ $Cu(NO_3)_2$ 溶液，置 50ml 小烧杯中，再加 10ml 0.5 $mol\cdot L^{-1}$ $NaIO_3$ 溶液，有白色沉淀（碱式碘酸铜$[Cu(OH)IO_3]$形成，）水浴中微热复溶，室温下边搅伴边冷却，直至有大量蓝色碘酸铜沉淀出现。静置，弃去上清液。用 20ml 纯水以倾析法洗涤沉淀 2 次过滤，用少量蒸馏水淋洗沉淀 3～4 次，得纯净的蓝色 $Cu(IO_3)_2$ 沉淀。

2. $Cu(NO_3)_2$ 饱和溶液的制备　将上述 $Cu(IO_3)_2$ 沉淀置于 100ml 烧杯中，加入 60ml 蒸馏水，边加热边搅拌至沸，自然冷却至室温，用漏斗将溶液过滤到 100ml 烧杯中。

3. 未知测定液的配置　精确量取上述滤液 25.00ml，置于 50.00ml 容量瓶中，用 20ml 移液管精密加滴 20.00 ml 2 $mol\cdot L^{-1}$ 氨水，用蒸馏水稀释至刻度，混匀，备用。

4. 标准$[Cu(NH_3)_4]^{2+}$溶液的配置　精确量取 2.00ml 0.1000 $mol\cdot L^{-1}$ $Cu(NO_3)_2$ 溶液置于 50ml 容量瓶中，准确加入 20.00ml 2.0 $mol\cdot L^{-1}$ 氨水，用蒸馏水稀释至刻度，混匀，备用。

5. 吸光度的测定　在 620nm 波长光下，以蒸馏水为空白，用 1cm 的比色杯，用 721 型分光光度计测定标准溶液和待测液的吸光度。

6. 结果处理　根据式（6），得出 C_x 将 C_x 代入式（2），即可求出 K_{sp}。

【注意事项】

（1）正确使用 721 型分光光度计。

（2）制备固体碘酸铜时，水浴中微热复溶后，必须在室温下边搅拌边冷却，直至有大量蓝色碘酸铜沉淀出现（约 10s）。

【思考题】

（1）为什么必须对沉淀进行多次洗涤？为什么必须使用干燥的漏斗、滤纸和烧杯？

（2）可否用白色沉淀作测定？为什么？

（3）氨水量的多少对测定结果有影响吗？为什么？

【报告格式】

（1）实验目的

（2）实验原理

（3）实验数据处理、结论与讨论。

实验九　氧化还原反应

【实验目的】

（1）掌握电极电势与氧化还原反应的关系。

（2）掌握浓度、酸度、温度、催化剂对氧化还原反应的影响。

（3）熟悉常用氧化剂和还原剂。

（4）通过实验了解化学电池电动势。

【实验原理】

氧化还原反应的实质是反应物之间发生了电子的转移或偏移。氧化剂在反应中得到电子，还原剂失去电子。氧化剂、还原剂的相对强弱，可用它们的氧化态及其共轭还原态所组成的电对的电极电势大小来衡量。根据电极电势的大小，还可以判断氧化还原反应进行的方向。

浓度、酸度、温度均影响电极电势的数值。它们之间的关系可用 Nernst 方程式表示；

$$E = E^{\ominus} + \frac{RT}{nF}\ln\frac{c_{\mathrm{ox}}^{a}}{c_{\mathrm{Red}}^{b}} \qquad 或 \qquad E = E^{\ominus} + \frac{0.059}{n}\lg\frac{c_{\mathrm{ox}}^{a}}{c_{\mathrm{Red}}^{b}}$$

【实验用品】

1. 仪器　pH 计、盐桥、铜片、锌片、导线、酒精灯、烧杯（50ml）、试管、量筒（50ml）

2. 试剂　HCl（$2mol \cdot L^{-1}$、浓）、$1mol \cdot L^{-1}H_2SO_4$、$3mol \cdot L^{-1}H_2SO_4$、$6mol \cdot L^{-1}HAc$、$0.1mol \cdot L^{-1}H_2C_2O_4$、$6mol \cdot L^{-1}NaOH$、$6mol \cdot L^{-1}NH_3 \cdot H_2O$、$0.1mol \cdot L^{-1}KI$、$0.1mol \cdot L^{-1}KBr$、$0.1mol \cdot L^{-1}FeCl_3$、$0.1mol \cdot L^{-1}FeSO_4$、$0.1mol \cdot L^{-1}NH_4SCN$、$0.1mol \cdot L^{-1}ZnSO_4$、$1mol \cdot L^{-1}CuSO_4$、$0.1mol \cdot L^{-1}KIO_3$、$0.1mol \cdot L^{-1}AgNO_3$、$0.1mol \cdot L^{-1}Na_2SO_3$、$0.1mol \cdot L^{-1}MnSO_4$、$0.01mol \cdot L^{-1}KMnO_4$、$CCl_4$、碘水、溴水、$MnO_2$（固）、$(NH_4)_2S_2O_8$（固）、淀粉-碘化钾试纸、3%$H_2O_2$。

【实验内容】

1. 电极电势与氧化还原反应的关系

（1）在 1 支试管中加入 0.1ml$0.1mol \cdot L^{-1}$ KI 溶液和 2 滴 $0.1mol \cdot L^{-1}FeCl_3$ 溶液，摇匀后加入 0.5ml CCl_4. 充分振荡，观察 CCl_4 层的颜色变化并解释。

（2）用 $0.1mol \cdot L^{-1}$KBr 溶液代替 $0.1 mol \cdot L^{-1}$ KI 溶液，进行同样的实验观察现象，解释实验现象。

根据以上实验的结果，定性比较 Br_2 / Br，I_2 / I 和 Fe^{3+} / Fe^{2+} 3 个电对的标准电极电势的相对大小，并指出哪种物质是最强的氧化剂，哪种物质是最强的还原剂，进而说明电极电势与氧化还原反应进行方向有何关系。写出有关反应方程式。

2. 浓度和酸度对氧化还原反应方向的影响

（1）浓度的影响：在 1 支试管中加入少许固体 MnO_2 和 10 滴 $2mol \cdot L^{-1}HCl$ 溶液，用

湿的淀粉—碘化钾试纸在试管口检验有无 Cl_2 生成？

用浓 HCl 代替 $2mol \cdot L^{-1}$HCl 溶液进行同样的实验。比较实验结果，并解释之，写出各步的反应方程式。

3. 酸度、温度和催化剂对氧化还原反应速率的影响

（1）酸度的影响：在 2 支试管中各加入 5 滴 $0.1mol \cdot L^{-1}$ KBr 溶液，然后在 1 支试管中加入 10 滴 $3mol \cdot L^{-1}H_2SO_4$ 溶液，另 1 支试管中加入 10 滴 $6mol \cdot L^{-1}$HAc 溶液，再各加入 1 滴 $0.01mol \cdot L^{-1}KMnO_4$ 溶液。观察并比较 2 支试管中紫色退去的快慢。并解释之。

（2）温度的影响：在 2 支试管中各加入 5 滴 $0.1mol \cdot L^{-1}H_2C_2O_4$ 溶液和 1 滴 $0.01mol \cdot L^{-1}KMnO_4$ 溶液，摇匀。将其中 1 支试管水浴加热数分钟，另 1 支不加热。观察 2 支试管中紫色退去的快慢。写出反应方程式并解释之。

（3）催化剂的影响：在 2 支试管中分别加入 10 滴 $3mol \cdot L^{-1}H_2SO_4$ 溶液、1 滴 $0.1mol \cdot L^{-1}MnSO_4$ 溶液和少量 $(NH_4)_2S_2O_8$ 固体，振荡使其溶解。然后往 1 支试管中加入 1～2 滴 $0.1mol \cdot L^{-1}AgNO_3$ 溶液，另 1 支不加。微热，观察 2 支试管中颜色的变化，写出反应方程式并解释之。

4. 酸度对氧化还原反应产物的影响 在 3 支试管中，分别加入 2 滴 $0.01mol \cdot L^{-1}KMnO_4$ 溶液，然后在第一支试管中加入 0.5ml $1mol \cdot L^{-1}H_2SO_4$ 溶液，第二支试管中加入 0.5ml 蒸馏水，第三支试管中加入 0.5ml $6mol \cdot L^{-1}$NaOH 溶液，再分别加入 0.5ml $0.1mol \cdot L^{-1}Na_2SO_3$ 溶液。观察 3 支试管中颜色的变化，写出反应方程式并解释。

5. 氧化数居中的物质的氧化还原性

（1）在试管中加入 0.5ml $0.1mol \cdot L^{-1}$KI 和 2～3 滴 $1mol \cdot L^{-1}H_2SO_4$，再加入 1～2 滴 3%H_2O_2，观察试管中溶液颜色的变化。

（2）在试管中加入 2 滴 $0.01mol \cdot L^{-1}KMnO_4$ 溶液，再加入 3 滴 $1mol \cdot L^{-1}H_2SO_4$ 溶液，摇匀后滴加 2 滴 3%H_2O_2，观察溶液颜色的变化。

【思考题】

（1）实验室用 MnO_2 和盐酸制备 Cl_2 时，为什么用浓盐酸而不用稀盐酸？

（2）根据标准电极电势如何判断氧化剂和还原剂的相对强弱？如何判断氧化还原反应进行的方向？

（3）浓度、酸度、温度、催化剂对氧化还原反应的方向、速率和产物有何影响？

（4）通过实验，你熟悉了哪些氧化剂？还原剂？它们的产物是什么？

（5）为什么 H_2O_2 即具有氧化性，又具有还原性？试从标准电极电势予以说明？

（6）介质对 $KMnO_4$ 氧化性有何影响？$KMnO_4$ 溶液在酸度较高时，氧化性较强，为什么？

【报告格式】

1. 实验目的
2. 实验原理
3. 列表说明实验内容、原理、解释现象

实验十　药用氯化钠的精制

【实验目的】

（1）掌握药用氯化钠的制备原理和方法；

（2）练习蒸发、结晶、过滤等基本操作，学习减压过滤的方法。

【实验原理】

药用氯化钠是以粗食盐为原料进行提纯的。粗食盐中除了含有泥沙等不溶性杂质外，还有 K^+ 、Ca^{2+}、Mg^{2+}、Fe^{3+}、SO_4^{2-} 、CO_3^{2-} 、Br^-、I^-等可溶性杂质。不溶性杂质可采用过滤的方法除去，可溶性杂质则选用适当的试剂使生成难溶化合物后过滤除去。

少量可溶性杂质（如 K^+、Br^-、I^-等），由于含量很少，可根据溶解度的不同在结晶时，使其残留在母液中而除去。

【实验用品】

1. 仪器　试管、烧杯、量筒（10ml、50ml）、真空泵、漏斗、漏斗架、台秤、布氏漏斗、吸滤瓶、蒸发皿、石棉网、电炉。

2. 试剂　HCl（$0.02mol \cdot L^{-1}$、$2mol \cdot L^{-1}$ 、$6mol \cdot L^{-1}$）、$1mol \cdot L^{-1}$ H_2SO_4、NaOH（$0.02mol \cdot L^{-1}$ 、$1mol \cdot L^{-1}$ ）、$6mol \cdot L^{-1}NH_3 \cdot H_2O$、饱和 Na_2CO_3 溶液、25%$BaCl_2$、pH 试纸、粗食盐。

【实验内容】

（1）在台秤上称取 25.0g 粗食盐于 200ml 烧杯中，加入蒸馏水 100 ml，搅拌，加热使其溶解。

（2）继续加热至近沸，在搅拌下逐滴加入 25％$BaCl_2$ 溶液约 6～8ml 至沉淀完全（为了检查沉淀是否完全，可停止加热，待沉淀沉降后，用滴管吸取少量上层清液于试管中，加 2 滴 $6mol \cdot L^{-1}$HCl 酸化，再加 1～2 滴 $BaCl_2$ 溶液，如无混浊，说明已沉淀完全。如出现混浊则表示 SO_4^{2-} 尚未除尽，需继续滴加 $BaCl_2$ 溶液）。继续加热煮沸约 5min，使颗粒长大而易于过滤。稍冷，抽滤，弃去沉淀。

（3）将滤液加热至近沸，在搅拌下逐滴加入饱和 Na_2CO_3 溶液至沉淀完全（检查方法同前）。再滴加少量 $1mol \cdot L^{-1}$NaOH 溶液，使 pH 为 10～11。继续加热至沸，稍冷，抽滤，弃去沉淀，将滤液转入洁净的蒸发皿内。

（4）用 $2mol \cdot L^{-1}$HCl 调节滤液 pH＝3～4，置石棉网上加热蒸发浓缩，并不断搅拌，浓缩至糊状稠液为止，趁热抽滤至干。

（5）将滤得的 NaCl 固体加适量蒸馏水，不断搅拌至完全溶解，如上法进行蒸发浓缩，趁热抽滤，尽量抽干。把晶体转移到干燥蒸发皿中，置石棉网上，小火烘干，冷却，称重，计算产率。

【注意事项】

（1）将粗食盐加水（自来水）至全部溶解（其量根据食盐溶解度计算）为限，用水量不能过多，以免给以后蒸发浓缩带来困难。

（2）减压抽滤时，要注意防止回吸。

（3）再加沉淀剂过程中，溶液煮沸时间不宜过长，以免水分蒸发而使 NaCl 晶体析出。

若发现液面有晶体析出时，可适当补充蒸馏水。

（4）浓缩时不可蒸发至干，要保留少量水分，以使 Br^-、I^-、K^+等离子随母液去掉，并在抽滤时用玻璃瓶盖尽量将晶体压干。

【思考题】

（1）如何除去粗食盐中的 Mg^{2+}、Ca^{2+}、SO_4^{2-} 离子？怎样检查这些离子是否已经沉淀完全？

（2）除去 Mg^{2+}、Ca^{2+}、SO_4^{2-} 等离子时，为什么要先加入 $BaCl_2$ 溶液，然后再加入 Na_2CO_3 溶液？

（3）加盐酸酸化滤液的目的是什么？是否可用其他强酸（如 HNO_3）调节 pH？为什么？

（4）食盐原料中的 K^+、Br^-、I^-等离子是怎样除去的。

（5）精制食盐时，为什么必须先加 $BaCl_2$，再加 Na_2CO_3 最后加 HCl？改变加入的次序是否行？

【报告格式】

1. 实验目的
2. 实验原理
3. 实验步骤（用流程图表示）
4. NaCl 精品产量并计算产率

实验十一　药用氯化钠杂质限度检查

【实验目的】

初步了解药品的质量检查方法。

【实验原理】

对产品杂质限度的检查，是根据沉淀反应原理，样品管和标准管在相同条件下进行比浊试验，样品管不得比标准管更深。

【实验用品】

1. 仪器　试管、烧杯、量筒（10ml、50ml）、台秤、蒸发皿。

2. 试剂　HCl（$0.02mol\cdot L^{-1}$、$2mol\cdot L^{-1}$）、$1mol\cdot L^{-1}$ H_2SO_4、NaOH（$0.02mol\cdot L^{-1}$、$1mol\cdot L^{-1}$）、$6mol\cdot L^{-1}$ $NH_3\cdot H_2O$、25%$BaCl_2$、$0.25mol\cdot L^{-1}$（NH_4）$_2C_2O_4$、氯仿、2%氯胺 T 溶液、0.05％太坦黄溶液、淀粉混合液（新配制）、标准 KBr 溶液、标准镁溶液、溴麝香草酚蓝指示剂。

【实验内容】

1. 溶液的澄清度　取本品 0.5g，加蒸馏水 2.5ml 溶解后，溶液应澄清。

2. 酸碱度　取本品 0.1g，加新鲜蒸馏水 10ml 溶解，加 2 滴溴麝香草酚蓝指示剂，如显黄色，加 $0.02mol\cdot L^{-1}$NaOH 溶液 0.10ml，应变为蓝色；如显蓝色或绿色，加 $0.02mol\cdot L^{-1}$HCl 溶液 0.20ml，应变为黄色。

NaCl 为强酸强碱盐，其水溶液应呈中性。但在制备过程中，可能夹杂少量的酸或碱，所以药典把它限制在很小范围。溴麝香草酚蓝指示剂的变色范围是 pH 6.0～7.6，颜色由黄色到蓝色。

3. 碘化物　取本品的细粉 1.0g，置瓷蒸发皿内，滴加新配制的淀粉混合液适量使晶粉湿润，置日光下（或日光灯下）观察，5min 内晶粒不得显蓝色痕迹。

4. 溴化物　取本品 1.0g，加蒸馏水 5ml 使溶解，加 $2mol \cdot L^{-1}HCl$ 溶液 3 滴与氯仿 1.0ml，边振摇边滴加 2%氯胺 T 溶液（临用新制）3 滴，氯仿层如显色，与标准 KBr 溶液 0.5ml 溶液用同一方法制成的对照液比较，不得更深。

5. 钡盐　取本品 2.0g，加蒸馏水 10ml 溶解后，过滤，滤液分为两等份。一份中加 $1.0mol \cdot L^{-1}H_2SO_4$ 溶液 2ml，另一份中加蒸馏水 2ml，静置 15min，两液应同样澄清。

6. 钙盐　取本品 1.0g，加蒸馏水 5ml 使溶解，加 $6mol \cdot L^{-1}$ $NH_3 \cdot H_2O$ 0.5ml，摇匀，加 $0.25mol \cdot L^{-1}$ $(NH_4)_2C_2O_4$ 溶液 0.5ml，5min 内不得发生混浊。

7. 镁盐　取本品 1.0g，加蒸馏水 20ml 使溶解，加 $1mol \cdot L^{-1}$ NaOH 溶液 2.5ml 与 0.05%太坦黄 0.5ml，摇匀；生成的颜色与标准镁溶液 1.0ml 用同一方法制成的对照液比较，不得更深。

【注意事项】

正确使用钠式比色管，注意平行条件，用水稀释至刻度后再摇匀。

【报告格式】

1. 实验目的
2. 实验原理
3. 列表说明实验内容、原理、解释现象、列出杂质限量检查结果

实验十二　硫酸亚铁铵的制备

【实验目的】

（1）了解复盐的制备方法。

（2）掌握水浴加热和减压过滤等操作。

（3）了解产品限度分析。

【实验原理】

铁屑与稀硫酸反应，生成硫酸亚铁：

$$Fe+H_2SO_4 === FeSO_4 + H_2$$

硫酸亚铁与等摩尔的硫酸铵在水溶液中相互作用，便生成溶解度较小、浅蓝色的硫酸亚铁铵 $FeSO_4 \cdot (NH_4)_2SO_4 \cdot 6H_2O$

$$FeSO_4+(NH_4)_2SO_4+6H_2O === FeSO_4 \cdot (NH_4)_2SO_4 \cdot 6H_2O$$

【实验用品】

1. 仪器　台秤、恒温水浴、抽滤水泵、蒸发皿、50ml 锥形瓶、10ml 量筒、比色管。

2. 试剂

（1）固体：铁屑、硫酸铵

（2）酸：$3mol \cdot L^{-1}H_2SO_4$、$3mol \cdot L^{-1}$ HCl

（3）盐：$0.1mol \cdot L^{-1}$ KCNS 、10%Na_2CO_3

【实验内容】

1. 制备步骤

（1）铁屑的净化（去油）：在台秤上称取 2g 铁屑放于锥形瓶中，然后加入用洗涤剂

溶液或 10%Na_2CO_3 溶液，在电炉上微热 10min，用倾泻法洗涤，再用蒸馏水把铁屑冲洗干净。

（2）硫酸亚铁的制备：往盛有铁屑的锥形瓶中加入 15ml 3mol · $L^{-1}$$H_2SO_4$，在水浴上加热，使铁屑与硫酸反应至不再有气泡冒出为止。趁热过滤，用 5ml 热蒸馏水洗涤残渣。滤液转移至蒸发皿中。将锥形瓶中的和滤纸上的未反应铁屑用滤纸吸干后称重。从反应算的铁屑的量求算出生成的硫酸亚铁（$FeSO_4$）的理论产量。

（3）硫酸亚铁铵的制备：根据以上计算出的 $FeSO_4$ 的理论产量，按照 $FeSO_4$ 比（NH_4）$_2SO_4$ 为 1∶0.75 的质量比，称取固体（NH_4）$_2SO_4$ 若干克，加到硫酸亚铁溶液中，水浴中蒸发浓缩至表面出现晶膜为止。放置，让其自然冷却后，便得到硫酸亚铁铵晶体。抽滤，将晶体放在表面皿上晾干，称重，计算产率。

2. 产品质量检查 Fe^{3+} 的限度检查。

称取 1g 产品置于 25ml 比色管中，用 15ml 不含氧的蒸馏水使之溶解。加入 2ml 3mol · L^{-1}HCl 和 1ml KCNS 溶液，继续加不含氧的蒸馏水至刻度。摇匀，所呈现的红色与标准试样比较，检查产品级别。

标准试样的制备：

取含有下列重量的 Fe^{3+} 的溶液 15ml。

（1）Ⅰ级试剂：0.05mg

（2）Ⅱ级试剂：0.10mg

（3）Ⅲ级试剂：0.20mg

然后与产品同样处理（标准试样由教研室提供）。

【注意事项】

（1）由于铁屑含有杂质砷，本实验在合成过程中，有剧毒气体 AsH_3 放出，它能刺激和麻痹神经系统。故实验需在通风橱中进行。

（2）在 $FeSO_4$ 溶液中加入固体（NH_4）$_2SO_4$ 后，必须充分摇动，至（NH_4）$_2SO_4$ 完全溶解后，才能进行蒸发浓缩。

（3）加热浓缩时间不宜过长。浓缩到一定体积后，需在室温放置一段时间，以待结晶析出、长大。

【思考题】

（1）如何除去废铁表面的油污。

（2）制备硫酸亚铁铵时，怎样鉴别反应已进行完全？

（3）$FeSO_4 \cdot 7H_2O$ 溶液在空气中很容易被氧化，在制备硫酸亚铁铵的过程中，怎样防止 Fe^{2+} 氧化成 Fe^{3+}？

（4）怎样计算硫酸亚铁铵的产率？是根据铁的用量还是硫酸铵的用量？

【报告格式】

1. 实验目的

2. 实验原理

3. 实验步骤

（1）用流程图表示制备过程

（2）计算 $FeSO_4 \cdot 7H_2O$ 及硫酸亚铁铵的理论产率

（3）产率$=\frac{\text{实际产量}}{\text{理论产量}}\times\%$

（4）纯度检查结果

实验十三　配位化合物

【实验目的】

（1）掌握有关配合物的生成和组成。

（2）熟悉配位平衡与沉淀反应、氧化还原反应及溶液酸碱性的关系。

（3）练习离心分离的操作和离心机的使用。

【实验原理】

由中心原子与配体按一定的组成和空间构型以配位键结合所形成的化合物称为配位化合物（简称配合物）。配合物的组成一般可分为内界和外界两个部分，中心原子与配体组成配合物的内界，称为配离子，其余部分组成外界。

大多数的易溶配合物在水溶液中容易解离为配离子和外界离子，而配离子只能部分解离出简单的组成离子。在水溶液中，存在着配位平衡，例如：

$$Cu^{2+}+4NH_3 \underset{\text{离解}}{\overset{\text{配位}}{\rightleftharpoons}} Cu(NH_3)_4^{2+}$$

平衡常数$K_{稳}$可表示为：

$$K_{稳}=\frac{[Cu(NH_3)_4^{2+}]}{[Cu^{2+}][NH_3]^4}$$

$K_{稳}$的大小表示配离子稳定性的大小。配位平衡与其他化学平衡一样，受外界条件的影响，如加入沉淀剂、氧化剂、还原剂或改变介质的酸度，平衡都将发生移动。

【实验用品】

1. 仪器　试管、离心试管、离心机、滴管、100ml 小烧杯、滤纸、玻璃棒、漏斗。

2. 试剂　（$0.1mol\cdot L^{-1}$、$2mol\cdot L^{-1}$）HCl、$3mol\cdot L^{-1}H_2SO_4$、$2mol\cdot L^{-1}NaOH$、$6mol\cdot L^{-1}NH_3\cdot H_2O$、$0.1mol\cdot L^{-1}NaCl$、$0.1mol\cdot L^{-1}Na_2S$、$0.1mol\cdot L^{-1}Na_2S_2O_3$、$0.1mol\cdot L^{-1}KBr$、$0.1mol\cdot L^{-1}KI$、$0.1mol\cdot L^{-1}NH_4F$（NaF）、$0.1mol\cdot L^{-1}FeCl_3$、$0.1mol\cdot L^{-1}CuSO_4$、$0.1mol\cdot L^{-1}AgNO_3$、$0.1mol\cdot L^{-1}BaCl_2$、$0.1mol\cdot L^{-1}Cu(NO_3)_2$、$0.1mol\cdot L^{-1}Al(NO_3)_3$、$CuSO_4\cdot 5H_2O$（固）、$0.1mol\cdot L^{-1}HCl$、$0.1mol\cdot L^{-1}Na_2CO_3$、$0.1mol\cdot L^{-1}CaCl_2$、$0.1mol\cdot L^{-1}$EDTA 二钠、酚酞，$1mol\cdot L^{-1}KSCN$、$0.5mol\cdot L^{-1}$ 枸橼酸钠、$0.1mol\cdot L^{-1}CoCl_2$、丙酮、CCl_4、浓氨水。

【实验内容】

1. 硫酸四氨合铜的制备与性质　在小烧杯中放入 2.5g $CuSO_4\cdot 5H_2O$，加入 10ml 水，搅拌至溶解，加入 5ml 浓氨水，混匀，加入 5ml 乙醇液，搅拌，放置 2～3min，过滤析出的结晶[$Cu(NH_3)_4SO_4\cdot H_2O$]，用少量酒精洗 1～2 次，记录产品的性质，写出反应方程式。

用制得的产品。做以下性质实验。

（1）取少量产品，溶于几滴水中，观察并记录溶液的颜色，再继续加水，观察溶液颜色的有何变化？

（2）取少量产品，溶于几滴水中，逐滴加入 $1mol\cdot L^{-1}$ HCl 至过量，观察并记录溶液的颜色的变化，再加过量浓氨水，观察溶液颜色的变化。

根据以上两实验现象，讨论该配合物在溶液中的形成和解离。

（3）取少量产品，溶于几滴水中，分到三个小试管中。

第一支试管加 0.1mol · L^{-1} Na_2CO_3，观察有无碱式碳酸铜沉淀生成。

第二支试管加 0.1mol · L^{-1} Na_2S，观察有无 CuS 沉淀生成。

根据这两个实验结果讨论 Cu^{2+}离子浓度在溶液中的变化。

第三支试管加 0.1mol · L^{-1} $BaCl_2$，观察有无 $BaSO_4$ 沉淀生成。说明配合对 SO_4^{2-} 离子有无影响。

综合上述实验结果，讨论 Cu^{2+}和 SO_4^{2-} 在配合物组成中所处地位有何不同。观察上述各步的实验现象并解释，写出反应式。

（4）另取 3 支试管，各加入 5 滴 0.1mol · L^{-1} $CuSO_4$ 溶液，然后分别加入 2 滴 0.1mol · $L^{-1}$$BaCl_2$、0.1mol · $L^{-1}$$Na_2CO_3$、0.1mol · $L^{-1}$$Na_2S$ 溶液。观察现象并解释，写出各步反应式。

2. 配位平衡与沉淀反应　离心试管中加入 5 滴 0.1mol · $L^{-1}$$AgNO_3$ 溶液和 5 滴 0.1mol · L^{-1}NaCl 溶液，离心后弃去清液，然后加入 6mol · $L^{-1}$$NH_3$ · H_2O 至沉淀刚好溶解为止。

往上述溶液中加 1 滴 0.1mol · L^{-1}NaCl 溶液，观察是否有白色沉淀生成，再加 1 滴 0.1mol · L^{-1}KBr 溶液，观察沉淀的颜色。继续加入 0.1mol · L^{-1}KBr 溶液，至不再产生沉淀为止。离心后弃去清液，在沉淀中加入 0.1mol · $L^{-1}$$Na_2S_2O_3$ 溶液直至沉淀刚好溶解为止。

往上述溶液中加入 1 滴 0.1 mol · L^{-1}KBr 溶液，观察有无 AgBr 沉淀生成，再加入 1 滴 0.1mol · L^{-1}KI 溶液，观察有无 AgI 沉淀生成。

根据以上实验结果，讨论沉淀平衡和配位平衡的关系，并比较 AgCl、AgBr、AgI 的 K_{sp} 的大小及$[Ag(NH_3)_2]^+$、$[Ag(S_2O_3)_2]^{3-}$配离子的稳定性大小，解释实验现象并写出各步反应式。

3. 配位平衡与氧化还原反应　取 2 支试管各加入 0.5ml 0.1mol · $L^{-1}$$FeCl_3$ 溶液，在其中 1 支试管中加入少许 NH_4F 固体，摇匀至溶液黄色退去，再过量几滴。然后在 2 支试管中分别加入 5 滴 0.1mol · L^{-1}KI 溶液和 0.5ml CCl_4，振荡，观察 2 支试管中 CCl_4 层的颜色。解释现象，写出反应式。

4. 配位平衡与介质酸碱性

（1）在试管中加入 5 滴 0.1mol · $L^{-1}$$CuSO_4$ 溶液，再逐滴加入 6mol · $L^{-1}$$NH_3$ · H_2O 直到沉淀完全溶解。然后逐滴加入 3mol · L^{-1}mol · $L^{-1}$$H_2SO_4$，观察溶液颜色变化，是否有沉淀生成。继续加入 3 mol · $L^{-1}$$H_2SO_4$ 至溶液显酸性，观察变化，并解释现象，写出反应式。

（2）成络时 pH 的变化：在 2 支试管中分别加入 0.1mol · $L^{-1}$$CaCl_2$ 和 0.1mol · L^{-1} EDTA 二钠溶液各 2ml，各加 1 滴酚酞指示剂，都用 2mol · L^{-1} 氨水调到溶液刚刚变红。把两溶液混合，溶液的颜色变化有何变化？写出反应式，并说明在什么情况下成络时 pH 降低。

（3）溶液对 pH 配合平衡的影响

枸橼酸对 Fe^{3+}的配合（Fe^{3+}与枸橼酸可生成亮黄至黄绿色配合物）：在试管中加入 1mL0.1mol · $L^{-1}$$FeCl_3$ 溶液，加入 1mL1mol · L^{-1} 枸橼酸钠溶液。观察颜色变化。然后将溶液分成二份，分别滴加 1mol · L^{-1} NaOH 及 1mol · L^{-1} HCl 使成碱性或酸性，观察颜色有何

不同。

【注意事项】

制备$[Cu(NH_3)_4]SO_4$时首先要将$CuSO_4$固体全部溶解后才能加NH_3水、而且必须加浓NH_3水。

【思考题】

（1）配离子是怎样形成的？它与简单离子有什么区别？如何用实验证明？

（2）哪些因素影响配位平衡？举例说明？

（3）$[Cu(NH_3)_4]SO_4$溶液中分别加入下列物质：①盐酸；②氨水；③Na_2S溶液。对下列平衡：$[Cu(NH_3)_4]^{2+} \rightleftharpoons Cu^{2+}+4NH_3$有何影响？

实验十四　设 计 实 验

（1）学生自己设计实验，制备并溶解下列难溶物。

$CaCO_3$、$AgBr$、HgS、$Mg(OH)_2$、$Zn(OH)_2$（用两种方法溶解）

（2）利用沉淀生成、转化、溶解的规律，用给出的下列试液设计实验，排出有关物质对Ag（I）束缚力大小的次序。

$AgNO_3$、$NaCl$、$NH_3 \cdot H_2O$、KBr、$Na_2S_2O_3$、KI

（3）设计一组实验，实现下列物质之间的转变。

$Zn \rightarrow ZnSO_4 \rightarrow ZnS\downarrow \rightarrow ZnCl_2 \rightarrow Zn(OH)_2 \rightarrow [Zn(OH)_4]^{2-}$

（4）选择氧化剂：在含有NaCl、NaBr、NaI的混合溶液中，要使I^-氧化为I_2，又不使Br^-、Cl^-氧化，在常用的氧化剂$Fe_2(SO_4)_3$和$KMnO_4$中，选择哪一种能符合要求？

（5）领取Ag^+、Cu^{2+}、Al^{3+}离子混合溶液1份，根据提供的试剂，设计方案进行分离。

（6）设计2组实验，实现下列变化。

1）改变介质条件，提高氧化剂的氧化能力。

2）改变介质的酸碱条件，提高还原态物质的还原能力。

第二部分　无机化学学习指南

第一章　溶　　液

基 本 要 求

（1）熟悉溶质、溶剂、溶液、浓度和溶解度的概念，溶液的存在状态、类型和分类。
（2）了解物质溶解过程中伴随的能量变化、体积变化及颜色变化。
（3）熟悉溶液组成标度的七种表示方法和相关计算及组成标度之间的换算。
（4）掌握非电解质稀溶液的依数性并了解其生理意义。
（5）熟悉强电解质和弱电解质及非电解质的概念。
（6）熟悉弱电解质的解离平衡和解离度及应用。
（7）掌握强电解质溶液理论和相关公式及应用。

学 习 要 点

一、溶液、溶剂、溶质、浓度、溶解度的概念

（1）溶液：一种物质以分子、原子或离子状态分散于另一种物质中所构成的均匀而又稳定的分散体系叫做溶液。

（2）溶剂：能溶解其他物质的化合物叫做溶剂。

（3）溶质：被溶解的物质叫做溶质。

溶液 = 溶剂 + 溶质

（4）溶液有以下三种形式（按聚集状态分类）

①液态溶液；②气态溶液；③固态溶液

液态溶液按组成的溶质与溶剂的状态可分三种类型

A.气－液溶液；B.固－液溶液；C.液－液溶液

（5）浓度：是溶液中溶剂和溶质的相对含量。

（6）溶解度：是指饱和溶液中溶剂和溶质的相对含量。

（7）溶液的分类：可分为：饱和溶液、未饱和溶液、过饱和溶液。

1）饱和溶液：在一定温度和压强下，达到溶解结晶平衡时的溶液就是饱和溶液。

饱和溶液的特点：在饱和溶液中所加入的溶质不能继续溶解，已溶解的溶质也不会析出结晶。

2）未（不）饱和溶液：在一定温度和压强下，小于该条件下饱和溶液浓度的溶液。

不饱和溶液的特点：在不饱和溶液中所加入的溶质能继续溶解。

3）过饱和溶液：在一定温度和压强下，大于该条件下的饱和溶液的溶解度的溶液。

过饱和溶液的特点：是一个不稳定体系，在过饱和溶液中加入溶质后，已溶解的部分溶质会析出（产生沉淀）。

溶质溶解过程中伴随的能量变化、体积变化及颜色变化、溶剂化作用。

二、溶解和水合作用和相似相容

溶解：是一种物质（溶质）均匀地分散在另一种物质（溶剂）中的过程。

溶质溶解于溶剂的过程是一种特殊的物理化学过程。

相似相容原理：溶质分子与溶剂分子的结构越相似、极性越相近，相互溶解越容易。如：甲醇和水（CH_3OH 与 H_2O）、单质碘与四氯化碳（I_2 与 CCl_4）

三、溶液浓度的表示方法（表 2-1-1）

表 2-1-1　常用溶液组成标度的表示方法

名称	定义	数学表达式	单位
质量分数	溶质 B 的质量 m_B 与溶液质量 m 之比值	$\omega_B=m_B/m$	无量纲量或%
摩尔分数	物质 B 的物质的量 n_B 与混合物的物质的量$\sum_i n_i$ 之比	$x_B=n_B/\sum_i n_i$	无量纲量
质量摩尔溶液	溶质 B 的物质的量 n_B 除以溶剂的质量 m_A	$b_B=n_B/m_A$	$mol·kg^{-1}$
质量浓度	溶质 B 的质量 m_B 除以溶液的体积 V	$\rho_B=m_B/V$	常用 $g·l^{-1}$ 或 $g·ml^{-1}$
物质的量浓度（简称浓度）	溶质 B 的物质的量 n_B 除以混合物的体积 V	$c_B=n_B/V$	常用 $mol·L^{-1}$ 或 $mmol·L^{-1}$
体积分数	溶质 B 的体积 V_B 除以溶液的体积 V	$\varphi_B=V_B/V$	无量纲量或%
比例浓度	固体溶质 1g 或液体溶质 1ml 制成 Xml 溶液	$1:X$	$g·ml^{-1}$

四、溶液组成标度之间的换算

1. c_B 与 ρ_B 之间的换算公式

$$c_B=\frac{\rho_B}{M_B}$$

2. c_B 与 ω_B 之间的换算公式

$$c_B=\frac{\omega_B.\rho}{M_B}$$

五、稀溶液的依数性

难挥发性非电解质稀溶液的某些性质（如蒸气压下降、沸点升高、凝固点降低、渗透压）与溶液中所含溶质粒子的浓度有关，而与溶质的本性无关。稀溶液的这些性质就称为稀溶液的依数性，又称稀溶液的通性。

1. 溶液的蒸气压下降

（1）蒸气压：一定温度下，气液两相达到相平衡（蒸发速率和凝聚速率相等）时，蒸气所具有的压力。

（2）溶液的蒸气压下降：同一温度下，难挥发性非电解质稀溶液的蒸气压总是低于相应纯溶剂的蒸气压。难挥发性非电解质稀溶液的蒸气压下降（ΔP）与溶质粒子的摩尔分数（x_B）成正比，而与溶质的本性无关。这一规律称为拉乌尔定律。

其表达式如下： $\Delta p = P^0 - P = P^0_x\text{B}$

也可表示为

$$\Delta p = P^0 - P \approx Kb_\text{B}$$

其中 K 为比例常数

2. 溶液的沸点升高

（1）沸点：液体的蒸气压等于外界压力时的温度。

（2）溶液的沸点升高：溶液的沸点（T_b）总是高于相应纯溶剂的沸点（T^0_b）。难挥发性非电解质稀溶液沸点升高（ΔT_b）与溶液的质量摩尔浓度（b_B）成正比，而与溶质的本性无关。

可表示为： $\Delta T_\text{b} = T_\text{b} - T^0_\text{b} = K_\text{b}b_\text{B}$

K_b 为溶剂的摩尔沸点升高常数，它只与溶剂的本性有关。

3. 溶液的凝固点降低

（1）凝固点：固液两相共存时的温度，即固体蒸气压与液体蒸气压相等时的温度。

（2）溶液的凝固点下降：溶液的凝固点（ΔT_f）总是低于相应纯溶剂的凝固点（T^0_f）。难挥发性非电解质稀溶液凝固点下降（ΔT_f）与溶液的质量摩尔浓度（b_B）成正比，而与溶质的本性无关。

可表示为 $\Delta T_\text{f} = T^0_\text{f} - T_\text{f} = K_\text{f}b_\text{B}$

K_f 为溶剂的摩尔凝固点降低常数

4. 渗透压

（1）渗透：溶剂分子通过半透膜从纯溶剂向溶液或从稀溶液向较浓溶液的净迁移。

（2）渗透压：为维持只允许溶剂通过的膜所隔开的溶液与溶剂之间的渗透平衡，在溶液一侧需加的额外压力。

（3）产生渗透条件：半透膜的存在及其膜两侧存在浓度差。

（4）渗透方向：溶剂分子从纯溶剂向溶液，或是从稀溶液向浓溶液迁移。

van't Hoff 定律：在一定温度下，稀溶液渗透压的大小仅与单位体积溶液中溶质的物质的量有关，而与溶质的本性无关。

可表示为： $\varPi = c_\text{B}RT = \dfrac{n_\text{B}}{V}RT$

$\varPi$ 为渗透压（kPa），V 是溶液体积（L），n 为溶质的物质的量，c 为物质的量浓度（mol·L^{-1}），R 为摩尔气体常数（$8.314\text{kPa·L·mol}^{-1}\text{·K}^{-1}$），$T$ 为绝对温度（K）。

对水溶液来讲，当浓度很低时，$c_\text{B}=b_\text{B}$，上式可改写为

$$\varPi = b_\text{B}RT$$

5. 稀溶液依数性的适用范围 结论：蒸气压下降，沸点上升，凝固点下降，渗透压都是难挥发的非电解质稀溶液的通性；它们只与溶剂的本性和溶液的浓度有关，而与溶质的

本性无关。

符合稀溶液依数性的三个条件是：溶质难挥发（凝固点降低除外）、非电解质、稀溶液。

总之，沸点上升、凝固点下降、渗透压等性质的起因都与溶液的蒸气压下降有关，四者之间通过浓度联系起来。

浓溶液同样也有蒸气压降低、沸点升高、凝固点降低和渗透压等性质，但不符合稀溶液的依数性公式。因为在浓溶液中溶质与溶剂间，溶质与溶质间的相互作用不可忽略。

六、电解质溶液

1. 电解质溶液的依数性　电解质溶液由于溶质发生电离，使溶液中溶质粒子数增加，计算时应考虑其电离的因素，否则会使计算得到的ΔP、ΔT_b、ΔT_f、Π值比实验测得值小；另一方面，电解质溶液由于离子间的静电引力比非电解质之间的作用力大得多，因此用离子浓度来计算强电解质溶液的ΔP、ΔT_b、ΔT_f、Π时，其计算结果与实际值偏离较大，应该用活度代替浓度进行计算。

2. 离子强度　电解质溶液中离子之间的相互作用与离子的浓度和电荷有关，可用离子强度（I）表示。

定义为

$$I=\frac{1}{2}\sum c_i Z_i^2$$

I为离子强度，c_i和Z_i分别为溶液中第i种离子的质量摩尔浓度和该离子的电荷数，离子强度的单位为$\mathrm{mol \cdot kg^{-1}}$。

3. 活度系数和活度　电解质溶液中，实际上可起作用的离子浓度称为有效浓度，也称活度。活度α与实际浓度c的关系为：

$$\alpha_i=\gamma\, c_i$$

γ_i为活度系数。对于离子强度较小的溶液，γ_i与离子强度间的关系可用德拜-休克尔（Debye-Hucke1）公式表示：

$$\lg\gamma_i=-AZ_i\sqrt[2]{I}$$

强 化 训 练

一、选择题

【$\mathrm{A_1}$型题】

1. 符号n用来表示

A. 物质的质量　　B. 物质的量　　C. 物质的量浓度

D. 质量浓度　　E. 质量分数

2. 已知溶质B的摩尔数为n_B，溶剂的摩尔数为n_A，则溶质B在此溶液中的摩尔分数x_B为

A. $\frac{n_B}{n_B + n_A}$　　B. $\frac{n_A}{n_A + n_B}$　　C. $1 - x_B$

D. $x_B + x_A = 1$　　E. $x_A + x_B = 2$

3. 已知葡萄糖 $C_6H_{12}O_6$ 的摩尔质量是 $180g \cdot mol^{-1}$，1 升水溶液中含葡萄糖 18g，则此溶液中葡萄糖的物质的量浓度为

A. $0.05mol \cdot L^{-1}$　　B. $0.10\ mol \cdot L^{-1}$　　C. $0.20mol \cdot L^{-1}$

D. $0.30mol \cdot L^{-1}$　　E. $0.15\ mol \cdot L^{-1}$

4. 已知的 Ca^{2+}摩尔质量为 $40g \cdot mol^{-1}$，测得 1 升溶液中含 Ca^{2+} 8g，则 Ca^{2+}的物质的量浓度是

A. $0.1mol \cdot L^{-1}$　　B. $0.2\ mol \cdot L^{-1}$　　C. $0.3mol \cdot L^{-1}$

D. $0.4mol \cdot L^{-1}$　　E. $0.5\ mol \cdot L^{-1}$

5. 用等量的下列化合物作防冻剂，防冻效果好的物质是

A. 乙醇　　B. 乙醚　　C. 甘油

D. 葡萄糖　　E. 蔗糖

6. 关于溶剂的凝固点降低常数，下列哪一种说法是正确的

A.与溶质的性质有关　　B.只与溶剂的性质有关　　C.与溶质的浓度有关

D.是溶质的质量摩尔浓度为 1 $mol \cdot kg^{-1}$ 时的实验值

E.是溶质的物质的量浓度为 1 $mol \cdot kg^{-1}$ 时的实验值

7. 土壤中 NaCl 含量高使植物难以生存，这与下列稀溶液的哪种性质有关

A. 蒸气压下降　　B. 沸点升高　　C. 凝固点下降

D. 渗透压　　E. 沸点降低

8. 稀溶液依数性的本质是

A. 渗透性　　B. 沸点升高　　C. 蒸气压下降

D. 凝固点降低　　E. 蒸气压升高

9. 用冰点降低法测定葡萄糖分子量时，如果葡萄糖样品中含有不溶性杂质，则测的分子量

A. 偏低　　B. 偏高　　C. 无影响

D. 无法测定　　E. 以上都不对

10. 有蔗糖（$C_{12}H_{22}O_{11}$），氯化钠（NaCl），氯化钙（$CaCl_2$），三种溶液，它们的浓度均为 $0.1mol \cdot L^{-1}$，按渗透压由低到高的排列顺序是

A. $CaCl_2 < NaCl < C_{12}H_{22}O_{11}$　　B. $C_{12}H_{22}O_{11} < NaCl < CaCl_2$

C. $NaCl < C_{12}H_{22}O_{11} < CaCl_2$　　D. $C_{12}H_{22}O_{11} < CaCl_2 < NaCl$

E. $NaCl = C_{12}H_{22}O_{11} = CaCl_2$

11. 计算弱酸的解离常数，通常用解离平衡时的平衡浓度而不用活度，这是因为

A. 活度即浓度　　B. 稀溶液中误差很小　　C. 活度与浓度成正比

D. 活度无法测定　　E. 稀溶液中误差很大

12. 经测定强电解质溶液的解离度总达不到 100%，其原因是

A. 电解质不纯　　B. 电解质与溶剂有作用　　C. 电解质很纯

D. 电解质没有全部解离　　E. 有离子氛和离子对存在

13. 实验测得的强电解质在溶液中的解离度都小 100%，这是因为

A. 强电解质在溶液中是部分解离的
B. 强电解质在溶液中离子间相互牵制作用大
C. 强电解质溶液中有离子氛、离子对存在
D.（B）和（C）均对
E. 弱电解质在溶液中是全部解离的

14. 0.10mol·L^{-1} HCl 溶液中，离子强度 I 为
A. 0.10mol·L^{-1}　B. 0.20mol·L^{-1}　C. 0.30mol·L^{-1}
D. 0.40mol·L^{-1}　E. 0.50 mol·L^{-1}

15. 0.01mol·L^{-1} $BaCl_2$ 溶液的离子强度 I 为
A. 0.01mol·L^{-1}　B. 0.02 mol·L^{-1}　C. 0.03 mol·L^{-1}
D. 0.04 mol·L^{-1}　E. 0.05 mol·L^{-1}

16. 0.010mol·L^{-1}NaCl 溶液中 Na^+和 Cl^-的活度 a 均为（已知活度系数：$\gamma_{Na^+}=\gamma_{Cl^-}=0.89$）
A. 0.0089mol·L^{-1}　B. 0.010 mol·L^{-1}　C. 0.070 mol·L^{-1}
D. 0.0050 mol·L^{-1}　E. 0.0060 mol·L^{-1}

17. 已知 NaCl 的摩尔质量是 58.5g.mol^{-1}，1kg 水中溶有 5.85gNaCl，则 NaCl 溶液的质量摩尔浓度为
A. 0.1mol·kg^{-1}　B. 0.2 mol·kg^{-1}　C. 0.3 mol·kg^{-1}
D. 0.4 mol·kg^{-1}　E. 0.5 mol·kg^{-1}

18. 混合溶液中，用来计算某分子或某离子的物质的量浓度的稀释公式是
A. $c_{浓}V_{浓}=c_{稀}V_{稀}$　B. $c_{浓}/V_{浓}=c_{稀}/V_{稀}$　C. $c_{浓}+V_{浓}=c_{稀}+V_{稀}$
D. $c_{浓}-V_{浓}=c_{稀}-V_{稀}$　E. $c_{浓}V_{稀}=c_{稀}V_{浓}$

19. 已知 Ba^{2+} 的活度系数 γ=0.24，则 0.050mol·L^{-1} Ba^{2+}的活度 α 为
A. 0.012mol·L^{-1}　B. 0.014mol·L^{-1}　C. 0.016mol·L^{-1}
D. 0.050mol·L^{-1}　E. 0.013 mol·L^{-1}

20. 0.020 mol·L^{-1} $NaNO_3$ 溶液中，离子强度 I 为
A. 0.10 mol·L^{-1}　B. 0.010 mol·L^{-1}　C. 0.020 mol·L^{-1}
D. 0.040 mol·L^{-1}　E. 0.050 mol·L^{-1}

21. 将葡萄糖固体溶于水后会引起溶液的
A. 沸点降低　B. 熔点升高　C. 蒸气压升高
D. 蒸气压降低　E. 凝固点升高

22. 溶液凝固点降低值为 ΔT_f，溶质为 g 克，溶剂为 G 克，溶质的分子量是
A. $\dfrac{G\times g\times 1000}{K_f\times \Delta T_f}$　B. $\dfrac{K_f\times g\times 1000}{G\times \Delta T_f}$　C. $\dfrac{G\times 1000}{K_f\times g\times \Delta T_f}$
D. $\dfrac{K_f\times g\times \Delta T_f}{G\times 1000}$　E. $\dfrac{g\times 1000\times \Delta T_f}{K_f\times G}$

23. 下列溶液能使红细胞发生溶血现象的是
A. 9.0g·L^{-1} 的 NaCl 溶液　B. 50.0 g·L^{-1} 葡萄糖溶液
C. 5 g·L^{-1} 的 NaCl 溶液　D. 12.5 g·L^{-1} 的 $NaHCO_3$ 溶液
E. 9.0 g·L^{-1} 的 NaCl 溶液和 50.0 g·L^{-1} 葡萄糖溶液等体积混合

24. 质量浓度的单位是

A. $g \cdot L^{-1}$　B. $mol \cdot L^{-1}$　C. $g \cdot mol^{-1}$　D. $g \cdot g^{-1}$　E. $L \cdot mol^{-1}$

25. 0.010 $mol \cdot L^{-1}$ NaBr 溶液中，离子强度 I 为

A. 0.10 $mol \cdot L^{-1}$　B. 0.010 $mol \cdot L^{-1}$　C. 0.020 $mol \cdot L^{-1}$

D. 0.040 $mol \cdot L^{-1}$　E. 0.050 $mol \cdot L^{-1}$

26. 1.0$g \cdot L^{-1}$ 的葡萄糖溶液和 1.0$g \cdot L^{-1}$ 的蔗糖溶液用半透膜隔开后，会发生以下哪种现象

A. 两个溶液之间不会发生渗透

B. 葡萄糖溶液中的水分子透过半透膜进入蔗糖溶液中

C. 蔗糖溶液中的水分子透过半透膜进入葡萄糖溶液中

D. 葡萄糖溶液和蔗糖溶液是等渗溶液

E. 葡萄糖分子透过半透膜进入蔗糖溶液中

27. 国际单位制有几个基本单位

A. 2　B. 4　C. 5　D. 6　E. 7

28. 符号 c 用来表示

A. 物质的质量　B. 物质的量　C. 物质的量浓度

D. 质量浓度　E. 质量分数

29. 有关溶质摩尔分数 x_B 与溶剂摩尔分数 x_A 不正确的是

A. $x_B = \dfrac{n_B}{n_A + n_B}$　B. $x_B = \dfrac{n_A}{n_A + n_B}$　C. $x_B + x_A = 1$

D. $x_B + x_A = 2$　E. $x_B = 1 - x_A$

30. 有关离子的活度系数 γ_i 的说法不正确的是

A. 一般，γ_i 只能是＜1 的正数　B. γ_i 可以是正数、负数、小数

C. 溶液越浓，γ_i 越小　D. 溶液无限稀时，$\gamma_i \to 1$

E. 以上都错

31. 有关离子强度（I）的说法不正确的是

A. 溶液的离子强度越大，离子间相互牵制作用越大

B. 离子强度越大，离子的活度系数 γ 越小

C. 离子强度与离子的解荷及浓度有关

D. 离子强度越大，离子的活度 α 也越大

E. 离子强度与离子的本性无关

32. 关于稀溶液依数性的下列叙述中，错误的是

A. 稀溶液依数性是指溶液的蒸气压下降、沸点升高、凝固点下降和渗透压

B. 稀溶液的依数性与溶质的本性有关

C. 稀溶液的依数性与溶液中溶质的微粒数有关

D. 稀溶液定律只适用于难挥发非电解质稀溶液

E. 沸点升高是稀溶液依数性之一

33. 配制 3L 0.8$mol \cdot L^{-1}$ 的稀盐酸溶液，需 12$mol \cdot L^{-1}$ 的浓溶液为

A. 2L　B. 4L　C. 0.20L　D. 20L　E. 0.02L

34. 浓硫酸质量分数 ω_B =98%，密度 1.84g·ml^{-1}，则浓硫酸物质的量浓度为

A. 18.4 mol· L^{-1}　　B. 1.84 mol· L^{-1}　　C. 18.4 g· L^{-1}

D. 184 mol· L^{-1}　　E. 18.4 mol· kg^{-1}

35. 正负离子分别吸引水分子中的氧原子和氢原子，使得每个粒子都被水分子包围着，这种现象称作

A. 溶剂化作用　　B. 极化作用　　C. 相似相溶作用

D. 水合作用　　E. 水解作用

36. 比较 9g·L^{-1}NaCl 溶液和 0.308mol·L^{-1} 葡萄糖溶液的渗透压

A. 9g·L^{-1}NaCl 溶液渗透压大于 0.308mol·L^{-1} 葡萄糖溶液的渗透压

B. 9g·L^{-1}NaCl 溶液和 0.308mol·L^{-1} 葡萄糖溶液的渗透压相等

C. 9g·L^{-1}NaCl 溶液渗透压小于 0.308mol·L^{-1} 葡萄糖溶液的渗透压

D. 9g·L^{-1}NaCl 溶液为高渗溶液而 0.308mol·L^{-1} 葡萄糖溶液为低渗溶液

E. 9g·L^{-1}NaCl 溶液为低渗溶液而 0.308mol·L^{-1} 葡萄糖溶液为高渗溶液

37. 欲使被半透膜隔开的两种溶液间不发生渗透现象，其条件是

A. 两溶液酸度相同

B. 两溶液体积相同

C. 两溶液的物质的量浓度相同

D. 两溶液的渗透浓度相同

E. 两溶液的蒸气压相同

38. 将碘化钠固体溶于水后会引起溶液的

A. 沸点降低　　B. 蒸气压升高　　C. 沸点升高

D. 导电性下降　　E. 凝固点升高

39. 37℃时 NaCl 溶液和葡萄糖溶液的渗透压均等于 770kPa，两溶液的物质的量浓度关系是

A. c（NaCl）= c（$C_6H_{12}O_6$）　　B. c（NaCl）=2c（$C_6H_{12}O_6$）

C. c（NaCl）＞c（$C_6H_{12}O_6$）　　D. 2c（NaCl）=c_{os}（$C_6H_{12}O_6$）

E. 2c（NaCl）＜（$C_6H_{12}O_6$）

40. 影响溶液渗透压的因素是

A. 体积、密度　　B. 压力、密度　　C. 浓度、温度

D. 浓度、黏度　　E. 温度、密度

41. 将红细胞置于 3.0 g/L 的 NaCl 溶液中，将会发生

A. 渗透现象　　B.胞质分离　　C. 渗透平衡

D. 溶血现象　　E.凝血现象

42. 浓度为 0.154mol·L^{-1} NaCl 溶液的渗透浓度（C_{oc} mmol/L）是

A. 320　　B. 0.250　　C. 308　　D. 100　　E. 280

43. 生理盐水属于

A. 等渗溶液　　B. 低渗溶液　　C. 高渗溶液

D. 无法判断　　E. 都有可能

44. 正常人 100ml 血清中含 100mg 葡萄糖（M=180 g·mol^{-1}），血清中葡萄糖的物质的量浓度为

A. 56mmol·L^{-1}　　B. 5.6mmol·L^{-1}　　C. 0.56mmol·L^{-1}
D. 560 mmol·L^{-1}　　E. 0.056 mmol·L^{-1}

45. 会使红细胞发生胞浆分离现象的溶液是
A. 15.0 g·L^{-1} NaCl　　B. 50 g·L^{-1} 葡萄糖　　C. 19.0 g·L^{-1} 乳酸钠
D. 12.5 g·L^{-1} $NaHCO_3$　　E. 9.0 g·L^{-1}NaCl

【B_1 型题】

A. $c_B=\dfrac{n_B}{V}$　　B. $b_B=\dfrac{n_B}{m_A}$　　C. $x_B=\dfrac{n_B}{n_A+n_B}$
D. $\omega_B=\dfrac{m_A}{m_A+m_B}$　　E. $x_B=1-x_A$

46. 计算溶液的物质的量浓度的公式是（　）
47. 计算质量摩尔浓度的公式是（　）

A. $I=\dfrac{1}{2}\sum c_iZ_i^2$　　B. $I=\sum c_iZ_i^2$　　C. $I=c_iZ_i^2$
D. $\alpha_i=\gamma_i c_i$　　E. $\alpha_i=c_i$

48. 计算强电解质溶液中离子强度 I 的公式是（　）
49. 计算强电解质溶液中离子活度 α 的公式是（　）

A. 半透膜　　B. 水的渗透方向：NaCl→葡萄糖
C. 水的渗透方向：NaCl←葡萄糖　　D. 水分子不渗透　　E.细胞膜

50. 在浓度不相同的两个溶液之间，要产生渗透现象，还需要有
51. 0.2 mol·L^{-1}NaCl 与 0.2 mol·L^{-1} 葡萄糖用半透膜隔开

二、填空题

1. 从净结果看，渗透现象总是由______溶液向______溶液渗透。
2. 稀溶液依数性的本质是_________；产生渗透的基本条件是__________________和__________________。
3. 100g·L^{-1} 的葡萄糖溶液为___________渗溶液，当静脉滴注大量高渗溶液，会引起______________。
4. 海水结冰的温度比纯水结冰的温度__________，其温度改变值可用___________。
5. 强电解质的表观解离度小于 100%的原因是溶液中形成___________。
6. 无限稀的强电解质溶液的活度就是___________。
7. 溶液的蒸气压比纯溶剂的___________，溶液的沸点比纯溶剂的________。
8. 稀溶液的依数性有 _________，_________，_________和________。
9. 将红细胞放入某氯化钠水溶液中出现破裂，该氯化钠溶液为 ________。
10. 正常血浆的渗透浓度范围是 _______。
11. 酒精溶于水，体积_______。
12. 稀溶液的依数性质针对的物质是_______。
13. K_f 与溶质的本性无关，只与溶剂的_______有关。

三、是非题

1. 0.154mol·L^{-1}NaCl 溶液和 0.278 mol·L^{-1} 葡萄糖溶液用半透膜隔开有渗透现象发生。
2. 溶液中各溶质与溶剂的摩尔分数之和为 1。
3. 强电解质在溶液中是完全解离的。
4. 溶液的离子强度越大，离子的活度也越大。
5. 任何两种溶液用半透膜隔开，都有渗透现象发生。
6. 极性相近、结构相似的物质互相溶解。
7. 溶液的沸点是指溶液沸腾温度不变时的温度。
8. 一般来说，溶液中离子强度越大，活度系数越小。
9. 纯溶剂通过半透膜向溶液渗透的压力称为渗透压。
10. 溶质的溶解过程是一个物理过程。
11. 饱和溶液均为浓溶液。
12. 氯化钾在水中的解离度小于 100%。
13. 0.15mol·L^{-1} NaCl 溶液的沸点底于 0.20mol·L^{-1} 蔗糖的沸点。
14. 9.0g·L^{-1}NaCl 溶液和 50.0g·L^{-1} 葡萄糖溶液用半透膜隔开有渗透现象发生。
15. 由半透明膜隔开的浓度不等的两种溶液，水的渗透方向总是由低渗液指向高渗液。
16. 溶液的浓度越大，蒸气压下降的越低。
17. 溶液的颜色、体积的变化、导电性、沸点、蒸气压与溶质的本性无关。

四、简答题

1. 物质的量浓度与质量摩尔浓度的定义是什么?各自的符号?各自的单位?
2. 摩尔分数的定义?代表符号?单位?溶液中各物质的摩尔分数之和为多少?
3. 活度的定义、符号及单位是什么?它与离子的实际浓度 C_i 有何关系?
4. 何谓离子强度 I?影响它的因素有哪些? I 与离子的活度系数 γ_i 及离子的活度 a_i 的定性关系式是什么?
5. 德拜-休克尔强电解质溶液理论要点是什么?
6. 试述饱和溶液、过饱和溶液、未饱和溶液的含义及特点。
7. 稀溶液的依数性有哪几个?分别是什么?写出它们的公式（或数学表达式）?
8. 简述强电质溶液理论的要点。

五、计算题

1. 已知 NaCl 的摩尔质量是 58.5g·mol^{-1}，若将 5.85gNaCl 溶于 100g 水中，则此 NaCl 溶液的质量摩尔浓度为多少?
2. 计算质量百分浓度 37%，密度为 1.19g·mL^{-1} 的浓盐酸的物质的量浓度（mol·L^{-1}）?（已知盐酸的摩尔质量是 36.5g·mol^{-1}）
3. 市售浓硫酸的浓度为 18.4 mol·L^{-1}，现需 1L3.0 的稀硫酸，问需上述浓硫酸多少毫升?
4. 已知 NaCl 的摩尔质量是 58.5 g·mol^{-1}，H_2O 的摩尔质量是 18 g·mol^{-1}，如将 10g NaCl 和 90g 水配成溶液，问该溶液中 NaCl 和 H_2O 的摩尔分数各为多少?
5. 100ml 生理盐水中含 0.9g NaCl，计算该溶液的质量浓度合物质的量浓度。
6. 取 0.749g 谷氨酸溶于 50.0g 水中，其凝固点降低 0.188K，求谷氨酸的摩尔质量。

（已知水的 K_f=1.86K·kg·mol^{-1}）

7. 计算 9.0g·L^{-1} NaCl 溶液的渗透浓度（M=58.5g·mol^{-1}）。

8. 在水中，某蛋白质饱和溶液含溶质 5.18g·L^{-1}，293K 时其渗透压为 0.413kPa，求此蛋白质的摩尔质量。

9. 测得人血浆的凝固点为 272.44K，则血浆在 310K 时的渗透压为多少？（已知水的 K_f=1.86 K·kg·mol^{-1}）

10. 测得人血浆的凝固点降低值为 0.56K，求血浆在 310K 时的渗透压为多少？（已知水的 K_f=1.86 K·kg·mol^{-1}，R=8.314 kPa·L·mol·K^{-1}）

参考答案

一、选择题

1.B 2.A 3.B 4.B 5.C 6.B 7.D 8.C 9.B
10.B 11.B 12.E 13.D 14.A 15.C 16.A
17.A 18.A 19.A 20.C 21.D 22.B 23.C
24.A 25.B 26.C 27.E 28.C 29.D 30.B
31.D 32.B 33.C 34.A 35.D 36.B 37.D
38.C 39.B 40.C 41.D 42.C 43.A 44.B
45.A 46.A 47.B 48.A 49.D 50.A 51.C

二、填空题

1. 稀，浓
2. 溶液的蒸气压下降，半透膜的存在 半透膜两侧有浓度差（或膜两侧单位体积内溶剂分子不相等）
3. 高渗溶液，萎缩
4. 低，$T_f = K_f \cdot b_B$
5. 离子氛和离子对
6. 浓度
7. 底，高
8. 蒸气压下降，沸点升高，凝固点下降，渗透压
9. 低渗溶液
10. 280～320mmol/L
11. 减小
12. 难挥发非电解质稀溶液
13. 种类

三、是非题

1.T 2.T 3.T 4.F 5.F 6.T 7.F 8.T 9.F
10.F 11.F 12.T 13.F 14.T 15.T 16.T
17.F

四、简答题

1. 答：（1）物质的量浓度定义：每升溶液中所含溶质的摩尔数。或溶质的物质的量除以溶液的体积。用 C 表示，单位 mol·L^{-1}。

（2）质量摩尔浓度的定义：每千克溶剂中所含溶质的摩尔数。或溶质的物质的量除以溶剂的质量。

用 b_B 表示，单位 mol·kg^{-1}。

2. 答：摩尔分数的定义：某物质的物质的量与混合物的总物质的量之比。

符号：x，单位：无，溶液中各物质的摩尔分数之和等于 1。

3. 答：活度的定义：解解质溶液中，实际上可起作用的离子浓度称有效浓度，也称活度。

符号：a、单位：mol·L^{-1}

活度与离子浓度 c 的关系：$a_i = \gamma_i c_i$，其中 γ_i 为活度系数。

4. 答：（1）离子强度的定义为 $I = \frac{1}{2}\sum c_i Z_i^2$（mol·kg^{-1}）。

（2）它反映了电解质溶液中离子相互牵制作用的大小。

（3）它仅与溶液中各离子的浓度 c_i 和电荷数 Z_i 有关。

（4）而与离子的本性无关。

（5）离子浓度越大，价数越高，离子强度 I 越大，离子间的牵制作用越强，离子的活度系数 γ_i 越小，离子的活度 α 越小，反之亦然。

5. 答：（1）强电解质在水溶液中是完全解离的。

（2）离子间存在着相互作用的库仑力，相互作用的结果使溶液中形成离子氛与离子对（与离子的浓度和电荷有关），从而限制了离子完全独立自由的运动。

（3）使离子的有效浓度比实际的实际浓度降低。因此使强电解质表观解离度<100%。

6. 答：①饱和溶液：在一定温度和压强下，达到溶解结晶平衡时的溶液就是饱和溶液。

饱和溶液的特点：在饱和溶液中所加入的溶质不能继续溶解。已溶解的溶质也不会析出结晶。

②未（不）饱和溶液：在一定温度和压强下，小于该条件下饱和溶液浓度的溶液。

不饱和溶液的特点：在不饱和溶液中所加入的溶质能继续溶解。

③过饱和溶液：在一定温度和压强下，大于该条件下的饱和溶液的溶解度的溶液。

过饱和溶液的特点：是一个不稳定体系，在过饱和溶液中加入溶质后，已溶解的部分溶质会析出（产生沉淀）。

7. 有 4 个，分别是：蒸气压下降，沸点升高，凝固点下降和渗透压公式：

$$\Delta P = Kb_B \qquad \Delta T_b = K_b b_B$$

$$\Delta T_f = K_f b_B \qquad \Pi = C_B RT$$

8. 强电解质溶液理论要点　1923 年 Debye P 和 Hückel E 提出了电解质离子相互作用理论（ion interaction theory）。其要点为：(1) 强电解质在水中是全部解离的；(2) 离子间通过静电力相互作用，每一个都被周围电荷相反的离子包围着，形成所谓离子氛（ion atmosphere）。离子氛是一个平均统计模型，虽然一个离子周围的电荷相反离子并不均匀，每一个离子氛的中心离子同时又是另一个离子氛的相反电荷离子的成员。由于离子氛的存在，离子间相互作用而互相牵制，强电解质溶液中的离子并不是独立的自由离子，不能完全自由运动，因而不能百分之百地发挥离子应有的效能。

五、计算题

1. 答：$n_{NaCl} = \dfrac{5.85}{58.5} = 0.1$（mol）

$m_{H_2O} = 100\times10^{-3} = 0.1$（kg）

$$m_{NaCl} = \frac{n_{NaCl}}{n_{NaCl}} = \frac{0.1}{0.1} = 1(\text{mol}\cdot\text{kg}^{-1})$$

2. 浓盐酸的物质的量浓度为：

$c = 1000\times1.19\times37\%\div36.5 = 12.06$（$\text{mol}\cdot\text{L}^{-1}$）

3. 已知 $c_{浓盐酸} = 18.4\ \text{mol}\cdot\text{L}^{-1}$，$c_{稀硫酸} = 3.0\ \text{mol}\cdot\text{L}^{-1}$，$V_{稀硫酸} = 1.0\text{L}$

设应取 18.4 $\text{mol}\cdot\text{L}^{-1}$ 浓硫酸 x 毫升，

则根据稀释公式：$c_{浓}\times V_{浓} = c_{稀}\times V_{稀}$，

$18.4\times V_{浓硫酸} = 3.0\times1.0$，$V_{浓硫酸} = 0.163(\text{L}) = 163(\text{ml})$

4. $$n_{NaCl} = \frac{m_{NaCl}}{M_{NaCl}} = \frac{10}{58.5} = 0.17\text{mol}$$

$$n_{H_2O} = \frac{90}{18} = 5.0\ (\text{mol})$$

$$x_{NaCl} = \frac{0.17}{0.17+5.0} = 0.033$$

$$x_{H_2O} = \frac{0.5}{0.17+5.0} = 0.967 \text{ 或 } x_{H_2O} = 1-0.033 = 0.967$$

5. 解：$\rho(\text{NaCl}) = \dfrac{m_{NaCl}}{V} = \dfrac{0.90\text{g}}{0.10L} = 9.0\text{g}\cdot\text{L}^{-1}$

$$c_{NaCl} = \frac{\rho_{NaCl}}{M_{NaCl}} = \frac{9\text{g}\cdot\text{L}^{-1}}{58.5\text{g}\cdot\text{mol}^{-1}} = 0.154\text{mol}\cdot\text{L}^{-1}$$

6. 解：设谷氨酸的摩尔质量为 M_B

已知；水的 $K_f = 1.86\ \text{K}\cdot\text{kg}\cdot\text{mol}^{-1}$

由 $\Delta T_f = K_f\cdot b_B = K_f m_B / m_A M_B$

得 $M_B = K_f\cdot M_B / m_A\Delta T_f$

$= 1.86\ \text{K}\cdot\text{kg}\cdot\text{mol}^{-1}\times0.749\text{g}/50\text{g}\times0.188\ \text{K}$

$= 0.148\ \text{kg}\cdot\text{mol}^{-1}$

$= 148\ \text{g}\cdot\text{mol}^{-1}$

7. 解：$c_{os} = 2\times\dfrac{\rho_B}{M_B} = 2\times\dfrac{9}{58.5} = 0.308\text{mol}\cdot\text{L}^{-1}$

8. $\Pi = c_B RT = \dfrac{n}{V}\cdot RT$

$$M_B = \frac{m_B RT}{\pi V} = \frac{5.18\times8.314\times293}{0.413\times1.00} = 3.05\times10^4(g\cdot\text{mol}^{-1})$$

9. 解：∵水的冰点为 273K

∴血浆的冰点下降为

$\Delta T_f = 273\text{-}272.44 = 0.56\text{K}$

∵ $\Delta T_f = K_f b_B$

∴ $b_B = \dfrac{\Delta T_f}{K_f} = \dfrac{0.56}{1.86} = 0.30\text{mol}\cdot\text{kg}^{-1}$

$\pi = bRT$

$$\pi = \frac{\Delta T_f\cdot RT}{K_f} = \frac{0.56\times8.314\times310}{1.86} = 776(\text{kPa})$$

10. 解：$P = CRT = 0.2903\times8.314\times310 = 748.26\text{kPa}$

第二章　化 学 平 衡

基 本 要 求

（1）掌握化学平衡的概念，实验平衡常数表达式、标准平衡常数表达式和意义。

（2）掌握平衡常数表达式的书写和应用平衡常数表达式时注意事项。

（3）掌握多重平衡规则和应用。

（4）熟悉化学平衡移动的原理及影响化学平衡移动的因素和应用。

（5）了解化学反应的可逆性。

学 习 要 点

一、化学反应的可逆性和化学平衡

（1）可逆反应：在同一条件下，既能按反应方程式向某一方向进行又能向相反方向进行的反应叫可逆反应。多数反应是可逆反应。

（2）化学平衡：对于可逆反应，无论先只有反应物或先只有生成物或先二者兼有，只要体系不与外界进行物质交换，都会发生正反应和逆反应，并最终达到正反应速率和逆反应速率相等的状态，这种状态称为化学平衡状态，简称化学平衡。

化学平衡的特点：达到平衡时，反应体系内各物质的浓度已不在随时间而改变。

二、标准平衡常数 $K^{\ominus}$ 和实验平衡常数

（1）相对平衡浓度：体系达平衡时各物质的浓度称为平衡浓度，若把平衡浓度除以标准态浓度 $c^{\ominus}$ （$c^{\ominus}=1\,\text{mol}\cdot\text{L}^{-1}$）得到的比值称为相对平衡浓度。

（2）标准平衡常数：对理想溶液中进行的任一可逆反应在一定温度下达到平衡时，生成物的相对平衡浓度以反应方程式中的计量系数为指数幂的乘积，与反应物的相对平衡浓度以反应方程式中的计量数为指数的幂的乘积之比为一常数，该常数从 $K_C^{\ominus}$ 表示，称为标准浓度平衡常数。

对于一理想溶液的任一可逆反应：

$a\text{A}(\text{aq})+b\text{B}(\text{aq}) \rightleftharpoons d\,\text{D}(\text{aq})+e\text{E}(\text{aq})$

在一定温度下达平衡时有：

$$\text{标准浓度平衡常数}\ K_C^{\ominus}=\frac{\left[\dfrac{[\text{D}]}{c^{\ominus}}\right]^d\left[\dfrac{[\text{E}]}{c^{\ominus}}\right]^e}{\left[\dfrac{[\text{A}]}{c^{\ominus}}\right]^a\left[\dfrac{[\text{B}]}{c^{\ominus}}\right]^b}$$

同理，对于一理想气体反应：

$aA(g)+bB(g) \rightleftharpoons dD(g)+eE(g)$

标准压力平衡常数 $K_P^{\ominus}=\dfrac{\left[\dfrac{P_D}{P^{\ominus}}\right]^d\left[\dfrac{P_E}{c^{\ominus}}\right]^e}{\left[\dfrac{P_A}{P^{\ominus}}\right]^a\left[\dfrac{P_B}{P^{\ominus}}\right]^b}$

$P^{\ominus}$ 表示标准压力，$P^{\ominus}=100\text{kPa}$。此时，标准压力平衡常数因平衡体系中各物质用相对平衡分压来表示，故称为标准压力平衡常数 $K_P^{\ominus}$。

因平衡常数可以由实验直接测定，故也叫实验平衡常数或经验平衡常数 K。通常有浓度平衡常数 K_C 和压力平衡常数 K_P 其表达式为：

$$K_C=\frac{[D]^d[E]^e}{[A]^a[B]^b} \qquad\qquad K_P=\frac{[p_D]^d[p_E]^e}{[p_A]^a[p_B]^b}$$

三、多重平衡

（1）多重平衡：如果有几个反应，它们在同一体系中有都处于平衡状态，体系中各物质的分压或浓度必同时满足这几个平衡，这种现象叫多重平衡。如对于平衡：

1）$SO_2(g)+1/2O_2(g)=SO_3(g)$　　$K_{P_1}^{\ominus}$

2）$NO_2(g)=NO(g)+1/2O_2(g)$　　$K_{P_2}^{\ominus}$

3）$SO_2(g)+NO_2(g)=NO(g)+SO_3(g)$　　$K_{P_3}^{\ominus}$

反应 1）＋反应 2）＝反应 3）

$$K_{P_1}^{\ominus}=K_{P_2}^{\ominus}\cdot K_{P_3}^{\ominus}$$

（2）多重平衡规则：这种在多重平衡体系中，如果一个反应由另外两个或多个反应相加或相减而来，则该反应的平衡常数等于这两个或多个反应平衡常数的乘积或商，这个规律称为多重平衡规则。

四、化学平衡移动

（1）浓度对化学平衡的影响。

（2）压力对化学平衡的影响。

（3）温度对化学平衡的影响。

（4）Le Chatelier 平衡移动原理：假如改变平衡体系的条件之一，如浓度、压力或温度等，平衡就向减弱这个改变的方向移动。

催化剂只能加快达到平衡，对化学平衡移动没有影响。

强化训练

一、选择题

【A_1 型题】

1. 下列说法中正确的是

A. 对于同一反应来说，在一定温度下，无论起始浓度如何，在平衡体系中各反应

物的浓度都是一样的

B. 对于同一反应来说，在一定温度下，无论起始浓度如何，在平衡体系中各反应物的平衡转化率都是一样的

C. 平衡常数与反应物的浓度无关，但随温度的变化而有所改变

D. 化学平衡定律适用于任何化学反应

E. 对于同一反应来说，在一定温度下，无论起始浓度如何，在平衡体系中各反应物的浓度都是不一样的

2. 下列说法错误的是

A. 在平衡常数表达式中各物质的浓度或分压力是指平衡时浓度或分压力，并且反应物的浓度或分压力要写成分母

B. 在稀溶液中进行的反应，虽有水参与反应，但其浓度也不写进平衡常数表达式

C. 正逆反应的平衡常数值相等

D. 平衡常数表达式必须与反应方程式相对应

E. 如果在反应体系中有固体或纯液体参加时，它们的浓度不写到平衡常数表达式中

3. 氯气和氢气反应：H_2（g）+ Cl_2（g）$\rightleftharpoons$ 2HCl（g），在 298K 下，$K_p=4.4\times10^{32}$ 这个极大的 K_P 值说明该反应是

A. 逆向进行的十分完全　B. 正向进行的程度大　C. 逆向不发生

D. 正向进行的程度不大　E. 正向不发生

4. NH_4Ac 在水中存在如下平衡，

（1）$NH_3 + H_2O \rightleftharpoons NH_4^+ + OH^-$　K_1

（2）$NH_4^+ + Ac^- \rightleftharpoons NH_3 + HAc$　K_2

（3）$HAc + H_2O \rightleftharpoons Ac^- + H_3O^+$　K_3

（4）$2H_2O \rightleftharpoons OH^- + H_3O^+$　K_4

这四个反应的平衡常数之间的关系是

A. $K_3=K_1K_2K_4$　B. $K_3K_4=K_1K_2$　C. $K_4=K_1K_2K_3$

D. $K_1K_4=K_2K_3$　E. $K_2K_4=K_1K_3$

5. 下列说法错误的是

A. 温度对化学平衡的影响与化学反应的热效应有直接关系

B. 改变浓度不但使平衡点改变，而且还改变了平衡常数数值

C. 温度对化学平衡的影响导致了平衡常数数值的改变

D. 改变浓度只能使平衡点改变，不会改变平衡常数数值

E. 改变压力只能使平衡点改变，不会改变平衡常数数值

6. 已知 $2H_2$（g）+S_2（g）$\rightleftharpoons$ $2H_2S$（g）　K_{P_1}

$2Br_2$（g）+$2H_2S$（g）$\rightleftharpoons$ 4HBr（g）+S_2（g）　K_P

则反应 H_2（g）+Br_2（g）$\rightleftharpoons$ 2HBr（g）K_{P_3} 为

A. $(K_{P_1}/K_{P_2})^{1/2}$　B. $(K_{P_1}K_{P_2})^{1/2}$　C. K_{P_1}/K_{P_2}

D. $K_{P_1}K_{P_2}$　E. $K_{P_1}=K_{P_2}$

7. 当气态的 SO_2、SO_3、NO、NO_2 在一个反应器里共存时，至少会有以下反应存在：

$$SO_2(g) + 1/2O_2(g) \rightleftharpoons SO_3(g) \quad K_{P_1}$$

$$NO_2(g) \rightleftharpoons NO(g) + 1/2O_2(g) \quad K_{P_2}$$

$$SO_2(g) + NO_2(g) \rightleftharpoons SO_3(g) + NO(g) \quad K_{P_3}$$

这三个反应的压力平衡常数之间的关系是

A. $K_{P_1} \cdot K_{P_3} = K_{P_2}$　　B. $K_{P_3} = K_{P_1} \cdot K_{p_2}$　　C. $K_{P_1} \cdot K_{P_3} \cdot K_{P_2} = 0$

D. $K_{P_1} = K_{P_2} + K_{P_3}$　　E. $K_{P_3} = K_{P_1} / K_{P_2}$

8. 下列叙述中正确的是

A. 反应物的转化率不随起始浓度而变

B. 平衡常数不随温度变化

C. 一种反应物的转化率随另一种反应物起始浓度而变

D. 平衡浓度随起始浓度不同而变化

E. 平衡浓度与生成物的浓度无关

9. 下列哪一种关于平衡移动的说法是正确的

A. 浓度越大，平衡移动越困难

B. 平衡移动是指反应从不平衡达到平衡的过程

C. 温度越高，平衡移动越容易

D. 压缩很难使溶液中的化学平衡移动

E. 压缩很容易使溶液中的化学平衡移动

10. 在反应 A+B $\rightleftharpoons$ C+D 中，开始时只有 A、B，经过长时间，最终结果是

A. C 和 D 浓度大于 A 和 B　　B. A 和 B 浓度大于 C 和 D

C. A、B、C、D 浓度不再变化　　D. A、B、C、D 分子不再反应

E. A、B、C、D 浓度还在变化

11. 要实现一个化学反应从反应物完全变到产物这个反应的速率不能太小，此外，它的

A. 平衡常数必须较大　　B. 产物必须可以不断转移　　C. A 和 B 条件都

D. K 较小　　E. 产物不必转移

12. 相同温度下，下面反应的 K_c 和 K_p 是

$$Cl_2(g) + 2KBr(s) \rightleftharpoons 2KCl(s) + Br_2(g)$$

A. $K_C > K_P$　　B. $K_C < K_P$　　C. $K_C = K_P$

D. K_C 和 K_P 无一定关系　　E. $K_C = K_P = 0$

13. 已知：

$$CO_2(g) + H_2(g) \rightleftharpoons CO(g) + H_2O(g) \quad K_{P_1}$$

$$CoO(s) + H_2(g) \rightleftharpoons Co(s) + H_2O(g) \quad K_{P_2}$$

$$CoO(s) + CO(g) \rightleftharpoons Co(s) + CO_2(g) \quad K_{P_3}$$

这三个反应的压力平衡常数之间的关系是

A. $K_{P_3} = K_{P_1} / K_{P_2}$　　B. $K_{P_3} = K_{P_2} / K_{P_1}$　　C. $K_{P_3} K_{P_2} K_{P_1} = 0$

D. $K_{P_3} = K_{P_1} K_{P_2}$　　E. $K_{P_3} = K_{P_1} + K_{P_2}$

14. Le Chatelier 原理是指

A. 适用于已经达到平衡的体系，也适用于未达到平衡的体系

B. 既不适用于已经达到平衡的体系，也不适用于未达到平衡的体系

C. 如果改变平衡状态的任一条件，如浓度、压力、温度，平衡则向减弱这个改变的方向移动

D. 如果改变平衡状态的任一条件，如浓度、压力、温度，平衡则向增强这个改变的方向移动

E. 如果改变平衡状态的任一条件，如浓度、压力、温度，平衡不发生移动

15. 用浓度表示溶液中化学平衡时，平衡常数表示式只在浓度不太大的时候适用，这是因为高浓度时

A. 浓度与活度的偏差较明显　　B. 溶剂的体积小于溶液体积

C. 浓度等于活度　　D. 还有其他化学平衡存在

E. 平衡定律不适用

16. 对于任一可逆反应：aA（g）+bB（g）$\rightleftharpoons$ dD（g）+eE（g）在一定温度下达到平衡状态时，各反应物和生成物浓度间的关系式是

A. $\dfrac{[D][E]}{[A][B]}$　　B. $\dfrac{[A][B]}{[D][E]}$　　C. $\dfrac{[D]^d[E]^e}{[A]^a[B]^b}$

D. $\dfrac{[A]^d[B]^e}{[D]^a[E]^b}$　　E. $\dfrac{[D]^d[E]}{[A][B]^b}$

17. 对化学反应平衡常数的数值（指同一种表示法）有影响的最主要因素是

A. 反应物质的浓度　　B. 体系的温度　　C. 体系的总压力

D. 实验测定的方法　　E. 反应物质的分压

18. 下列反应达平衡时，$2SO_2$（g）$+O_2$（g）$\rightleftharpoons$ $2SO_3$（g），保持体积不变，加入惰性气体 He，使总压力增加一倍，则平衡移动的方向是

A. 平衡向左移动　　B. 平衡向右移动　　C. 平衡不发生移动

D. 条件不充足，不能判断　　E. 先向左移动，再向右移动

19. 已知反应 A_2（g）+2B（g）$\rightleftharpoons$ $2AB_2$（g），为吸热反应，为使平衡向正反应方向移动，应采取的措施是

A. 降低总压力，降低温度　　B. 增加总压力，升高温度

C. 增加总压力，降低温度　　D. 降低总压力，升高温度

E. 总压力不变，升高温度

20. 已知：H_2（g）+ S（s）$\rightleftharpoons$ H_2S（g）　　K_1

S（s）+ O_2（g）$\rightleftharpoons$ SO_2（g）　　K_2

则反应 H_2（g）+ SO_2（g）$\rightleftharpoons$ O_2（g）+H_2S（g）的平衡常数是

A. K_1+K_2　　B. K_1-K_2　　C. K_1K_2

D. K_1/K_2　　E. $(K_1K_2)^{1/2}$

21. 500K时，反应 SO_2（g）+1/2 O_2（g）$\rightleftharpoons$ SO_3（g）的 K_P=50，在同温下，反应 $2SO_3$（g）$\rightleftharpoons$ $2SO_2$（g）+ O_2（g）的 K_P 必等于

A. 100　　B. 2×10^{-2}　　C. 2500　　D. 4×10^{-4}　　E. 500

22. 下列说法中错误的是

A. 压力改变对固体和气体反应的平衡体系几乎没有影响
B. 总压力改变对那些前后计量系数不变的气相反应的平衡没有影响
C. 增大压力平衡向气体计量系数减小（或气体体积缩小）的方向移动
D. 减小压力平衡向气体计量系数增大（或气体体积增加）的方向移动
E. 增大压力平衡向气体计量系数增大（或气体体积增加）的方向移动

23. 水蒸气在室温下（298K）的分解反应：

$2H_2O$（g）$\rightleftharpoons$ $2H_2$（g）+ O_2（g）$K_C = 1.1\times10^{-81}$ 这个 K_C 值很小，针对该反应下列说法错误的是

A. 正向进行的程度极微弱　　B. 正向进行的程度极大
C. K_C 与反应温度有关　　D. 平衡时生成物浓度极小
E. K_C 与反应浓度无关

【B_1 型题】

A. 平衡常数表达式中各物质的浓度是反应达到平衡是有关物质的浓度
B. 各物质的浓度项的指数与化学反应方程式中相应各物质分子式前的系数不一致
C. 平衡常数关系式适用于任何体系
D. 对于多相反应，其平衡常数表示式中包括固体物质的量
E. 平衡转化率，是指平衡时某反应物已转化了的反应物的量浓度，占该反应物起始的物质的量的百分数

24. 平衡常数的说法正确的是
25. 平衡转化率是

对于一个已达平衡的气体反应，如 N_2（g）+$3H_2$（g）$\rightleftharpoons$ $2NH_3$（g），

（1）

A. $\dfrac{[N_2][H_2]^3}{[NH_3]}$　　B. $\dfrac{[NH_3]}{[N_2][H_2]^3}$　　C. $\dfrac{P_{N_2}\cdot P^3_{H_2}}{P^2_{NH_3}}$

D. $\dfrac{[P^2_{NH_3}]}{[P_{N_2}][P^3_{H_2}]}$　　E. $[NH_3]^2\cdot[N_2]\cdot[H_2]^3$

26. K_C 的表达式为
27. K_P 的表达式为

（2）A. c　　B. T　　C. P　　D. c 和 P　　E. T 和 P

28. 反应给定时，化学平衡常数 K_C 与（　　）无关
29. 反应给定时，化学平衡常数 K_C 与（　　）有关

二、填空题

1. 平衡常数表达式中分子项是____ 分母项是____，所以平衡常数 K 越大，正向反应进行的程度____。

2. K 越大，表示平衡体系中产物浓度越____，也说明反应完成程度越____，平衡转化率越____。

3. 如果一个反应由另外两个或多个反应相加或相减而来，则该反应的平衡常数等于这两个或多个反应平衡常数的____或____，这个规律叫____。

4. 对于已经达到平衡状态的反应体系，如果____反应物的浓度平衡向____反应物的浓度的正反应方向移动。

5. 升高温度，平衡向___方向移动；降低温度，平衡向___方向移动。

6. 写出下列反应的平衡常数 K_C 和 K_P 的表达式____ ；____。

$$Fe_3O_4(s)+4H_2(g) \rightleftharpoons 3Fe(s)+4H_2O(g)$$

7. 下列反应的平衡常数 K_C 和 K_P 的表达式____；____。

$$NO(g)+1/2O_2(g) \rightleftharpoons NO_2(g)$$

8. 写出下列反应的平衡常数 K_C 的表达式____ 。

$$Cr_2O_7^{2-}(aq)+H_2O(l) \rightleftharpoons 2CrO_4^{2-}(aq)+2H^+(aq)$$

9. 写出下列反应的平衡常数 K_C 的表达式 ____。

$$CH_3COOH(l)+C_2H_5OH(l) \rightleftharpoons CH_3COOC_2H_5(l)+H_2O(l)$$

10. 写出下列反应的平衡常数 K_C 和 K_P 的表达式____ 和 ____。

$$2NOBr(g) \rightleftharpoons 2NO(g)+Br_2(L)$$

11. 写出下列反应的平衡常数和 K_C 和 K_P 的表达式____ 和 ____。

$$MgCO_3(s) \rightleftharpoons MgO(S)+CO_2(g)$$

三、是非题

1. 平衡常数关系式中，稀溶液的水分子浓度可不必列入。

2. 平衡常数表达式中各物质的浓度或分压力都是反应平衡时有关物质的浓度或分压力。

3. 平衡常数表达式中各物质的浓度项的指数与化学反应方程式中相应各物质分子式前的计量系数一致。

4. 对于多相反应，其平衡常数表达式中包括固体物质的量。

5. 平衡常数关系式仅适用于平衡体系。

6. 转化率与平衡常数均表示化学反应进行的程度，均与温度有关，而与浓度无关。

7. 平衡常数的数值是反应进行程度的标志，所以对某反应不管是正反应还是逆反应其平衡常数均相同。

8. 在某温度下，密闭容器中反应 $2NO(g)+O_2(g) \rightleftharpoons 2NO_2(g)$ 达到平衡，当保持温度和体积不变充入惰性气体，总压将增加，平衡向气体分子数减少即生成 NO_2 的方向移动。

9. 化学平衡定律适用于任何可逆反应。

10. 恒温下，当一化学平衡发生移动时，虽然其平衡常数不发生变化，但转化率却会改变。

11. 可逆反应达平衡后，各反应物和生成物的浓度一定相等。
12. 反应前后计量系数相等的反应，改变体系的总压力对平衡没有影响。
13. 标准平衡常数随起始浓度的改变而变化。
14. 任何可逆反应而言，其正反应和逆反应的平衡常数之积等于 1。
15. 增大反应物的浓度，平衡体系将向逆反应方向移动。
16. 通常，化学平衡常数 K 与浓度无关，而与温度有关。
17. 平衡常数的大小与方程式的书写无关。

四、简答题

1. 何谓化学平衡状态?
2. 何谓化学平衡的移动?
3. 简述浓度是怎样影响化学平衡的?
4. 简述改变某气体的分压力对化学平衡的影响?
5. 表述 Le Chatelier 平衡移动的原理。

五、计算题

1. 已知：（1）$CO_2(g)+H_2(g) \rightleftharpoons CO(g)+H_2O(g)$　　$K_1=0.14$（823K）

（2）$CoO(s)+H_2(g) \rightleftharpoons Co(s)+H_2O(g)$　　$K_2=67$（823K）

求 823 时，反应（3）$CoO(s)+CO(g) \rightleftharpoons Co(s)+CO_2(g)$ 的平衡常数 K_3。

2. 已知：（1）$SO_2(g)+1/2O_2(g) \rightleftharpoons SO_3(g)$　　$K=20$（973K）

（2）$NO_2(g) \rightleftharpoons NO(g)+1/2O_2(g)$　　$K=0.012$（973K）

求 973 时，反应 $SO_2(g)+NO_2(g) \rightleftharpoons SO_3(g)+NO(g)$ 的平衡常数 K_3.

3. 在某温度下，反应 $H_2+Br_2 \rightleftharpoons 2HBr$ 在下列浓度时建立平衡：$[H_2]=0.50\ mol \cdot L^{-1}$ $[Br_2]=0.10\ mol \cdot L^{-1}$　$[HBr]=1.60\ mol \cdot L^{-1}$ 求平衡常数 K_C。

4. 在某温度下，已知反应 $2SO_2$（g）$+O_2$（g）$\rightleftharpoons 2SO_3$（g）$K_C=0.15$，求 SO_3（g）$\rightleftharpoons O_2$（g）$+2SO_2$（g）平衡常数 K_C。

5. 某温度下反应 CO（g）$+H_2O$（g）$\rightleftharpoons CO_2$（g）$+H_2$（g）的平衡常数为 1.0，如反应开始时 $[CO_2]=0.2mol \cdot L^{-1}$，$[H_2]=0.8mol \cdot L^{-1}$，试计算平衡时各物质的浓度。

6. 在 773K 时，反应 $N_2+3H_2 \rightleftharpoons 2NH_3$ 的 $K_C=6.0 \times 10^{-2}$，在此平衡体系中含 H_2 $0.25mol \cdot L^{-1}$，NH_3 $0.05\ mol \cdot L^{-1}$，求此体系中 N_2 的浓度和压力。（$R=8.314\ kPa \cdot L \cdot mol^{-1} \cdot K^{-1}$）

参考答案

一、选择题

1.C　2.C　3.B　4.C　5.B　6.B　7.B　8.C　9.D
10.C　11.C　12.C　13.B　14.C　15.A　16.C
17.B　18.C　19.B　20.D　21.D　22.E　23.B
24.A　25.E　26.B　27.D　28.A　29.B

二、填空题

1. 生成物平衡浓度幂次方的乘积　反应物平衡浓度幂次方的乘积　越大
2. 大　大　大
3. 乘积　商　多重平衡规则

4. 增大　　减小

5. 吸热反应　　放热反应

6. $K_C = \frac{[H_2O]^4}{[H_2]}$　　$K_P = \frac{P^4{}_{H_2O}}{P^4{}_{H_2}}$

7. $K_C = \frac{[NO_2]}{[NO][O_2]^{\frac{1}{2}}}$　　$K_P = \frac{P_{NO_2}}{P_{NO} \cdot P^{\frac{1}{2}}{}_{O_2}}$

8. $K_C = \frac{[CrO_4^{2-}]^2[H^+]^2}{[Cr_2O_7{}^{2-}]}$

9. $K_C = \frac{[CH_3COOC_2H_5][H_2O]}{[CH_3COOH][C_2H_5OH]}$

10. $K_P = \frac{P^2{}_{NO}}{P^2{}_{NOBr}}$

11. $K_C = [CO_2]$　　$K_P = P_{CO_2}$

三、是非题

1.（T）2.（T）3.（T）4.（F）5.（T）6.（F）7.（F）8.（F）9.（T）10（T）11.（F）12.（F）13.（F）14.（T）15.（F）16（T）17.（F）

四、简答题

1. 在一定条件下，正反应速率和逆反应速率相等，反应体系中各物质浓度已不再随时间而改变的状态，称为化学平衡状态。

2. 由于外界条件的改变，使可逆反应从一种平衡状态向另一种平衡状态转变的过程，叫做化学平衡移动。

3. 如果增大某反应物的浓度或减小产物的浓度，体系将向减小反应物的浓度或增大产物的浓度的方向，即向正反应的方向移动。

如果增大平衡体系中产物的浓度或减小平衡体系的反应物的浓度，体系将向减小产物或增大反应物浓度的方向，即逆反应的方向移动。

4. 如果增大某反应物的分压力或减小某产物的分压力，平衡将向正反应的方向移动，使反应物的分压力减小或产物的分压力增大。

如果减小反应物的分压力或增大产物的分压力，平衡将向逆反应的方向移动，使反应物的分压力增大和产物的分压力减小。平衡移动的结果是使改变的影响减弱。

5. 如果改变平衡状态的任一条件，如浓度、压力、温度，平衡则向减弱这个改变的方向移动。

五、计算题

1. 解：从反应式来看（3）=（2）－（1）

根据多重平衡规则

$K_3 = P_{CO_2}/P_{CO} = K_2/K_1 = 67/0.14 = 4.79\times10^2$

2. 解：从反应式来看（3）=（1）+（2）

根据多重平衡规则

$K_3 = K_2 \times K_1 = 20\times0.012 = 0.24$

3. $H_2 + Br_2 \rightleftharpoons 2HBr$

平衡浓度（$mol\cdot L^{-1}$）0.5　0.1　1.6

由平衡常数的表达式：

$$K_C = \frac{[HBr]}{[H_2][Br_2]} = (1.6)^2/0.5\times 0.1 = 51.2$$

4. 解：反应（1）$SO_3(g) \rightleftharpoons O_2(g) + 2SO_2(g)$ 是

已知反应 $2SO_2(g) + O_2(g) \rightleftharpoons 2SO_3(g)$ 的逆反应

$$故\ K_C = \frac{[SO_3]^2}{[SO_2][O_2]} = \frac{1}{K_c} = \frac{1}{0.15} = 6.67$$

5. 解：$CO(g) + H_2O(g) \rightleftharpoons CO_2(g) + H_2(g)$

初浓度　0　0　0.2　0.8

平衡浓度（$mol\cdot L^{-1}$）　x　x　$(0.2-x)$　$(0.8-x)$

由平衡常数的表达式：

$$K_C = \frac{[CO_2][H_2]}{[CO][H_2O]} = \frac{(0.2-x)(0.8-x)}{x^2} = 1.0$$

解得：$x = 0.16$（$mol\cdot L^{-1}$）

故平衡时各物质浓度为：

$[CO_2] = 0.2-x = 0.20-0.16 = 0.040$（$mol\cdot L^{-1}$）

$[H_2] = 0.8-x = 0.8-0.16 = 0.64$（$mol\cdot L^{-1}$）

$[CO] = [H_2O] = x = 0.16$（$mol\cdot L^{-1}$）

6. 解：$N_2 + 3H_2 \rightleftharpoons 2NH_3$ 的 $K_c = 6.0\times10^{-2}$

$$K_C = \frac{[NH_3]^2}{[N_2][H_2]^3} = 6.0\times10^{-2}$$

$$[N_2] = \frac{[NH_3]^2}{K_C[H_2]^3} = \frac{(0.05)^2}{(0.25)^3\times6.0\times10^{-2}} = 2.67(mol\cdot L^{-1})$$

$$P = \frac{n}{V}RT = \frac{0.25+0.050+2.67}{8.314\times773} = 190.87\times10^2 kPa$$

$P_{总} = n_{总}/V\cdot RT = (0.250+0.050+2.67)\times8.314\times773 = 190.87\times10^2$（kPa）

第三章 酸碱平衡

基本要求

（1）掌握酸碱质子理论定义和能熟练判断出共轭酸碱对。

（2）掌握弱酸和弱碱的解离平衡，酸碱的强弱和正确判断酸碱反应进行的方向。

（3）掌握共轭酸碱对的酸常数 K_a 和碱常数 K_b 之间的关系和溶液酸碱度的计算及稀释定律。

（4）掌握路易斯酸碱概念和应用。

（5）熟悉质子自递常数 K_w 的意义和 pH 的计算公式。

（6）了解一元弱酸（弱碱）解离平衡的近似计算公式和适用公式的条件及有关计算。

（7）掌握一元弱酸（弱碱）溶液中氢离子（氢氧根离子）浓度的最简公式和应用公式的条件及相关计算。

（8）熟悉多元弱酸（碱）的电离平衡和解离平衡常数之间的关系。

（9）掌握酸碱解离平衡移动。

（10）掌握缓冲溶液的概念、组成、作用机理、缓冲溶液 pH 的计算和缓冲对的选择及配制。

（11）了解并掌握人体正常 pH 的维持与失控。

（12）熟悉两性物质的解离平衡。

学习要点

一、酸碱理论

1. 酸碱质子理论

定义：凡能给出质子的物质就是酸，酸是质子给予体，凡能接受质子的物质就是碱，碱是质子接受体。酸与碱反应生成新的酸和新的碱。

酸和碱之间互为共轭：

$$\text{酸} \rightleftharpoons \text{质子} + \text{碱}$$

$$HCl = H^+ \quad + \quad Cl^-$$

$$NH_4^+ \rightleftharpoons H^+ + NH_3$$

具有这种共轭关系的酸碱称为共轭酸碱对，共轭酸的 K_a 和共轭碱的 K_b 之间存在：

$$K_a = \frac{K_w}{K_b} \qquad \text{（水溶液体系）}$$

例如：对于醋酸的解离，$HAC+H_2O \rightleftharpoons H_3O^+ + Ac^-$

存在有 $$K_{b,Ac^-}=\frac{K_w}{K_{a,HAc}}$$

质子理论认为：共轭酸碱对的半反应都是不能单独存在的，有一个共轭酸碱对只是构成酸碱反应的半反应，因为酸不能自动放出质子，碱也不能自动接受质子，只有酸碱同时存在时，酸碱性质才能通过质子的转移而体现出来。

总之，一切酸碱反应都是质子的传递反应。

例如：弱酸电离

$$HAc + H_2O \rightleftharpoons H_3O^+ + Ac^-$$

酸 $_1$ 碱 $_2$ 酸 $_2$ 碱 $_1$

弱酸 强碱

上述反应是有 2 个共轭酸碱对组成：

酸 $_1$—碱 $_1$： $HAc—Ac^-$

碱 $_2$—酸 $_2$： $H_2O—H_3O^+$

酸碱反应方向的通式为：

较强酸＋较强碱→较弱酸＋较弱碱

2. 酸碱电子理论

定义：凡是接受电子对的物质就是酸，即路易斯酸。酸是电子对接受体，凡能给出电子对的物质就是碱，即路易斯碱。碱是电子对给予体。酸碱反应生成配合物。

二、水的离子积

水存在着自偶解离平衡，其平衡常数 K_w 称为水的离子积，其数值在室温时为 1.0×10^{-14}。

纯水或稀溶液中［H_3O^+］与［OH^-］的乘积，恒等于此值，即

K_w=［H_3O^+］［OH^-］$=1.0\times10^{-14}$

水溶液的酸碱度还可以用 pH 来表示：

$$pH = -\lg[H_3O^+] \qquad pOH = -\lg[OH^-]$$

pH 越小，酸度越大（碱度越小）；pH 越大，酸度越小（碱度越大）。

三、一元弱酸、弱碱解离平衡的计算

1. 一元弱酸 HA

$$HA+H_2O \rightleftharpoons H_3O^+ + A^-$$

$$[H_3O^+]=\frac{-K_a}{2}+\sqrt{\frac{-K_a^2}{4}+K_b\times c}$$

$$\frac{c}{K_a}\geqslant 500 \quad [H_3O^+]=\sqrt{K_a\cdot c}$$

该公式为一元弱酸溶液中 H_3O^+浓度的最简式

2. 一元弱碱 B

$$B + H_2O \rightleftharpoons HB^+ + OH^-$$

$$[OH^-] = \frac{-K_b}{2}\sqrt{\frac{K_b^2}{4} + K_b \times c}$$

$$当 \frac{c}{K_b} \geqslant 500 \quad [OH^-] = \sqrt{K_a \cdot c}$$

四、多元弱酸、弱碱解离平衡的计算

1. 多元弱酸 H_2A

$$H_2A + H_2O \rightleftharpoons H_3O^+ + HA^-$$

$$HA^- + H_2O \rightleftharpoons H_3O^+ + A^{2-}$$

当 $K_{a_1} \gg K_{a_2}$ 时，[H_3O^+] 按一元酸计算（利用公式 3、4）；体系中的 [A^{2-}] 约等于 K_{a_2}。

2. 多元弱碱 B^{2-}

$$B^{2-} + H_2O \rightleftharpoons HB^- + OH^-$$

$$HB^- + H_2O \rightleftharpoons H_2B + OH^-$$

当 $K_{b_1} \gg K_{b_2}$ 时，[H_3O^-] 按一元弱碱计算（利用公式 5、6）；体系中的 [H_2B] 约等于 K_{b_2}。

对像 Na_3PO_4 这样的多元碱，其他平衡的计算，根据平衡进行类似处理。

五、两性物质的计算

对于像 $NaHCO_3$、NaH_2PO_4、Na_2HPO_4 和氨基酸这样的两性物质，

当 $K_a c_a \geqslant 20K_W$ 时，两性物质 H_3O^+ 浓度计算最简式为

$$\left[H_3O^+\right] = \sqrt{K_a K_a'}$$

K_a 为该两性物作为酸时的酸度常数，K_a' 为该两性物作为碱时其共轭酸的酸度常数。

六、酸碱解离平衡

1. 同离子效应　在弱电解质溶液中，加入与该电解质有共同离子的易溶强电解质而使解离平衡向左移动，从而降低弱电解质解离度的现象叫做同离子效应。

2. 盐效应　在弱电解质溶液中，加入不含共同离子的易溶的强电解质时，引起弱电解质的解离度增大的效应叫盐效应。

七、缓冲溶液的组成与计算

1. 缓冲溶液定义　能够抵抗外来少量强酸、强碱或稀释作用的影响仍能保持溶液的 pH 的值基本不变的溶液。

2. 缓冲溶液的组成 弱酸 $+H_2O \rightleftharpoons H_3O^+ +$ 共轭碱

溶液中具有抗酸成分和抗碱成分是产生缓冲作用的基本原因。抗酸成分能与外来的酸作用的部分，如Ac^-与H^+作用，生成HAc；抗碱成分能与外来的碱作用的部分，HAc与OH^-作用，生成Ac^-。

弱酸及其共轭碱 HAc－NaAc NaH_2PO_4－Na_2HPO_4

弱碱及其共轭酸 NH_3－NH_4Cl

3. 缓冲溶液的计算 弱酸及其共轭碱组成的缓冲溶液H^+浓度最简计算式

$$pH = pK_a + \lg\frac{c_b}{c_a} \qquad pOH = pK_a + \lg\frac{c_b}{c_a}$$

4. 缓冲溶液的选择和配制

（1）缓冲对选择，其 $pH = pK_a$

（2）计算：若$pH \neq pK_a$，则利用公式$pH = pK_a + \lg\frac{c_b}{c_a}$进行计算。

（3）弱酸及其共轭碱缓冲对浓度选择在 $0.05\ mol \cdot L^{-1}$ 至 $0.5\ mol \cdot L^{-1}$ 之间。

（4）其他作用考虑。

（5）配制及校准。

强化训练

一、选择题

【A_1型题】

1. 下列物质中，属于质子酸的是

A. HAc B. CN^- C. Ac^- D. Na^+ E. S^{2-}

2. 下列物质中，属于质子碱的是

A. K^+ B. NH_3 C. HCl D. H_3PO_4 E. NH_4^+

3. 下列物质中，属于两性物质的是

A. H_2O B. H_2S C. HCN D. NH_4^+ E. K^+

4. H_3O^+、H_2S 的共轭碱分别是

A. OH^-、S^{2-} B. H_2O、HS^- C. H_2O、S^{2-}

D. OH^-、HS^- E. H_2O、H_2S

5. HPO_4^{2-} 的共轭酸是

A. H_3PO_4 B. H_2O C. $H_2PO_4^-$

D. PO_4^{3-} E. HPO_4^{2-}

6. 共轭酸碱对的酸度常数K_a和碱度常数K_b之间的关系式为

A. $K_a \div K_b = K_W$ B. $K_a + K_b = K_W$ C. $K_a - K_b = K_W$

D. $K_a \times K_b = K_W$ E. $K_a \times K_b \times K_W = 0$

7. 已知温度下，$K_{a,HAc} = 1.76 \times 10^{-5}$，$K_{a'(HCN)} = 4.93 \times 10^{-10}$，则下列碱的碱性强弱次序为

A. $Ac^- > CN^-$ B. $Ac^- = CN^-$ C. $Ac^- < CN^-$

D. $Ac^- >> CN^-$ E. $Ac^- << CN^-$

8. 在可逆反应：HCO_3^-（aq）＋OH^-（aq）$\rightleftharpoons$ CO_3^{2-}（aq）＋H_2O（l）中，正逆反应中的质子酸分别是

A. HCO_3^-和CO_3^{2-}　　B. HCO_3^-和H_2O　　C. OH^-和H_2O

D. OH^-和CO_3^{2-}　　E. H_2O和CO_3^{2-}

9. 对于反应HPO_4^{2-} ＋H_2O $\rightleftharpoons$ $H_2PO_4^-$ ＋OH^-，正向反应的酸和碱各为

A. $H_2PO_4^-$和OH^-　　B. HPO_4^{2-}和H_2O　　C. H_2O和HPO_4^{2-}

D. $H_2PO_4^-$和HPO_4^{2-}　　E. $H_2PO_4^-$和H_2O

10. 在 HAc 溶液中，加入下列哪种物质可使其解离度增大

A. HCl　　B. NaAc　　C. HCN

D. KAc　　E. NaCl

11. 往氨水溶液中加入一些固体 NH_4Cl，会使

A. 氯化铵的解离度变小　　B. 氨水的解离度不变

C. 氨水的解离度增大　　D. 氨水的解离度变小

E. 氯化铵的解离度变大

12. 下列关于缓冲溶液的叙述，正确的是

A. 当稀释缓冲溶液时，pH 将明显改变

B. 外加少量强碱时，pH 将明显降低

C. 外加少量强酸时，pH 将明显升高

D. 有抵抗少量强酸、强碱、稀释，保持 pH 基本不变的能力

E. 外加大量强酸时，pH 基本不变

13. 影响缓冲溶液缓冲能力的主要因素是

A. 弱酸的 pK_a　　B. 弱碱的 pK_a　　C. 缓冲对的总浓度

D. 缓冲对的总浓度和缓冲比　　E. 缓冲比

14. 下列哪组溶液缓冲能力最大

A. $0.1mol \cdot L^{-1}$HAc-$0.1\ mol \cdot L^{-1}$NaAc　　B. $0.2mol \cdot L^{-1}$HAc-$0.2mol \cdot L^{-1}$NaAc

C. $0.1mol \cdot L^{-1}$HAc-$0.2\ mol \cdot L^{-1}$NaAc　　D. $0.2mol \cdot L^{-1}$HAc-$0.01mol \cdot L^{-1}$NaAc

E. $0.2mol \cdot L^{-1}$HAc-$0.1mol \cdot L^{-1}$NaAc

15. 欲配制 pH=7 的缓冲溶液，应选用

A. HCOOH–HCOONa$\left(pK_{a,\ HCOOH} = 3.77\right)$

B. HAc–NaAc$\left(pK_{a,HAc} = 4.75\right)$

C. NH_4Cl–$NH_3$$\left(pK_{a,NH_4^+} = 9.25\right)$

D. NaH_2PO_4–$Na_2HPO_4$$\left(pK_{a,H_2PO_4^-} = 7.21\right)$

E. $NaHCO_3$–$Na_2CO_3$$\left(pK_{a,HCO_3^-} = 10.25\right)$

16. $H_2PO_4^- - HPO_4^{2-}$ 缓冲系的 pH 缓冲范围是

（已知 $pK_{a,H_2PO_4^-}$=7.21，$\left(pK_{b,HPO_4^{2-}} = 6.79\right)$

A. 7.00～10.0　B. 8.00～12.0　C. 9.00～14.0
D. 5.79～7.79　E. 6.21～8.21

17. 根据酸碱质子理论，下列叙述中错误的是
A. 酸碱反应实质是质子转移　B. 质子论中没有了盐的概念
C. 酸越强其共轭碱也越强　D. 酸失去质子后就成了碱
E. 酸碱反应的方向是强酸与强碱反应生成弱碱与弱酸

18. 下列叙述错误的是
A. $[H_3O^+]$越大，pH 越低　B. 任何水溶液都有$[H_3O^+]\cdot[OH^-]=K_W$
C. 温度升高时，K_W变大　D. 溶液的 pH 越大，其 pOH 就越小
E. 在浓 HCl 溶液中，没有 OH^-存在

19. 于氨水中加入酚酞，溶液呈红色，若加入固体 NH_4Cl，下列说法不正确的是（酚酞的酸色为无色，碱色为红色）
A. 溶液的红色变浅　B. pH 降低　C. 氨水的解离度减小
D. 氨水的解离平衡向左移动　E. 溶液的红色加深

20. 下列各组等体积混合溶液，无缓冲作用的是
A. 1.0 $mol \cdot L^{-1}$ HCl 和 1.0 $mol \cdot L^{-1}$ KCl
B. 0.2 $mol \cdot L^{-1}$ HCl 和 0.2 $mol \cdot L^{-1}$ $NH_3 \cdot H_2O$
C. 0.2 $mol \cdot L^{-1}$ KH_2PO_4 和 0.2 $mol \cdot L^{-1}$ Na_2HPO_4
D. 0.2 $mol \cdot L^{-1}$ NaOH 和 0.4 $mol \cdot L^{-1}$ HAc
E. 0.2$mol \cdot L^{-1}$HAc－0.1$mol \cdot L^{-1}$NaAc

21. 获得较大的$[S^{2-}]$，需向饱和 H_2S 水溶液中加入
A. 适量的蒸馏水　B. 适量的 HCl 溶液　C. 适量的 NaOH 溶液
D. 适量的硫粉末　E. 大量的 HCl 溶液

22. 于 0.1 $mol \cdot L^{-1}$ HAc 溶液中，加入 NaAc 晶体会使溶液的 pH
A. 增大　B. 不变　C. 减小
D. 先增大后变小　E. 先变小后增大

23. 下列离子中碱性最弱的是
A. CN^-　B. Ac^-　C. NO_2^-
D. NH_4^+　E. Cl^-

24. $H_2ASO_4^-$ 共轭碱是
A. H_3AsO_4　B. $HAsO_4^{2-}$　C. AsO_4^{3-}
D. $H_2AsO_3^-$　E. $HAsO_4$

25. 下列各组分子或离子中不属于共轭酸碱关系的是
A. $Cr[(H_2O)_6]^{3+}$和 $Cr[(OH)(H_2O)_5]^{2+}$　B. H_2CO_3 和 CO_3^{2-}
C. H_3O^+和 H_2O　D. $H_2PO_4^-$ 和 HPO_4^{2-}
E. H_2O 和 OH^-

26. 在 HAc 溶液中加入下列哪种固体，会使 HAc 的解离度降低
A. NaCl　B. KBr　C. NaAc

D. NaOH　　E. KNO_3

27. 下列有关缓冲溶液的叙述中，错误的是

A. 总浓度一定时，缓冲比越远离 1，缓冲能力越强

B. 缓冲比一定时，总浓度越大，缓冲能力越大

C. 缓冲范围为 $pK_a-1 \sim pK_a+1$

D. 缓冲溶液稀释后缓冲比不变，所以 pH 不变

E. 缓冲溶液能够抵抗外来少量的强酸或强碱，而保持溶液的 pH 基本不变

28. 在 10ml 0.1mol · L^{-1} NaH_2PO_4 和 0.1 mol · L^{-1} Na_2HPO_4 混合液中加入 10ml 水后，混合溶液的 pH

A. 增大　　B. 减少　　C. 基本不变

D. 先增后减　　E. 先减后增

29. 下列物质在水溶液中具有两性的是

A. H_2SO_4　　B. $H_2PO_4^-$　　C. NaOH

D. HCl　　E. HAc

30. 要配制 pH=3.5 的缓冲溶液，选用什么缓冲对最为合适

A. H_3PO_4–NaH_2PO　$pK_{a_1}=2.13$　　B. HAc－NaAc　$pK_a=4.75$

C. Na_2HPO_4–NaH_2PO_4　$pK_{a_2}=7.2$　　D. HCOOH－HCOONa　$pK_a=3.77$

E. $NaHCO_3$–Na_2CO_3　$pK_{a_2}=10.25$

31. 计算一元弱酸 HB 溶液中的$[H_3O^+]$浓度，应用下列哪个公式

A. $[H_3O^+]=(K_a/c)^{-1/2}$　　B. $[H_3O^+]=(K_a \cdot c)^{1/2}$　　C. $[H_3O^+]=(K_a/c)^{-1/2}$

D. $[H_3O^+]=K_W/[OH^-]$　　E. $[H_3O^+]=(K_a \cdot c)^2$

32. 某一元弱酸 HA 的氢离子浓度为 0.00010 mol · L^{-1}，该弱酸溶液的 pH=

A. 6　　B. 5　　C. 4

D. 3　　E. 2

33. H_3PO_4 的三级解离常数是 K_{a_1}、K_{a_2}、K_{a_3}，NaH_2PO_4 中$[H_3O^+]$=

A. $(K_{a_2} \cdot K_{a_1})^{1/2}$　　B. $(K_{a_2} \cdot K_{a_3})^{1/2}$　　C. $(K_{a_1} \cdot c)^{1/2}$

D. $(K_{a_2} \cdot c)^{1/2}$　　E. $(K_{a_3} \cdot c)^{1/2}$

34. 缓冲比关系如下的 NH_4Cl-$NH_3 \cdot H_2O$ 缓冲溶液中，缓冲能力最大的是

A. 0.18 / 0.02　　B. 0.05 / 0.15　　C. 0.15 / 0.05

D. 0.1 / 0.1　　E. 0.02 / 0.18

35. 下列哪一对共轭酸碱混合物不能配制 pH＝9.5 的缓冲溶液

A. HAc-NaAc（pK_a=4.75）　　B. NH_4Cl-$NH_3 \cdot H_2O$（pK_a=9.25）

C. HCN-NaCN（pK_a=10.05）　　D. $NaHCO_3$-Na_2CO_3（pK_a=10.25）

E. H_3BO_3-NaH_2BO_3（pK_a=9.24）

36. 下列各组物质不属于共轭酸碱对的是

A. HCO_3^- - CO_3^{2-}　　B. $H_2PO_4^-$ - $H_2PO_4^{2-}$　　C. $H_2PO_4^-$ - PO_4^{3-}

D. HAc - Ac^-　　E. NH_4^+ -$NH_3 \cdot H_2O$

37. 计算 $NH_3 \cdot H_2O$ 溶液中的 OH^-浓度，应用下列哪个公式

A. $[OH^-]=(K_b.c)^{-1/2}$　　B. $[OH^-]=(K_b.c)^{1/2}$　　C. $[OH^-]=(K_b/c)^{-1/2}$

D. $[OH^-]=K_W/[H_3O^+]$　　E. $[OH^-]=(K_b \cdot c)^2$

38. $H_2PO_4^-$ 的共轭碱是

A. H_3PO_4　　B. HPO_4^{2-}　　C. $H_2PO_3^-$

D. PO_4^{3-}　　E. $H_2PO_4^{2-}$

39. 在 $NH_3 \cdot H_2O$ 溶液中，加入下列哪种物质可使其解离度降低

A. HCl　　B. NH_4Cl　　C. HCN

D. NaAc　　E. NaCl

40. 下列物质中不能作 Lewis 碱的是

A. H_2O　　B. NH_3　　C. F^-

D. CN^-　　E. NH_4^+

41. 同一弱解解质的解离度与浓度的正确关系式是

A. $\alpha \approx \sqrt{\frac{c}{K_a}}$　　B. $\alpha \approx \sqrt{\frac{K_a}{c}}$　　C. $\alpha \approx \sqrt{\frac{c^2}{K_a}}$

D. $\alpha \approx \sqrt{\frac{c}{K_a^2}}$　　E. $\alpha \approx \sqrt{\frac{K_a^2}{c}}$

42. 按照质子酸碱理论，下列各物种中，既可作酸又可作为碱的物种是

A. HF　　B. NH_3　　C. HPO_4^{2-}

D. HCN　　E. NH_4^+

43. 按照质子酸碱理论，下列各物种中，既可作为路易斯碱又可作为质子碱的物种是

A. HF　　B. NH_3　　C. HPO_4^{2-}

D. HCN　　E. NH_4^+

44. 在血液中起主要作用的缓冲系统是

A. H_2CO_3–HCO_3^-　　B. HAc–Ac^-　　C. $H_2PO_4^-$– HPO_4^{2-}

D. HCOOH–$HCOO^-$　　E. $HCO_3^- - CO_3^{2-}$

45. 在细胞中起主要作用的缓冲对是

A. $H_2CO_3 - HCO_3^-$　　B. HAc–Ac^-　　C. $H_2PO_4^- - HPO_4^{2-}$

D. HCOOH–$HCOO^-$　　E. $HCO_3^- - CO_3^{2-}$

46. OH^-、S^{2-}的共轭酸分别是

A. H_3O^+、H_2S　　B. H_2O、HS^-　　C. H_2O、S^{2-}

D. OH^-、HS^-　　E. H_2O、H_2S

47. HPO_4^{2-} 的共轭碱是

A. H_3PO_4　　B. H_2O

C. $H_2PO_4^-$　　D. PO_4^{3-}　　E. HPO_4^{2-}

48. 在可逆反应：HCO_3^-（aq）＋OH^-(aq) $\rightleftharpoons$ CO_3^{2-}（aq）＋H_2O（l）中，正逆反应中的质子碱分别是

A. HCO_3^-和CO_3^{2-}　　B. HCO_3^-和H_2O

C. OH^-和H_2O　　D. OH^-和CO_3^{2-}

E. H_2O和CO_3^{2-}

49. 对于反应$HPO_4^{2-}+H_2O \rightleftharpoons H_2PO_4^-+OH^-$，正向反应的碱和酸各为

A. $H_2PO_4^-$和OH^-　　B. HPO_4^{2-}和H_2O

C. H_2O和HPO_4^{2-}　　D. $H_2PO_4^-$和HPO_4^{2-}

E. $H_2PO_4^-$和H_2O

50. 下列叙述错误的是

A. [H_3O^+]越大，pH越低　　B. 任何水溶液都有[H_3O^+]·[OH^-] = K_w

C. 温度升高时，K_w变大　　D. 溶液的pH越大，其pOH就越小

E. 在浓NaOH溶液中，没有H_3O^+存在

51. 于氨水中加入酚酞，溶液呈红色，若加入固体NH_4Cl，下列说法正确的是（酚酞的酸色为无色，碱色为红色）

A. 溶液的红色变浅　　B. pH升高

C. 氨水的解离度增大　　D. 氨水的解离平衡向右移动

E. 溶液的红色加深

52. 在CO_2的水溶液中，CO_2的浓度为0.034 mol · L^{-1}，设所有溶解的CO_2与水结合成H_2CO_3，计算溶液中CO_3^{2-}的浓度。

（已知K_{a_1,H_2CO_3}=4.30×10^{-7}，K_{a_2,HCO_3^-}=5.61×10^{-11}）

A. 4.30×10^{-7} mol · L^{-1}　　B. 5.61×10^{-11} mol · L^{-1}

C. 4.81×10^{-1} mol · L^{-10}　　D. 9.1×10^{-8} mol · L^{-1}

E. 1.1×10^{-12} mol · L^{-1}

53. 计算0.1 mol · $L^{-1}$$H_2S$水溶液中[$S^{2-}$]为多少？

（已知K_{a_1,H_2S}=9.1×10^{-8}，$K_{a_2,HS^{-1}}$=1.1×10^{-12}）

A. 9.1×10^{-8}mol · L^{-1}　　B. 5.61×10^{-11} mol · L^{-1}

C. 1.1×10^{-12}mol · L^{-1}　　D. 9.1×10^{-8} mol · L^{-1}

E. 1.1×10^{-12}mol · L^{-1}

54. 强电解质的解离度

A. 等于100%　　B. 大于100%

C. 小于100%　　D. 大于50%　　E. 以上都错

55. 下列哪种溶液可以组成缓冲溶液

A. 乙酸溶液　　B. 氯化钠溶液

C. 乙酸和乙酸钠溶液　　D. 氨水溶液　　E. 以上都错

56. 下列各溶液混合后组成缓冲溶液的是

A. 100ml 0.1mol/L HAc 和 50ml 0.1 mol/L NaCl

B. 100ml 0.1mol/L HAc 和 100ml 0.1 mol/L NaCl

C. 100ml 0.1mol/L HAc 和 50ml 0.01mol/L NaOH

D. 100ml 0.1mol/L HAc 和 50ml 0.1 mol/L NaOH

E. 100ml 0.1mol/L HAc 和 50ml 0.1 mol/L HCl

57. 在水溶液中，碱性最弱的是

A. CN^- ($K_{a,HCN} = 6.2\times10^{-10}$)

B. $HCOO^-$($K_{a,HCOOH} = 1.8\times10^{-4}$)

C. F^-($K_{a,HF} = 6.3\times10^{-4}$)

D. Ac^-($K_{a,HAc} = 1.75\times10^{-5}$)

E. ClO^-($K_{a,HClO} = 4.0\times10^{-8}$)

58. 在水溶液中，碱性最强的是

A. CN^- ($K_{a,HCN} = 6.2\times10^{-10}$)

B. $HCOO^-$($K_{a,HCOOH} = 1.8\times10^{-4}$)

C. F^-($K_{a,HF} = 6.3\times10^{-4}$)

D. Ac^-($K_{a,HAc} = 1.75\times10^{-5}$)

E. ClO^-($K_{a,HClO} = 4.0\times10^{-8}$)

【B_1 型题】

A. H_2O

B. NH_3

C. $H_2PO_4^-$

D. HPO_4^{2-}

E. PO_4^{3-}

59. OH^-的共轭酸是

60. HPO_4^{2-} 的共轭碱是

A. CN^-（$K_{a,HCN} = 4.93\times10^{-10}$）

B. S^{2-}（$K_{a,HS^-} =1.1\times10^{-12}$）

C. F^-（$K_{a,HF} = 3.5\times10^{-4}$）

D. Ac^-（$K_{a,HAc} =1.76\times10^{-5}$）

E. Cl^-

61. 在水溶液中，碱性最强的是

62. 在水溶液中，碱性最弱的是

A. Cu^{2+}

B. NH_3

C. HAc

D. HCN

E. H_2S

63. 路易斯酸是

64. 既是路易斯碱也是质子碱的是

A. 0.02 mol · L^{-1}HCl 和 0.02 mol · $L^{-1}$$NH_3 \cdot H_2O$

B. 0.2 mol · L^{-1} $H_2PO_4^-$和 0.2 mol · L^{-1} HPO_4^{2-}

C. 0.05 mol · L^{-1} $H_2PO_4^-$和 0.2 mol · L^{-1} HPO_4^{2-}

D. 0.1 mol · L^{-1} $H_2PO_4^-$和 0.1 mol · L^{-1} HPO_4^{2-}

E. 0.05 mol · L^- $H_2PO_4^-$和 0.05 mol · L^{-1} HPO_4^{2-}

65. 上述浓度的混合溶液中，无缓冲作用的是

66. 上述浓度的混合溶液中，缓冲能力最大的是

A. NaH_2PO_4–Na_2HPO_4（$pK_{a,\ H_2PO_4^-}=7.21$）

B. $NaHCO_3$–Na_2CO_3（$pK_{a,\ HCO_3^-}=10.25$）

C. $NH_3\cdot H_2O$–NH_4Cl（$pK_{a,\ NH_4^+}=9.25$）

D. HAc–NaAc（$pK_{a,\ HAc}=4.75$）

E. HCOOH–HCOONa（$pK_{a,\ HCOOH}=3.77$）

67. 缓冲范围为 8.21～6.21 的缓冲对是

68. 配制的 pH=5.0 的最适宜的缓冲对是

二、填空题

1. 同离子效应发生的同时，必然伴有________发生，而且同离子效应的强度________。

2. HAc-NaAc 缓冲对中，抗酸成分是________，抗碱成分是________。

3. H_2O 的共轭酸是________，H_2O 共轭碱是________。

4. NH_3 的共轭酸是________；NH_4^+ 共轭碱是________。

5 HCO_3^- 的共轭碱是________；HCO_3^- 的共轭酸是________；H_2CO_3 的共轭碱是________。

6.于氨水中加入酚酞，溶液呈红色，若加入固体 NH_4Cl，溶液的红色将________，这是因为________的结果。

7. 缓冲对的缓冲范围是________缓冲对最适应的有效浓度范围是________。

8. 计算一元弱酸 HA 水溶液中$[H_3O^+]$的最简公式为________使用该公式的条件是________。

9. NaH_2PO_4-Na_2HPO_4 缓冲系中，抗酸成分是________，抗碱成分是________，当缓冲对总浓度固定时，原缓冲比为________时，缓冲能力最大。

（$K_{a,H_2PO_4^-}=6.23\times10^{-8}$）

10. 路易斯酸碱电子论认为能________的物质是路易斯酸；能________的物质是路易斯碱。

11. 根据路易斯酸碱电子论：Ag^+是________，NH_3 是________。

12. 根据酸碱质子理论，在 PO_4^{3-}、NH_4^+、H_2O、HCO_3^-、S^{2-}、$H_2PO_4^-$ 中，只属于酸的是________，只属于碱的是________，两性物质是________。

13. 酸碱质子理论认为酸碱反应的实质是质子________。

14. 已知 H_3PO_4 的 $pK_{a_2}=7.21$，则 NaH_2PO_4 - Na_2HPO_4 缓冲溶液在 pH=________范围内有缓冲作用。

15. $NaHCO_3$-Na_2CO_3 缓冲系中，抗酸成分是________和抗碱成分是________。

16. 缓冲溶液是能抵抗少量________强酸、强碱或稀释而保持溶液的________基本不变。

17. 共轭酸碱对的 K_a 和 K_b 的相互之间的关系是________。人体血浆中最主要的缓冲对是________，正常人体血液中的 pH 一般保持在________之间，若 pH 高于________会发生碱中毒，低于________会发生酸中毒。

18. 向 H_2CO_3 溶液中加入 HCl，则 H_2CO_3 的解离平衡________移动，H_2CO_3 的解离常数________，当加入 NaOH，则 H_2CO_3 的解离平衡________移动，H_2CO_3 的解离常数________。

19. 酸碱反应的方向是：________。

20. 水只能拉平无机强酸 HCl、H_2SO_4、HNO_3、$HClO_4$ 的相对强弱，故水叫________，而冰乙酸可以区分四种酸的相对强弱，故冰乙酸叫________，并且其强弱顺序为________。

三、是非题

1. 在饱和 H_2S 溶液中，$[H_3O^+]$为$[S^{2-}]$的二倍。
2. 无机多元弱酸的酸性主要取决于第一步解离。
3. 在一定温度下，由于纯水，稀酸和碱中氢离子浓度不同，所以水的离子积 K_w 也不同。
4. HAc-NaAc 缓冲对中，只有抗碱成分而无抗酸成分。
5. NH_3-NH_4^+ 缓冲溶液的 pH 大于 7，所以不能抵抗少量的强碱。
6. 将弱酸稀释时，解离度增大，所以$[H_3O^+]$也增大。
7. 在 HAc 溶液中加入 NaAc 将产生同离子效应，使氢离子浓度降低；而加入 HCl 也将产生同离子效应，使醋酸根离子浓度降低。
8. 将总浓度为 $0.2mol \cdot L^{-1}$ 的 HAc - Ac^-缓冲溶液稀释一倍，溶液中的氢离子浓度将减少为原来的二分之一。
9. 同一缓冲系的缓冲溶液，总浓度相同，只有 $pH = pK_a$ 的溶液，缓冲能力最大。
10. 一个共轭酸碱对可以相差一个、两个或三个质子。
11. 在氨水溶液中，加入氯化铵可使氨水的解离度降低。
12. 血液中最重要的缓冲对是 H_2CO_3-HCO_3^-。
13. 酸式盐的水溶液一定呈酸性。
14. $0.1mol \cdot L^{-1}$ HAc 与 $0.1mol \cdot L^{-1}$ HCl 的氢离子浓度相等。
15. pH 只增加一个单位，表示溶液中氢离子浓度也增大 1 倍。
16. 同离子效应将导致弱酸的 pH 和解离度均增加。
17. 可以用弱酸与弱碱以任意比例混合，配制缓冲溶液。

四、简答题

1. 根据酸碱质子论写出下列质子酸在水溶剂中的解离平衡反应式及酸度平衡常数 K_a 表达式

（1）HCN　　　（2）NH_4^+

2. 弱电解质溶液稀释时，为什么解离度会增大?而溶液中离子浓度反而减小呢?
3. 缓冲溶液是如何发挥缓冲作用的?（举一例说明）
4. 什么叫弱解解质溶液中的同离子效应?盐效应?在同离子效应存在的同时，是否存在盐效应?这时以哪个效应为主?
5. 写出下列缓冲系的有效 pH 缓冲范围：

（1）$H_2PO_4^{2-}$ - PO_4^{3-}　　（$pK_{a,HPO_4^{2-}} = 12.66$）

（2）HAc - Ac^-　　（$pK_{a,HAc} = 4.75$）

（3）NH_4^+ - NH_3　　（$pK_{a,NH_4^+} = 9.25$）

6. 写出下列缓冲系中的抗酸组分和抗碱组分：

（1）HCOOH - $HCOO^-$　（2）H_3BO_3 - $H_2BO_3^-$　（3）NH_3- NH_4^+

五、计算题

1. 硼酸 H_3BO_3 在水溶液中释放质子的过程为

$B(OH)_3 + H_2O \rightleftharpoons B(OH)_4^- + H_3O^+$，故为一元酸，

已知 K_a=5.8×10^{-10}，求 0.10mol · $L^{-1}H_3BO_3$ 溶液的[H_3O^+]、pH 及解离度。

2. 已知 $K_{a,HAc}$=1.76×10^{-5}，$K_{a,HCN}$=4.93×10^{-10}，求算 HAc 及 HCN 相应共轭碱 Ac^- 及 CN^-的碱度常数 K_b。

3. 计算 0.10mol · L^{-1}NaCN 溶液中的[OH^-]、[H_3O^+]和 pH 为多少？

（已知 K_{b,CN^-}=2.0×10^{-5}）

4. 计算 0.10mol · L^{-1}HAc 溶液的[H_3O^+]、pH 及解离度？（已知室温下，$K_{a,HAc}$= 1.76×10^{-5}）

5. $H_2PO_4^-$-HPO_4^{2-} 缓冲系的混合溶液中，共轭酸碱对的浓度分别为 0.10mol · L^{-1}，求该缓冲溶液的 pH？（已知 p$K_{a,H_2PO_4^-}$=7.21）

6. 0.50mol · L^{-1}HAc 溶液 30ml 与 0.15 mol · l^{-1}NaAc 溶液 20ml 相混合，

问：（1）该缓冲溶液中的抗酸组分和抗碱组分是什么？(p$K_{a,HAc}$=4.75)

（2）该缓冲溶液的 pH 为多少？

7. 将 0.1mol · L^{-1} 的 NH_4Cl 和 0.1mol · L^{-1} 的 $NH_3 \cdot H_2O$ 等体积混合，求混合溶液的 pH。（已知 NH_3 的 pK_a= 9.25）

8. 将 0.1mol · L^{-1} 的 NaH_2PO_4 和 0.1mol · L^{-1} 的 Na_2HPO_4 等体积混合，求混合溶液的 pH。（已知 $H_2PO_4^-$ 的 pK_{a_2} =7.21）

9. 计算 0.10mol/L $NaHCO_3$ 溶液的 pH。（已知：Ka_1=4.5×10^{-7}，Ka_2=4.7×10^{-11}）

参考答案

一、选择题

1. A 2. B 3. A 4. B 5. C 6. D 7. C 8. B
9. C 10. E 11. D 12. D 13. D 14. B 15. D
16. E 17. C 18. E 19. E 20. A 21. C 22. C
23. E 24. B 25. B 26. C 27. A 28. C 29. B
30. D 31. B 32. C 33. A 34. D 35. A 36. C
37. B 38. B 39. B 40. E 41. B 42. C 43. B
44. A 45. C 46. B 47. D 48. D 49. B 50. E
51. A 52. B 53. C 54. C 55. C 56. D 57. C
58. A 59. A 60. E 61. B 62. E 63. A 64. B
65. A 66. B 67. A 68. D

二、填空题

1. 盐效应　总是大于盐效应
2. Ac^-（或 NaAc）　HAc
3. H_3O^+　OH^-
4. NH_4^+　NH_3
5. CO_3^{2-}　H_2CO_3　HCO_3^-
6. 变浅　pH 降低
7. pH = pK_a±1　0.05 mol · L^{-1}～0.5 mol · L^{-1}
8. $[H_3O^+] = \sqrt{K_a c}$　$\dfrac{c}{K_b} \geqslant 500$
9. HPO_4^{2-}　$H_2PO_4^-$　1
10. 接受电子对物质　给出电子对物质
11. 路易斯酸　路易斯碱
12. NH_4^+，S^{2-}　PO_4^{3-}，H_2O　HCO_3^-　$H_2PO_4^-$
13. 传递
14. 6.21～8.21
15. CO_3^{2-}　HCO_3^-
16. 外来　pH
17. $K_a \times K_b = K_w$　$H_2CO_3 - HCO_3^-$　7.35～7.45　7.45　7.35

18. 逆向或向左 不变 正向或向右 不变

19. 较强的酸与较强的碱反应生成较弱的碱与较弱的酸。

20. 拉平溶剂 区分溶剂 $HClO_4 > H_2SO_4 > HCl > HNO_3$

三、是非题

1.（F） 2.（T） 3.（F） 4.（F） 5.（F）
6.（F） 7.（T） 8.（F） 9.（T） 10.（F）
11.（T） 12.（T） 13.（F） 14.（F）15.（F）
16.（F） 17.（F）

四、简答题

1. 答：$HCN + H_2O \rightleftharpoons CN^- + H_3O^+$

$$K_{a,HCN} = \frac{[H_2O^+][CN^-]}{[HCN]}$$

$$NH_4^+ + H_2O \rightleftharpoons NH_3 + H_3O^+$$

$$K_{a,NH_4} = \frac{[H_3O^+][NH_3]}{[NH_4^+]}$$

2. 答：（1）根据稀释定律 $\alpha = \sqrt{\frac{K_a}{c}}$，$K_a$ 在一定温度下为一常数，当稀释时，浓度 c 变小，则解离度 α 将变大。

（2）又因 $\frac{c}{K_b}$，所以当 C 变小时，$[H_3O^+]$将减小。

3. 答：缓冲溶液能起缓冲作用是与其特殊的组成有关，其溶液中有两个高浓度的组分：（1）抗酸成分：即缓冲对中的共轭碱。如 HAc-Ac^-缓冲系中的$[Ac^-]$很大，外加少量强酸 H^+ 时，Ac^-与 H_3O^+ 形成 HAc 分子，使溶液中 H_3O^+不怎么增大。（2）抗碱组分：即缓冲溶液中的弱酸，如 HAc-Ac^-缓冲系中的[HAc]很大，外加少量强碱时，OH^-将与溶液中 H_3O^+的结合形成水，大量存在的抗酸组分 HAc 将离解出 H_3O^+以补充被 OH^-结合掉的 H_3O^+，所以溶液中的 H_3O^+浓度也不会发生大的变化，这就是缓冲作用。

4. 答：

（1）同离子效应—在弱电解质溶液中，加入与该弱电解质有共同离子的强电解质时，而使解离平衡向左移动，从而降低弱电解质解离度的现象叫同离子效应。

（2）盐效应—在弱解解质的溶液中，加入不含共同离子的强电解质时，引起弱电解质的解离度稍微增大的效应叫盐效应。

（3）在产生同离子效应的同时，也存在盐效应，只不过与同离子效应相比，盐效应较弱，还是以同离子效应为主。

5. 答：

	缓冲对	有效 pH 缓冲范围
（1）	HPO_4^{2-} - PO_4^{3-}	11.66～13.66
（2）	HAc-Ac^-	3.75～5.75
（3）	NH_4^+-NH_3	8.25～10.25

6. （1）HCOOH–$HCOO^-$中 抗酸组分：$HCOO^-$ 抗碱组分：HCOOH

（2）H_3BO_3– $H_2BO_3^-$ 中抗酸组分：$H_2BO_3^-$ 抗碱组分：H_3BO_3

（3）NH_3– NH_4^+ 中抗酸组分：NH_3 抗碱组分：NH_4^+

五、计算题

1. 答：已知 $c = 0.10 mol \cdot L^{-1}$，$K_{a,H_3BO_3} = 5.8 \times 10^{-10}$，

因 $\frac{c}{K_b} = 1.72 \times 10^8 \gg 500$

故可用最简式计算：

$[H_3O^+] = \sqrt{K_a c} = \sqrt{5.8 \times 10^{-10} \times 0.1} = 7.6 \times 10^{-6}$（$mol \cdot L^{-1}$）

$pH = lg[H_3O^+] = -lg(7.6 \times 10^{-6}) = 5.12$

2. 答：因 $K_a \times K_b = K_w$，$K_{b,Ac^-} = \frac{K_W}{K_{a,HAc}} = \frac{1.0 \times 10^{-14}}{1.76 \times 10^{-15}} = 5.68 \times 10^{-10}$

$$K_{b,CN^-} = \frac{K_W}{K_{a,HCN}} \quad \frac{1.0 \times 10^{-14}}{4.93 \times 10^{-10}} = 2.0 \times 10^{-5}$$

3. 答：已知 $c = 0.10 mol \cdot L^{-1}$，$K_{b,CN^-} = 2.0 \times 10^{-5}$，又 $\frac{c}{K_b} = 5000 > 500$，可用最简式计算：$[OH^-] = \sqrt{K_b c} = \sqrt{2.0 \times 10^{-5} \times 0.1} = 1.4 \times 10^{-3}$（$mol \cdot L^{-1}$）

$[H_3O^+] = \frac{K_W}{[OH^-]} = \frac{1.0 \times 10^{-14}}{1.4 \times 10^{-3}} = 7.1 \times 10^{-12}$（$mol \cdot L^{-1}$）

$pH = -lg[H_3O^+] = -lg7.1 \times 10^{-3} = 11.15$

4. 答：解 已知 $c = 0.10 mol \cdot L^{-1}$，$K_{a,HAc} = 1.76 \times 10^{-5}$，

又 $\frac{c}{K_b} = 5682 > 500$，

故可用最简式计算：

$[H_3O^+] = \sqrt{K_a c} = \sqrt{1.76 \times 10^{-5} \times 0.1} = 1.33 \times 10^{-3}$（$1 mol \cdot L^{-1}$）

$pH = -\lg[H_3O^+] = -\lg(1.33\times10^{-3}) = 2.88$

$\alpha = [H_3O^+]/c\times100\% = 1.33\times10^{-3}/0.1\times100\% = 1.33\%$

5. 答：已知 $[H_2PO_4^-] = [HPO_4^{2-}] = 0.10\ mol\cdot L^{-1}$ 此浓度较大，可用亨德生最简式求算 pH：

$$pH = pK_a + \lg\frac{c_{共轭碱}}{c_{弱酸}} = 7.21 + \lg\frac{0.10}{0.10} = 7.21$$

6. 答：（1）抗酸组分：NaAc 抗碱组分：HAc

（2）$c_{浓}\times V_{浓} = c_{稀}\times V_{稀}$

$$c_{HAc} = \frac{0.5\times30}{30+20} = 0.3\ (mol\cdot L^{-1})$$

$$c_{NaAc} = \frac{0.15\times20}{30+20} = 0.06\ (mol\cdot L^{-1})$$

（3）缓冲溶液的 pH

因 $K_{a,HAc} = 1.76\times10^{-5}$，$pK_{a,HAc} = 4.75$，很小，又因存在共轭碱 Ac^- 的同离子效应，c_{HAC} 和 c_{NaAc} 浓度又较大，所以可用亨德生最简式求算 pH：

$$pH = pK_a + \lg\frac{c_{共轭碱}}{c_{弱酸}} = 4.75 + \lg\frac{0.06}{0.3} = 4.75 - 0.70 = 4.05$$

7. $pH = pK_a + \lg\frac{c_b}{c_a} = 9.25 + \lg\frac{0.05}{0.05} = 9.25$

8. $pH = pK_a + \lg\frac{c_b}{c_a} = 7.21 + \lg\frac{0.05}{0.05} = 7.21$

9. $[H_3O^+] = \sqrt{K_a'K_a} = \sqrt{K_{a_1}\cdot K_{a_2}}$

$= \sqrt{4.5\times10^{-7}\times4.7\times10^{-11}}\ mol\cdot L^{-1}$

$= 4.6\times10^{-9}\ mol\cdot L^{-1}$

$pH = -\lg[H_3O^+]$

$= -\lg 4.6\times10^{-9} = 8.34$

第四章　难溶电解质的沉淀溶解平衡

基 本 要 求

（1）了解溶解和沉淀的过程。
（2）熟悉沉淀和溶解平衡的概念。
（3）掌握溶度积 K_{sp} 的概念；正确书写 K_{sp} 的表达式；
（4）掌握溶度积与溶解度之间的换算及换算的必要条件。
（5）掌握溶度积规则的应用。
（6）掌握沉淀生成和沉淀溶解的必要条件，并能够通过计算说明沉淀生成和溶解。
（7）熟悉沉淀平衡中的同离子效应和盐效应的概念及相应计算和应用时的注意点。
（8）掌握沉淀的转化和分步沉淀的应用。

学 习 要 点

一、溶　度　积

一定温度时，难溶电解质在水溶液中达到沉淀溶解平衡时，

$$A_aB_b(s) \rightleftharpoons aA^{n+}(aq) + bB^{m-}(aq)$$

溶液中各离子浓度幂次方的乘积为一常数，可表示为

$$K_{sp} = [A^{n+}]^a \cdot [B^{m-}]^b$$

K_{sp} 称为溶度积常数，简称溶度积。它反映了难溶电解质在水中的溶解能力，也表示难溶电解质在水中生成沉淀的难易。K_{sp} 为热力学平衡常数。

二、溶度积和溶解度

溶度积 K_{sp} 和溶解度 s 都是用来表示难溶电解质在水中溶解能力的特征常数。对于溶解度较小、解离后的离子在水溶液中不发生水解等副反应的难溶强电解质，溶解度与溶度积之间可以相互换算，换算关系式见表 2-4-1。

表 2-4-1　难溶解解质溶度积 K_{sp} 与溶解质 s 的关系

沉淀类型	K_{sp} 表达式	K_{sp} 与 s 关系	实例
AB	$K_{sp,AB}=[A^+][B^-]$	$\sqrt{K_{sp}}$	AgCl、$BaSO_4$
A_2B	$K_{sp,A_2B}=[A^+]^2[B^-]$	$\sqrt[3]{\frac{K_{sp}}{4}}$	Ag_2CrO_4
AB_2	$K_{sp,AB_2}=[A^+][B^-]^2$		PbI_2、CaF_2

三、溶度积规则及其应用

1. 溶度积规则　在难溶电解质 A_aB_b 的溶液中，如任意状态中离子浓度幂的乘积（简称离子积）用 Q_C 表示，Q_C 和间的关系有以下三种可能：

（1）$Q_C=K_{sp}$，沉淀与溶解达到动态平衡，该溶液是饱和溶液。

（2）$Q_C<K_{sp}$，不饱和溶液。无沉淀析出或原有沉淀溶解，直至 $Q_C=K_{sp}$。

（3）$Q_C>K_{sp}$，溶液处于过饱和状态，平衡向析出沉淀的方向移动，直至 $Q_C=K_{sp}$。

2. 沉淀的生成　根据溶度积原理，要使某种离子从溶液中沉淀出来，必须使 $Q_C>K_{sp}$。具体方法是加入沉淀剂、应用同离子效应、控制溶液 pH。要使离子沉淀完全可加入过量（20%～30%）的沉淀剂。

当溶液中离子浓度≤$1.0\times10^{-6}mol\cdot L^{-1}$，可认为该离子已被定量沉淀完全。

3. 沉淀的溶解　根据溶度积规则，要使沉淀溶解，可以加入某种试剂，使其与难溶电解质解离出来的离子作用，从而降低该离子的浓度，使 $Q_C<K_{sp}$，平衡向沉淀溶解的方向移动。通常的方法有：①生成弱电解质；②发生氧化还原反应；③生成配合物。

4. 沉淀转化　在含有沉淀的溶液中加入适当的试剂，使其与其中的某一种离子结合，导致第一种沉淀转化为另一种沉淀的现象。由一种难溶沉淀转化为更难溶沉淀的过程比较容易实现，其转化反应的平衡常数大于 1；当两种沉淀的溶解度相差不是很大时，溶解度小的沉淀也可以转化为溶解度稍大一些沉淀。

5. 分步沉淀　若溶液中含有两种或两种以上能与某一沉淀剂发生沉淀反应的离子时，沉淀不是同时发生，而是按照满足沉淀反应的先后顺序沉淀，这一过程称分步沉淀。

对于同一类型的难溶电解质，当离子浓度相同时，可直接由 K_{sp} 的大小判断沉淀次序，K_{sp} 小的先沉淀，若溶液中离子浓度不同，或沉淀类型不同时，不能直接由 K_{sp} 的大小判断，需根据溶度积规则由计算判断。

强 化 训 练

一、选择题

【A_1 型题】

1. 难溶硫化物如 CuS、HgS、FeS 中有的溶于盐酸溶液，有的不溶于盐酸溶液，主要是因为它们的

A. 酸碱性不同　　B. 溶解速率不同　　C. K_{sp} 不同

D. 晶体结构不同　　E. K_{sp} 相同

2. 溶解度与溶度积之间的相互换算是有条件的，下列说法中错误的是

A. 难溶电解质的离子在溶液中不能发生任何化学反应

B. 难溶电解质溶于水后要一步完全解离

C. 适用于溶解部分完全解离的难溶电解质

D. 适用于离子强度较大，浓度可以代替活度的难溶电解质的饱和溶液

E. 适用于离子强度较小，浓度可以代替活度的难溶电解质的饱和溶液

3. AgCl 沉淀在下列哪种溶液中溶解度最小

A. H_2O　　B. $NaNO_3$　　C. NaBr

D. $NH_3 \cdot H_2O$　　　　E. $AgNO_3$

4. 在 0.010mol · L^{-1} CrO_4^{2-} 和 0.10 mol · L^{-1} Cl^-混合溶液中，逐滴加入 $AgNO_3$ 溶液，在难溶物 AgCl 和 Ag_2CrO_4 中先产生沉淀的是：
（已知：$K_{sp,AgCl}$ =1.73×10^{-10}，K_{sp,Ag_2CrO_4} =1.12×10^{-12}）
A. Ag_2CrO_4　　　　B. AgCl
C. AgCl 和 Ag_2CrO_4 同时产生沉淀　　　　D. AgCl 和 Ag_2CrO_4 不产生沉淀
E. 先 Ag_2CrO_4 产生沉淀后 AgCl 产生沉淀

5. HgS 溶解在王水中的最主要原因是
A. 王水能产生 Cl^-　　　　B. 王水能产生 NOCl
C. 王水的酸性强　　　　D. 生成了$[HgCl_4]^{2-}$、S 单质和 NO
E. 王水的氧化性强

6. 向饱和 $BaSO_4$ 溶液中加入水，下列叙述正确的是
A. $BaSO_4$ 的溶解度、K_{sp} 均不变　　　　B. $BaSO_4$ 的溶解度、K_{sp} 均增大
C. $BaSO_4$ 的溶解度不变、K_{sp} 增大　　　　D. $BaSO_4$ 的溶解度增大、K_{sp} 不变
E. $BaSO_4$ 的溶解度减小、K_{sp} 不变

7. 下列说法中错误的是
A. 对于 K_{sp} 较大的难溶电解质的溶解度，盐效应的影响较小
B. 对于 K_{sp} 较小的难溶电解质的溶解度，盐效应的影响较大
C. 对于 K_{sp} 较大的难溶电解质的价态越低，盐效应影响小
D. 对于 K_{sp} 较小的难溶电解质的价态越高，盐效应影响明显
E. 对于 K_{sp} 较小的难溶电解质的价态越高，盐效应影响小

8. 混合溶液中 Cl^-、Br^-、I^- 的浓度相同，若逐滴加入 $PbNO_3$ 溶液时，首先析出的沉淀是（已知：K_{sp,PbI_2} =9.8×10^{-9}，$K_{sp,PbCl_2}$ = 1.70×10^{-5}，$K_{sp,PbBr_2}$ =6.60×10^{-6}，K_{sp,PbF_2} = 3.3×10^{-8}）
A. $PbBr_2$　　　　B. $PbCl_2$　　　　C. PbI_2
D. PbF_2　　　　E. PbI_2 和 PbF_2 同时析出

9. 下列硫化物在盐酸中溶解的难易顺序是
（已知：$K_{sp,CuS}$ =1.27×10^{-36}，$K_{sp,PbS}$ =9.04×10^{-29}，$K_{sp,MnS}$ =4.65×10^{-14}，
$K_{sp,ZnS}$ =2.93×10^{-25}，$K_{sp,FeS}$ =1.3 0×10^{-18}）
A. MnS、FeS、ZnS、PbS、CuS　　　　B. CuS、PbS、ZnS、FeS、MnS
C. FeS、MnS、PbS、ZnS、CuS　　　　D. ZnS、FeS、MnS、PbS、CuS
E. PbS、ZnS、MnS、FeS、CuS

10. Cl^-、Br^-、I^-都与 Ag^+生成难溶性银盐，当混合溶液中上述三种离子的浓度都是 0.01mol · L^{-1} 时，加入 $AgNO_3$ 溶液，则它们的沉淀先后次序是
A. AgCl、AgBr、AgI　　　　B. AgBr、AgCl、AgI
C. AgI、AgCl、AgBr　　　　D. AgBr、AgI、AgCl
E. AgI、AgBr、AgCl

11. HgS 易溶解于
A. H_2O　　　　B. 热、浓 H_2SO_4　　　　C. 浓 HNO_3 或稀 HNO_3
D. 王水　　　　E. 浓 HCl

12. 在氨水中易溶解的物质是

A. AgI　　B. AgCl　　C. AgBr

D. AgCl 和 AgI　　E. AgI 和 AgB

13. AgCl 在下列哪种溶液中溶解度增大

A. AgCl 的饱和溶液　　B. NaCl　　C. $AgNO_3$

D. $NaNO_3$　　E. H_2O

14. 使沉淀溶解的方法是生成

A. 盐　　B. 强酸　　C. 弱电解质

D. 强碱　　E. 中性物质

15. 针对沉淀溶解，下列说法中错误的是生成

A. 弱酸　　B. 弱酸盐[$Pb(Ac)_2$]　　C. 弱碱

D. 水　　E. 强酸

16. 下列关于 K_{sp} 的叙述正确的是

A. K_{sp} 可由热力学关系得到，因此是热力学平衡常数

B. K_{sp} 表示难溶强解解质在水溶液中达到沉淀溶解平衡时，溶液中离子浓度的幂次方乘积

C. K_{sp} 只与难溶解解质的本性有关，而与外界条件无关

D. K_{sp} 越大，难溶解解质的溶解度越小

E. K_{sp} 越小，难溶解解质的溶解度越大

17. 下列有关分步沉淀的叙述，正确的是

A. 溶解度小的物质先沉淀　　B. 浓度积先达到 K_{sp} 的物质先沉淀

C. 溶解度大的物质先沉淀　　D. 被沉淀离子浓度大的先沉淀

E. 溶解度小的物质后沉淀

18. AgI 在下列哪种溶液中溶解度增大

A. $NH_3 \cdot H_2O$　　B. NaCl　　C. $AgNO_3$

D. KCN　　E. H_2O

19. 在一定温度下，已知 $BaSO_4$ 的 K_{sp}=1.07×10^{-10}，这表明在含有 $BaSO_4$ 固体的任何饱和溶液中存在的关系是

A. $[Ba^{2+}] = [SO_4^{2-}]$　　B. $[Ba^{2+}] \cdot [SO_4^{2-}] = K_{sp}$　　C. $[Ba^{2+}][SO_4^{2-}] > K_{sp}$

D. $[Ba^{2+}][SO_4^{2-}] < K_{sp}$　　E. $[Ba^{2+}] + [SO_4^{2-}] = K_{sp}$

20. AgBr 在下列哪种溶液中溶解度增大

A. $NH_3 \cdot H_2O$　　B. NaBr　　C. $AgNO_3$

D. $Na_2S_2O_3$　　E. H_2O

21. 在含有 AgCl 沉淀的饱和溶液中，加入 KI 溶液，白色 AgCl 的沉淀转化为黄色 AgI 的沉淀的原因是 （已知 $K_{sp,AgI}$ =8.51×10^{-17}， $K_{sp,AgCl}$ =1.77×10^{-10}）

A. $K_{sp,AgI} > K_{sp,AgCl}$　　B. $K_{sp,AgCl} > K_{sp,AgI}$

C. $K_{sp,AgCl} = K_{sp,AgI}$　　D. 发生了盐效应

E. 发生同离子效应

22. CuS 易溶于

A H_2O　　B. 稀 HNO_3　　C. HCl

D. HAc　　E. NH_4Cl

23. 沉淀生成的必要条件是

A. $Q_C = K_{sp}$　　B. $Q_C < K_{sp}$　　C. 保持 Q_C 不变

D. $Q_C > K_{sp}$　　E. 温度高

24. 沉淀溶解的必要条件是

A. $Q_C = K_{sp}$　　B. $Q_C < K_{sp}$　　C. 保持 Q_C 变

D. $Q_C > K_{sp}$　　E. 温度高

25. 对于同一类型的难溶解解质，在一定温度下，下列说法正确的是

A. K_{sp} 越大则溶解度越小　　B. K_{sp} 越大则溶解度越大

C. K_{sp} 越小则溶解度越小　　D. B 和 C 均正确

E. K_{sp} 越小则溶解度越大

26. Ag_2CrO_4 的溶解度为 s mol · L^{-1}。则 Ag_2CrO_4 的 K_{sp} =

A. $4s^3$　　B. s^2　　C. s^3

D $2s^3$　　E. $5s$

27. 下列难溶电解质的溶度积表达式为 K_{sp}=[A]×$[B]^2$ 的是

A. $PbCl_2$　　B. AgBr　　C. Ca_3PO_4

D. Ag_2CrO_4　　E. $BaSO_4$

28. 下列难溶解解质的溶度积表达式为 K_{sp}=$[A]^2$×[B]的是

A. $PbCl_2$　　B. AgBr　　C. $Ca_3(PO_4)_2$

D. Ag_2CrO_4　　E. $BaSO_4$

29. 王水的组成是

A. 1 份稀 HCl 和 3 份稀 HNO_3　　B. 1 份浓 HCl 和 3 份浓 HNO_3

C. 1 份浓 HCl 和 3 份稀 HNO_3　　D. 1 份稀 HCl 和 3 份浓 HNO_3

E. 3 份浓 HCl 和 1 份浓 HNO_3

30. $CaCO_3$ 在下列哪种试剂中的溶解度最大

A. 纯水　　B 0.1 mol · L^{-1} Na_2CO_3 溶液

C. 0.1 mol · L^{-1} $CaCl_2$ 溶液　　D. 0.1mol · L^{-1} NaCl 溶液

E. 0.1 mol · L^{-1} $Ca(NO_3)_2$ 溶液

31. 在含有 AgBr 沉淀的饱和溶液中，能产生同离子效应的是

A. KI　　B. KBr　　C. NaCl

D. $CaCl_2$　　E. KCl

32. 某难溶解解质（AB 型）的溶解度为 0.0010mol · L^{-1}，则其溶度积常数 $K_{sp,AB}$ 为

A. 1.0×10^{-5}　　B. 1.0×10^{-6}　　C. 1.0×10^{-7}

D. 1.0×10^{-8}　　E. 1.0×10^{-9}

33. $BaSO_4$ 的溶解度为 s mol/L，则 $BaSO_4$ 的 K_{sp} =

A. s^2　　B. $4s^3$　　C. s^3

D. $2s^3$　　E. $5s$

34. 为了使沉淀完全，下列说法中正确的是

A. 加入沉淀剂的量越多越好　　B. 加入沉淀剂的量越少越好

C. 一般沉淀剂的用量以过量 20%～30%为宜　D. 一般沉淀剂的量以过量为好

E. 一般沉淀剂的量适量为好

【B_1 型题】

A. $CaSO_4$（K_{sp} = 7.10×10^{-5}）　B. $BaSO_4$（K_{sp}=1.07×10^{-10}）

C. $SrSO_4$（K_{sp}= 3.44×10^{-7}）　D. $PbSO_4$（K_{sp}=1.82×10^{-8}）

E. $CaCrO_4$（K_{sp}= 7.1×10^{-4}）

35. 溶解度最小的难溶解解质

36. 溶解度最大的难溶解解质

已知 298K 时，$BaSO_4$ 和 Ag_2CrO_4 的溶度积分别是 1.07×10^{-10} 和 1.12×10^{-12}，则它们的溶解度（mol · L^{-1}）

A. 1.33×10^{-5}　B. 1.03×10^{-5}　C. 8.78×10^{-6}

D. 6.54×10^{-5}　E. 7.10×10^{-5}

37. $BaSO_4$ 的溶解度

38. Ag_2CrO_4 的溶解度

A. 水　B. 氯化物　C. 硝酸钾

D. 乙醚和水　E. 乙醚

39. 含有氯化银沉淀的饱和溶液中，产生同离子效应的物质是

40. 在含有氯化银沉淀的饱和溶液中，产生盐效应的物质是

A. 水　B. 碘化钾　C. 氰化钾

D. 氯化钠溶液　E. 硝酸钠

41. 含有硝酸银的饱和溶液中，产生同离子效应的是

42. 含有硝酸银的饱和溶液中，生成配合物的是

A. FeS　B. $Mg(OH)_2$　C. $PbSO_4$

D. Ag_2S　E. HgS

43. 溶于铵盐的沉淀物是

44. 溶于饱和 NaAc 溶液的沉淀物

A. $CaCO_3$　B. $PbSO_4$　C. $Mn(OH)_2$

D. CuS　E. HgS

45. 溶于 HAc 溶液中的沉淀物是

46. 溶于铵盐溶液中的沉淀物是

A. $PbSO_4$　B. $Ca_3(PO_4)_2$　C. Ag_2CrO_4

D. $Fe(OH)_3$　E. $AgNO_3$

47. AB 型物质

48. A_2B 型物质

A. $Q_C > K_{sp}$　　B. $Q_C < K_{sp}$　　C. $Q_C = K_{sp}$
D. $Q_C \cdot K_{sp}$　　E. $Q_C \cdot K_{sp} < 1$

49. 溶液为过饱和溶液，沉淀产生的条件
50. 溶液为未饱和溶液，沉淀溶解的条件

A. $Q_C > K_{sp}$　　B. $Q_C < K_{sp}$　　C. $Q_C = K_{sp}$
D. $Q_C \cdot K_{sp}$　　E. $C_C \cdot K_{sp} > 1$

51. 沉淀与溶解处于平衡状态，溶液处于饱和溶液的条件是
52. 溶液处于未饱和溶液，沉淀溶解的条件是

A. Na_2CO_3　　B. H_2O　　C. KNO_3
D. $NH_3 \cdot H_2O$　　E. HAc

53. 在含有 Ag_2CO_3 沉淀的溶液中能产生同离子效应的物质是
54. 在含有 Ag_2CO_3 沉淀的溶液中能产生盐效应的物质是

A. H_2O　　B. $NH_3 \cdot H_2O$　　C. KNO_3
D. $Na_2S_2O_3$　　E. Na_2SO_4

55. AgCl 沉淀在上述哪种溶液中完全溶解
56. AgBr 沉淀在上述哪种溶液中完全溶解

A. 碘化银　　B. 碘化钾　　C. 硝酸钠
D. 氯化银　　E. 溴化银

57. 在含有碘化银沉淀的饱和溶液中，能产生同离子效应的是
58. 在含有碘化银沉淀的饱和溶液中，能产生盐效应的是

A. 硝酸钾　　B. 碘化银　　C. 硝酸银
D. 氯化钾　　E. 溴化银

59. 在含有氯化银沉淀的饱和溶液中，能产生盐效应的是
60. 在氯化银沉淀的中，加入碘化钾溶液，生成的黄色沉淀是

A. $Mg(OH)_2$　　B. $Ca_3(PO_4)_2$　　C. $Fe(OH)_3$
D. Ag_2CrO_4　　E. $AgNO_3$

61. AB_2 型物质
62. AB_3 型物质

二、填空题

1. 使 $BaSO_4$ 沉淀溶解的唯一条件是使$[Ba^{2+}][SO_4^{2-}]$________$K_{sp,BaSO_4}$（大于，等于，小于）。

2. 沉淀生成的条件是 Q_C________K_{sp}；而沉淀溶解的条件是 Q_C________K_{sp}（大于，等于，小于）。

3. 由 AgCl 转化为 AgI 的平衡常数表达式为________。

4. 进行溶解度与溶度积常数之间的换算时，为了不引起较大的误差，换算时可把___

的密度近似的看作为________ 的密度（$1g \cdot ml^{-1}$）。

5. 某溶液含有 $0.01mol \cdot L^{-1}KBr$，$0.01mol \cdot L^{-1}KCl$ 和 $0.01mol \cdot L^{-1}KI$，把 $0.01mol \cdot L^{-1}AgNO_3$ 溶液逐滴加入时，最先产生沉淀的是________，最后产生沉淀的是________。

（$K_{sp,\ AgBr}=5.35\times10^{-13}$，$K_{sp,\ AgCl}=1.77\times10^{-10}$ $K_{sp,\ AgI}=8.52\times10^{-17}$）

6. 常温时，已知 AgCl、AgBr、AgI 的 K_{sp} 依次________，则它们的溶解度也依次________。

7. 溶度积是在一定________下，难溶的电解质的________溶液中各离子浓度幂的乘积为一________。

8. 在一定 T 下，$BaSO_4$ 在 KNO_3 在溶液中的溶解度比在纯水中的溶解度________，并且 KNO_3 的浓度越________，它的溶解度也越________。

9. 对同种类型的难溶物来说，当生成物的 K_{sp}________反应物的 K_{sp}，且两者的相差越________，沉淀转化反应则越________。

三、是非题

1. 难溶电解质的溶解度均可由其溶度积计算得到。

2. 由于 AgCl 和 Ag_2CrO_4 属于不同类型的难溶电解质，故不能直接采用 K_{sp} 大小判断其溶解度的大小。

3. 在分步沉淀中 K_{sp} 小的物质总是比 K_{sp} 大的物质先沉淀。

4. 氢硫酸是很弱的二元酸，因此其硫化物均可溶于强酸中。

5. 与同离子效应相比，盐效应往往较小，因此可不必考虑盐效应。

6. 难溶性强电解质在水中的溶解度大于乙醇中的溶解度。

7. $BaSO_4$ 在 KNO_3 溶液中的溶解度比在纯水中要大。

8. 在一定温度下，两种难溶物，K_{sp} 大的其溶解度也一定最大。

9. 难溶强电解质溶在水中的部分是全部解离的。

10. 强酸能置换出弱酸盐中的弱酸，所以一个难溶的弱酸盐必能溶在强酸中。

11. 沉淀的转化专指 K_{sp} 大的沉淀转变成 K_{sp} 小的沉淀而言。

12. Ag_2CrO_4 在纯水中的溶解度小于在 K_2CrO_4 溶液中的溶解度。

13. 难溶盐的 K_{sp} 越大，难溶弱酸盐的酸溶反应越易进行，而且在强酸中比在弱酸中更易发生酸溶反应。

14. 对于 AB 型难溶电解质，溶度积差别越大，利用分步沉淀使共存离子进行分离就越完全。

四、简答题

1. 何谓溶度积 K_{sp}?对于任一难溶电解质 A_aB_b，在一定温度下达平衡时，写出饱和溶液中的沉淀溶解平衡关系式?并且写出 K_{sp} 表达式?

2. 沉淀溶解的方法有哪几种?分别是什么?

3. 实验室中需要较高浓度的 S^{2-}，是用饱和 H_2S 水溶液好，还是用 Na_2S 水溶液好?为什么?

4. 配制 $SnCl_2$、$FeCl_3$ 溶液为什么不能直接用蒸馏水而先加浓盐酸配制?

5. 试述溶度积规则

五、计算题

1. 将 $0.001mol \cdot L^{-1}Ag^+$ 和 $0.001\ mol \cdot L^{-1}Cl^-$ 等体积混合（$K_{sp,\ AgCl}=1.77\times10^{-10}$），是

否能析出 AgCl 沉淀？

2. 已知 298K 时 $K_{sp,AgCl}=1.77\times10^{-10}$，$K_{sp,AgBr}=5.35\times10^{-13}$，$K_{sp,AgI}=8.52\times10^{-17}$，（$K_{sp,Ag_2CrO_4}$）$=1.12\times10^{-12}$，计算并比较它们的溶解度。

3. 将 $0.010mol\cdot L^{-1}CaCl_2$ 溶液与同浓度的 $Na_2C_2O_4$ 溶液等体积混合，问有无沉淀生成？$K_{sp,CaC_2O_4}=1.46\times10^{-10}$

4. 将 $0.010mol\cdot L^{-1}SrCl_2$ 溶液 2ml 和 $0.10mol\cdot L^{-1}K_2SO_4$ 溶液 3ml 混合（$K_{sp,SrSO_4}=3.81\times10^{-7}$），是否能析出 $SrSO_4$ 沉淀？

5. 已知室温下，$BaSO_4$ 的溶度积是 1.07×10^{-10}，求 $BaSO_4$ 的溶解度？

参考答案

一、选择题

1. C　2. D　3. E　4. B　5. D　6. A　7. E　8. C
9. B　10. E　11. D　12. B　13. D　14. C　15. E
16. B　17. B　18. D　19. B　20. D　21. B　22. B
23. D　24. B　25. D　26. A　27. A　28. D　29. E
30. D　31. B　32. B　33. A　34. C　35. B　36. E
37. B　38. D　39. B　40. C　41. E　42. C　43. B
44. C　45. A　46. C　47. A　48. C　49. A　50. B
51. C　52. B　53. A　54. C　55. B　56. D　57. B
58. C　59. A　60. B　61. A　62. C

二、填空题

1. $K_{sp}=[Ag^+][Cl^-]$　$K_{sp}=[Ag^+]^2[CrO_4^{2-}]$
2. 大于　小于
3. $K=[I^-]/[Cl^-]$
4. 难溶电解质的饱和溶液　　水
5. AgI　　AgCl
6. 减小　减小
7. 温度（T）　饱和溶液　　常数
8. 大　大　大
9. 小于　大　彻底（完全）

三、是非题

1.（F）　2.（T）　3.（T）　4.（F）　5.（T）
6.（T）　7.（T）　8.（F）　9.（T）　10.（T）
11.（F）12.（F）　13.（T）　14.（T）

四、简答题

1. 答：溶度积 K_{sp}：在一定温度下，难溶的电解质的饱和溶液中各离子浓度幂的乘积为一常数。此常数叫溶度积常数，简称溶度积。

沉淀溶解平衡关系式：

$$A_aB_b(s) \rightleftharpoons aA^{n+}(aq)+bB^{m-}(aq)$$

K_{sp} 表达式：　A_aB_b（s）$=[A^{n+}]^a[B^{m-}]^b$

2. 答：有三种。（1）生成电解质①生成弱酸；②生成弱酸盐；③生成弱碱；④生成水。

（2）发生氧化还原使沉淀溶解。

（3）生成配离子使沉淀溶解。

3. 答：用 Na_2S 水溶液好。因为：H_2S 为二元弱酸，是弱电解质，在水中发生部分解离，S^{2-}浓度小；而 Na_2S 为盐，是强电解质，在水中发生全部解离，S^{2-}离子浓度大。

4. 因为 $SbCl_3$、$FeCl_3$ 中的 Sb^{3+} 和 Fe^{3+} 均可发生水解反应，生成白色的 SbOCl 沉淀和棕红色的 Fe（OH）$_3$沉淀，使溶液变混浊。所以为防止他们发生水解反应，在配制溶液时先加浓盐酸后再加水。

5. 溶度积规则是难溶的电解质多项离子平衡移动规律的总结：

（1）$Q_C>K_{sp}$ 是饱和溶液，平衡向生成沉淀的方向移动。

（2）$Q_C<K_{sp}$ 是未饱和溶液，平衡向生成溶解的方向移动。

（3）$Q_C=K_{sp}$ 沉淀与溶解达到动态平衡，是饱和溶液。

五、计算题

1. 解：当相同浓度的 Ag^+ 和 Cl^- 等体积混合后，各离子浓度减半

$$c_{Ag^+}=\frac{0.001}{2}=5.0\times10^{-4}\ (mol\cdot L^{-1})$$

$$c_{Cl^-}=\frac{0.001}{2}=5.0\times10^{-4}\ (mol\cdot L^{-1})$$

$$Q_{C,AgCl}=c_{Ag^+}\cdot c_{Cl^-}=(5.0\times10^{-4})^2$$

$=2.5\times10^{-7}$

因为 $Q_{C,AgCl}>K_{sp,AgCl}$　$2.5\times10^{-7}>1.77\times10^{-10}$

所以　可以析出 AgCl 沉淀（或↓）

2. 解（1）设 AgX 的溶解度为 s（$mol \cdot L^{-1}$），根据

$$AgX(s) \rightleftharpoons Ag^{n+}(aq) + X^{-}(aq)$$

$[Ag^{+}]=[X^{-}]=s$

平衡时 $K_{sp,AgX}=[Ag^{+}][X^{-}]= s \cdot s = s^2$

所以 $s = \sqrt{K_{sp}}$

$s(AgCl) = \sqrt{1.77\times10^{-10}} = 1.33\times10^{-5}$（$mol \cdot L^{-1}$）

$s(AgBr) = \sqrt{5.53\times10^{-13}} = 7.29\times10^{-7}$（$mol \cdot L^{-1}$）

$s(AgI) = \sqrt{8.52\times10^{-17}} = 9.23\times10^{-9}$（$mol \cdot L^{-1}$）

（2）设 Ag_2CrO_4 的溶解度为 s（$mol \cdot L^{-1}$），根据

$Ag_2CrO_4(s) \rightleftharpoons 2Ag^{n+}(aq) + CrO_4^{2-}(aq)$ 平衡时

$[Ag^{+}]=2s$，$[CrO_4^{2-}]=s$

$K_{sp,Ag_2CrO_4}=[Ag^{+}][CrO_4^{2-}]=(2s)^2 \cdot s = 4s^3$

$s(Ag_2CrO_4) = \sqrt{\dfrac{K_{sp}}{4}} = \sqrt{1.12\times10^{-12}} = 6.45 = 10^{-5}$（$mol \cdot L^{-1}$）

3. 解：等体积混合后，

$c_{Ca^{2+}} = 5.0\times10^{-3}$ $mol \cdot L^{-1}$　$c_{CrO_4^{2-}} = 5.0\times10^{-3}$ $mol \cdot L^{-1}$ $c_{ca^{2+}}$

$Q_{C,\ CaC_2O_4} = c_{Ca^{2+}}c_{CrO_4^{2-}} =$（$5.0\times10^{-3}$）（$5.0\times10^{-3}$）$= 2.5\times10^{-5} > 1.46\times10^{-10}$

$Q_{C,\ CaC_2O_4} > K_{sp,\ CaC_2O_4}$ 所以　可以析出 CaC_2O_4 沉淀（或↓）

4. 解：$c_{Sr^{2+}} = 0.01\times2/5 = 4.0\times10^{-3}$ $mol \cdot L^{-1}$，

$c_{SO_4^{2-}} = 0.1\times3/5 = 6.0\times10^{-2}$ $mol \cdot L^{-1}$

$Q_{C,SrSO_4} = c_{Sr^{2-}}c_{SO_4^{2-}} =$（$4.0\times10^{-3}$）×（$6.0\times10^{-2}$）$= 2.4\times10^{-4} > 3.44\times10^{-7}$

因为　$Q_{C,SrSO_4} > K_{sp,SrSO_4}$

所以　可以析出 $SrSO_4$ 沉淀（或↓）

5. 解（1）设 $BaSO_4$ 的溶解度为 s（$mol \cdot L^{-1}$），根据

$$BaSO_4(S) \rightleftharpoons Ba^{2+}(aq) + SO_4^{2-}(aq)$$

$[Ba^{2+}]=[SO_4^{2-}]=s$

平衡时　$K_{sp,AgX}=[Ba^{2+}][Ba^{2+}]= s\cdot s = s^2$

$s = \sqrt{K_{sp}}$

所以 $s_{AgCl} = \sqrt{1.07\times10^{-10}} = 1.03\times10^{-5}$（$mol \cdot L^{-1}$）

第五章　氧 化 还 原

基 本 要 求

（1）熟悉氧化还原反应的基本概念和常见氧化剂、还原剂。

（2）熟悉氧化还原方程式的配平。

（3）掌握原电池的组成，能正确判断电极正、负极和书写电极反应及原电池符号。

（4）掌握标准电池电动势的计算公式和意义，并用其正确判断氧化还原反应自发进行的方向。用标准电极电势值判断氧化剂和还原剂的相对强度。

（5）掌握氧化还原反应的标准平衡常数的计算公式和应用，根据标准平衡常数值的大小正确判断氧化还原反应进行的限度。

（6）掌握能斯特方程的应用和溶液的酸度对电极电势影响。

（7）掌握元素电势图及其应用。

（8）了解电势-pH 图。

学 习 要 点

化学反应，从广义上可以分为三大类：酸碱反应、氧化还原反应和自由基反应，其中氧化还原反应是最基本的反应，也是一类最重要的反应。

一、基 本 概 念

（1）氧化数：一个元素的表现荷电数，该数是假设把每个键中的电子指定给电负性较大的原子而求得。氧化数与元素化合价的含义不同，化合价反映的是元素形成化学键的能力。在许多情况下，两者具有相同的值。

确定氧化数的一般规则：

1）单质的氧化数为零，化合物中各元素的氧化数之和为零，离子团中各元素的氧化数之和等于离子所带电荷值。

2）化合物中金属的氧化数恒为正值，氟的氧化数恒为–1。

3）化合物中，氧的常见氧化数为–2，氢为+1。

（2）氧化剂和还原剂：常见氧化剂、还原剂的种类，相互关系及判断。

（3）氧化还原电对与半反应：氧化型与还原型、电对的写法、半反应的写法及半反应的配平。

二、氧化还原反应方程式的配平

氧化还原反应方程配平的关键

（1）配平时，反应方程式中正、负电性的变化要保持相互对应（氧化数配平或离子电子数配平）。在氧化数法中，还原剂的氧化数升高总值一定等于氧化剂的氧化数降低总值；在离子电子法中，还原剂在反应中失去的电子数必须等于氧化剂获得的电子数。

（2）反应的原子数配平，即反应前后各元素的原子数应保持不变。

（3）反应的介质的影响：要掌握在不同的介质中，如何添加 H^+、OH^-和 H_2O 的方法。

要注意两种配平方法的特点：氧化数法可用于任意条件下氧化还原反应的配平，离子电子法只适用于水溶液中氧化还原反应的配平。

三、原电池与氧化还原反应

原电池是借助于氧化还原反应将化学能转变为电能的装置，理论上任一自发进行的氧化还原反应都可以设计为原电池。原解池由两个半电池组成：对于铜锌电池

氧化半反应　$Zn^{2+}+2e=Zn$　　锌电极 Zn（s）| Zn^{2+}（c）

还原半反应　$Cu^{2+}+2e=Cu$　　铜电极 Cu（s）| Cu^{2+}（c）

电池反应　　$Zn+Cu^{2+}=Cu+Zn^{2+}$

原电池表示为：（−）Zn（s）| Zn^{2+}（c_1）‖ Cu^{2+}（c_2）| Cu（s）（+）

盐桥的作用是：构造两个半电池的内电路，保持两个半电池溶液的电荷平衡，消除液体接界电势。

四、电极电势和标准电极电势

将任意氧化还原电对：

$$a\mathrm{O}_x + ne \rightleftharpoons b\mathrm{Red}$$

设计成电极，电极表面与电极溶液之间将形成一种双电层结构，并产生电势差，此电势差就定义为电对的电极电势 $E_{\mathrm{ox/Red}}$。

电极电势：表明元素不同氧化态之间得失电子能力的大小，受浓度、温度等多种因素的影响。无法测量某一电对电极电势的绝对值，人为规定标准氢电极的电极电势为零，将不同电对的标准电极作正极，标准氢电极作负极组成原电池，测得的电池电动势值就是该电极的标准电极电势。

$$E^{\ominus}_{池} = E^{\ominus}_{正} - E^{\ominus}_{负}$$

$$E^{\ominus}_{负} = E^{\ominus}_{\mathrm{H^+/H_2}} = 0.00\mathrm{V}$$

$$E^{\ominus}_{池} = E^{\ominus}_{正}$$

电对的标准电极电势与介质有关。由不同酸度介质中各种电对的标准电极电势，得到酸表（$\alpha_{\mathrm{H^+}}=1\mathrm{mol\cdot L^{-1}}$）和碱表（$\alpha_{\mathrm{OH^-}}=1\mathrm{mol\cdot L^{-1}}$）。查阅无机化学书和文献，可以得到各种电极在不同酸碱介质中的标准电极电势。

五、影响电极电势的因素

Nernst 方程：影响电极电势的因素很多，归结起来有三个：电对的本性（内因：$E^{\ominus}_{池}$，n；外因：温度（T）、浓度（C）、压力（P））。Nernst 方程讨论了它们之间的关系：

$$E = E^{\ominus} + \frac{RT}{nF}\ln\frac{c_{ox}^{a}}{c_{Red}^{b}}$$

注意这里的 c_{ox}^{a} 和 c_{Red}^{b} 是代表还原半反应中所有反应物和产物的浓度之积。

多数电极反应都是在常温（25℃）下进行的，在温度变化不大情况下。将 T =298K 以及 R、F 值代入上式得：

$$E = E^{\ominus} + \frac{0.059}{n}\lg\frac{c_{ox}^{a}}{c_{Red}^{b}}$$

此式表明，改变 c_{ox} 或 c_{Red}，电对的电极电势值将随之变化。

（1）直接改变 c_{ox} 或 c_{Red}：代入上式即可计算电极电势变化值，这种情况包括改变那些有 H^+ 或 OH^- 参加解极反应的溶液的 c_{H^+} 或 c_{OH^-}。

（2）间接改变 c_{ox} 或 c_{Red}：在电极溶液中加入能与电对氧化型或还原型发生反应的试剂，可间接改变 c_{ox} 或 c_{Red}。浓度的变化值可用多重平衡的方法进行求算。

六、电电极电势的应用

（1）判断氧化剂和还原剂的相对强弱：$E^{\ominus}$ 值越高，电对中氧化型物质的氧化能力越强，还原型物质的还原能力越弱；反之亦然。

（2）判断氧化还原反应的方向和程度：比较两氧化还原电对的电极电势，电极电势高的电对的氧化型物质能够自动氧化电极电势低的电对的还原型物质；两电对的电极电势相等时，反应达到平衡。

（3）计算氧化还原反应的标准平衡常数：利用标准电极电势可计算标准电池的电动势 $E_{池}^{\theta}$，标准平衡常数的关系为：

$$\lg K^{\ominus} = \frac{nE_{池}^{\ominus}}{0.0592}$$

（4）元素的标准电势图：将同一元素不同氧化态按氧化数从高到低用直接连接起来，在各连线上标出相应的标准电极电势值，即为该元素的标准电势图。利用元素电势图可以方便地分析元素各氧化态的氧化能力、还原能力以及稳定性，判断元素中间氧化态是否发生歧化反应，计算元素氧化态之间未知的标准电极电势。

强化训练

一、选择题

【A_1 型题】

1. $KMnO_4$ 在强酸性介质中被还原的产物是

A. Mn^{2+}　　B. Mn^{3+}　　C. MnO_2↓

D. MnO_4^{2-}　　E. Mn

2. 下列错误的是

A. H^+ 的氧化数是+1　　B. Fe^{2+} 的氧化数是+2

C. $Cr_2O_7^{2-}$中 Cr 的氧化数是+5　　D. MnO_4^-中锰的氧化数是+7
E. Cu 的氧化数是 0

3. 下列物质中最强的氧化剂是
A. MnO_4^-（$E^{\ominus}_{MnO_4^-/Mn^{2+}}=1.507V$）　　B. $Cr_2O_7^{2-}$（$E^{\ominus}_{(Cr_2O_7^{2-}/Cr^{3+})}=1.323V$）
C. Cl_2（$E^{\ominus}_{Cl_2/Cl^-}=1.358V$）　　D. F_2（$E^{\ominus}_{F_2/F^-}=2.866V$）
E. $E^{\ominus}_{I_2/I^-}=0.536V$

4. 已知：$E^{\ominus}_{I_2/I^-}=0.536V$，$E^{\ominus}_{Fe^{3+}/Fe^{2+}}=0.771V$，$E^{\ominus}_{Cl_2/Cl^-}=1.358V$，$E^{\ominus}_{MnO_4^-/Mn^{2+}}=1.507V$，在含有$Cl^-$和$I^-$的混合溶液中，为使$I^-$氧化为$I_2$，而$Cl^-$不被氧化，应选择哪种氧化剂
A. MnO_4^-　　B. Fe^{3+}　　C. Fe^{3+}和MnO_4^-均可
D. Fe^{2+}　　E. Fe

5. 溶液的氢离子浓度增大，下列氧化剂中氧化性增强的物质是
A. Cl_2　　B. Fe^{3+}　　C. Sn^{4+}
D. I_2　　E. MnO_4^-

6. 标态下，氧化还原反应正向自发进行的判据是
A. $E_{池}>0$　　B. $E^{\ominus}_{池}>0$　　C. $E_{池}<0$
D. $E^{\ominus}_{池}<0$　　E. $E^{\ominus}_{池}=0$

7. 下列物质中最强的还原剂是
A. Zn（$E^{\ominus}_{Zn^{2+}/Zn}=-0.762V$）　　B. H_2（$E^{\ominus}_{H^+/H_2}=0V$）
C. Cl^-（$E^{\ominus}_{Cl_2/Cl^-}=+1.358V$）　　D. Br^-（$E^{\ominus}_{Br_2/Br^-}=+1.087V$）
E. I^-（$E^{\ominus}_{I_2/I^-}=+0.536V$）

8. 氧化还原反应的平衡常数 *K* 是化学平衡常数，因此，关于 *K* 描述正确的是
A. 与温度无关　　B. 与浓度无关　　C. *K* 越大反应进行趋势越大
D. 与浓度有关　　E. *K* 越大反应进行的趋势越慢

9. 在 Na_2SO_4、$Na_2S_2O_3$、$Na_2S_4O_6$、中，S 的氧化数分别为
A. +6，+4，+2　　B. +6，+2.5，+4　　C. +6，+2，+2.5
D. +6，+4，+3　　E. +6，+5，+4

10. 有一电池：（–）Pt | H_2（$P^{\ominus}$）| H^+（$1mol\cdot L^{-1}$）‖ Cu^{2+}（$1mol\cdot L^{-1}$）| $Cu_{(s)}$（+），正极是
A. Cu^{2+}　　B. Cu^{2+}/Cu　　C. H^+/H_2
D. Cu　　E. Cu^+

11. 反应：$Cu^{2+}+Sn^{2+} \rightleftharpoons Cu+Sn^{4+}$在非标准状态下可正向自发进行，下列正确的是
A. $E^{\ominus}_{Cu^{2+}/Cu}>E^{\ominus}_{Sn^{4+}/Sn^{2+}}$　　B. $E_{Cu^{2+}/Cu}>E_{Sn^{4+}/Sn^{2+}}$
C. $E^{\ominus}_{Cu^{2+}/Cu}<E^{\ominus}_{Sn^{4+}/Sn^{2+}}$　　D. $E_{Cu^{2+}/Cu}<E_{Sn^{4+}/Sn^{2+}}$
E. $E_{Cu^{2+}/Cu}=E_{Sn^{4+}/Sn^{2+}}$

12. 下列反应：$2Fe^{2+} + I_2 \rightleftharpoons 2Fe^{3+} + 2I^-$在标态下自发进行的方向是（$E^{\ominus}_{Fe^{3+}/Fe}$ = +0.771V，$E^{\ominus}_{I^2/I^-}$ =+0.536V）

A. 正向自发　B. 逆向自发　C.不能进行　D. 处于平衡　E. 以上都不是

13. 在非标态下，氧化还原反应正向自发进行的判据是

A. $E^{\ominus}_{池} > 0$　B. $E^{\ominus}_{池} < 0$　C. $E_{池} > 0$　D. $E_{池} < 0$　E. $E_{池} = 0$

14. $KMnO_4$在中性或弱碱性介质中的还原产物是

A. Mn^{2+}　B. Mn^{3+}　C. $MnO_2\downarrow$　D. MnO_4^{2-}　E. Mn

15. 氧化还原反应 $3As_2S_3 + 28HNO_3 + 4H_2O = 6H_3AsO_4 + 28NO + 9H_2SO_4$ 中作还原剂的元素是

A. As　B. As，N　C. S，N　D. As，S　E. O，N

16. $KMnO_4$在强碱性介质中的还原产物是

A. Mn^{2+}　B. Mn^{3+}　C. $MnO_2\downarrow$　D. MnO_4^{2-}　E. Mn

17. 若反应 $2H_2$（g）+ O_2（g）= $2H_2O$（l）的标准电池电动势为$E^{\ominus}_{池}$，则反应 H_2O（l）= H_2（g）+1/2O_2（g）的标准电池电动势为

A. $E^{\ominus}_{池}$　B. $-E^{\ominus}_{池}$　C. $1/2\,E^{\ominus}_{池}$　D. $2\,E^{\ominus}_{池}$　E. $E^{\ominus}_{池}$

18. 电极反应 $MnO_4^- + 5e + 8H^+ \rightleftharpoons Mn^{2+} + 4H_2O$ 中，还原态物质是

A. MnO_4^-　B. H^+　C. H_2O　D. Mn^{2+}　E. MnO_4^{2-}

19. 已知 $E^{\ominus}_{Sn^{4+}/Sn^{2+}}$ =+0.151V，$E^{\ominus}_{Fe^{3+}/Fe^{2+}}$ =+0.771V，在含有 Sn^{2+}、Fe^{2+}离子的酸性溶液中，通入 O_2（$E^{\ominus}_{(O_2/H_2O)}$ =+1.229V），首先发生氧化反应的是

A. Sn^{2+}　B. Sn^{4+}　C. Fe^{2+}　D. Fe^{3+}　E. Fe

20. 相同条件下，若反应 $I_2 + 2e \rightleftharpoons 2I^-$的 $E^{\ominus}$ = + 0.536V，则反应 $1/2I_2 + e = I^-$的 $E^{\ominus}$ 为

A. +0.269V　B. +1.071V　C. +0.536V　D. +0.071V　E. +2.071V

21. 对于铜-锌原电池描述正确的是

A. 铜极板质量减少　B. 锌极板质量减少　C. 铜极发生氧化反应　D. 锌极发生还原反应　E. 铜、锌极均发生氧化反应

22. 对于原电池描述正确的是

A. 正极发生还原反应　B. 正极发生氧化反应

C. 正极是失电子的一极　　D. 负极是得电子的一极

E. 负极发生还原反应

23. 标态下，下列描述正确的是

A. $E^{\ominus}_{池}>0$ 时，反应一定正向自发　　B. $E^{\ominus}_{池}>0$ 时，反应一定逆向自发

C. $E^{\ominus}_{池}$ 与反应的进行方向无关　　D. $E^{\ominus}_{池}$ 越大，反应的推动力越小

E. $E^{\ominus}_{池}$ 绝对值越大，反应的推动力越小

24. 对于 $E^{\ominus}$ 描述正确的是

A. $E^{\ominus}$ 越小，电对中氧化型物质的氧化性越强

B. $E^{\ominus}$ 的绝对值越大，氧化性越强

C. $E^{\ominus}$ 越大，电对中氧化型物质的氧化性越强

D. $E^{\ominus}$ 与氧化还原性无关

E. $E^{\ominus}$ 越大，电对中氧化型物质的氧化性越小

25. 在反应 $Zn + 2H^+ \rightleftharpoons Zn^{2+} + H_2\uparrow$ 中作氧化剂的物质是

A. Zn　　B. H^+　　C. Zn^{2+}

D. H_2　　E. H_2O

26. MnO_4^- 中 Mn 的氧化数是

A. +1　　B. −7　　C. +7

D. +6　　E. +5

27. IUPAC 规定的标准电极是

A. 甘汞电极　　B. 银-氯化银电极　　C. 标准氢电极

D. 铜电极　　E. 锌电极

28. 电极符号写法错误的是

A. Zn（s）｜Zn^{2+}（c）　　B. Pt（s）｜Cl_2（P_{Cl_2}）｜Cl^-（c）

C. C（石墨）｜Fe^{2+}（c_1），Fe^{3+}（c_2）　　D. Ag（s）｜AgCl（s）｜Cl^-（c）

E. C（石墨）｜Zn（s）｜Zn^{2+}（c）

29. 对于 $E^{\ominus}$ 描述错误的是

A. $E^{\ominus}$ 越大电极中氧化型物质的氧化性越强

B. $E^{\ominus}$ 越大电极中氧化型物质越易被还原

C. $E^{\ominus}$ 越小电极中还原型物质还原性越强

D. $E^{\ominus}$ 越小电极中还原型物质越易被氧化

E. $E^{\ominus}$ 越大电对中氧化型物质的氧化能力越弱

30. 今有一电池：（−）Zn（s）｜Zu^{2+}（1mol/L）‖H^+（$1mol \cdot L^{-1}$）｜H_2（100kPa）｜Pt（s）（+），正极是

A. Cu^+/Cu　　B. Cu^{2+}/Cu　　C. H^+/H_2

D. Cu　　E. Cu^+

31. 已知 Cu^{2+}/Cu^+ 的 $E^{\ominus}$=+0.153V，Cu^+/Cu 的 $E^{\ominus}$=+0.521V，则反应 $2Cu^+ \rightleftharpoons Cu^{2+} + Cu$ 的标准平衡常数为

A. 1.73×10^6　　B. 1.73×10^7　　C. 2.95×10^6

D. 2.95×10^{12}　　　　E. 3.92×10^{12}

32. 下列说法错误的是

A. $\lg K^{\ominus}=nE^{\ominus}_{池}/0.059$

B. $E^{\ominus}_{池}$越大平衡常数也越大

C. $E^{\ominus}_{池}$与速率无关

D. $E^{\ominus}_{池}$越大氧化还原反应推动力越小，氧化还原反应首先发生

E. $E^{\ominus}_{池}$越大氧化还原反应推动力越大，氧化还原反应首先发生

33. 下列有关氧化数的叙述中，错误的是

A. 单质的氧化数均为零

B. 氧化数既可以为整数，也可以为分数

C. 离子团中，各原子的氧化数之和等于离子的电荷数

D. 氟的氧化数均为–1

E. 氢的氧化数均为+1，氧的氧化数均为–2

34. $S_4O_6^{2-}$中有两个 S 的氧化数是 0，另两个 S 的氧化数是+5，所以在整个离子中，S 的氧化数平均值为

A. +6　　　　B. +7　　　　C. +5

D. +2.5　　　　E. +2

35. 已知电对 Cl_2/Cl^-、Br_2/Br^-、I_2/I^-的 $E^{\ominus}$ 依次减小，下列错误的是

A. Cl_2 的氧化性相对最强　　　　B. Br_2 的氧化性次于 Cl_2

C. I_2 的氧化性次于 Br_2　　　　D. Cl^-，Br^-，I^-的还原性依次减弱

E. Cl^-，Br^-，I^-的还原性依次增强

36. 电池反应 $MnO_4^- + 5H_2O_2 + 6H^+ \rightleftharpoons 2Mn^{2+} + 5O_2 + 8H_2O$ 的正极属于下列哪一类电极

A. 金属–金属离子电极　　　　B. 气体-离子电极

C. 氧化还原电极　　　　D. 金属-金属难溶性电极-阴离子电极

E. 以上都不是

37. 还原反应的定义是

A. 获得氧　　　　B. 丢失电子　　　　C.原子核丢失电子

D. 获得电子　　　　E. 获得氢

38. 下列哪一组溶液的离子不能共存

A. Al^{3+}，Zn^{2+}，Br^-，I^-　　　　B. Fe^{3+}，Zn^{2+}，Cl^-，I^-

C. Al^{3+}，Zn^{2+}，Br^-，I^-　　　　D. Ba^{2+}，NH_4^+，S^{2-}，Br^-

E. Ba^{2+}，NH_4^+，I^-，Cl^-

39. 已知$E^{\ominus}_{Fe^{2+}/Fe}=-0.440V$，$E^{\ominus}_{Fe^{3+}/Fe^{2+}}=+0.771V$，$E^{\ominus}_{MnO_4^-/Mn^{2+}}=+1.507V$，$E^{\ominus}_{Sn^{4+}/Sn^{2+}}=+0.151V$，试用标准电极电势值判断下列每组物质不能共存的是

A. Fe 和 Sn^{2+}　　　　B. Fe^{2+}和 Fe　　　　C. Fe^{2+}和 MnO_4^-

D. Fe^{3+}和 Sn^{4+}　　　　E. Fe^{2+}和 Sn^{2+}

40. 已知 298K 时，$E^{\ominus}_{MnO_4^-/Mn^{2+}} = +1.507V$，$E^{\ominus}_{H_2O_2/H_2O} = +1.780V$，$E^{\ominus}_{Cr_2O_7^{2-}/Cr^{3+}} = +1.232V$，$E^{\ominus}_{Fe^{3+}/Fe^{2+}} = +0.771V$，$E^{\ominus}_{Cl_2/Cl^-} = +1.358V$，$E^{\ominus}_{Br_2/Br^-} = +1.087V$。标准状态下，若将 Cl^-和 Br^-混合液中的 Br^-氧化成 Br_2，而 Cl^-不被氧化，可选择的氧化剂是

A. $KMnO_4$　　B. H_2O_2　　C. $K_2Cr_2O_7$

D. $FeCl_3$　　E. Cr^{3+}

41. 银和碘电对中最强的氧化剂是（已知 $E^{\ominus}_{Ag^+/Ag} = +0.799V$，$E^{\ominus}_{I_2/I^-} = +0.536V$）

A. Ag　　B. I^-　　C. Ag^+

D. I_2　　E. I_3^-

42. 在 $Cr_2O_7^{2-} + I^- + H^+ = Cr^{3+} + I_2 + H_2O$ 反应式中，配平后各物种的化学计量数从左至右依次为

A. 1，3，14，2，1，7　　B. 2，6，28，4，3，14

C. 1，6，14，2，3，7　　D. 2，3，28，4，1，14

E. 3，6，15，8，9

43. 已知 $E^{\ominus}_{Fe^{3+}/Fe^{2+}} > E^{\ominus}_{Sn^{4+}/Sn^{2+}}$，则下列物质中还原性最强的是

A. Fe^{2+}　　B. Fe^{3+}　　C. Sn^{4+}

D. Sn^{2+}　　E. 溶液中的水

44. 氧化反应的定义是

A. 获得氧　　B. 丢失电子　　C. 原子核丢失电子

D. 获得电子　　E. 获得氢

45. 实验室制备氯气时，二氧化锰

A. 被氧化　　B. 被还原　　C. 被沉淀

D. 催化剂　　E. 被水解

46. 卤素中最容易被还原的物质是

A. 氯　　B. 溴　　C. 碘

D. 氟　　E. 以上都错

47. 酸性介质中，H_2O_2 分别与 KI 和 $KMnO_4$ 反应时，H_2O_2 所起的作用分别为

A. 氧化剂，还原剂　　B. 氧化剂，氧化剂

C. 还原剂，还原剂　　D. 还原剂，氧化剂

E. 既不做氧化剂又不做还原剂

48. $KMnO_4$ 水溶液呈显的颜色是

A. 白色　　B. 紫红色　　C. 绿色

D. 蓝色　　E. 黑色

49. 保存 $SnCl_2$ 水溶液必须加入 Sn 粒子的目的是防止

A. $SnCl_2$ 水解　　B. $SnCl_2$ 被还原　　C. $SnCl_2$ 被氧化

D. $SnCl_2$ 发生歧化反应　　E. 以上均错

50. 下列能发生水解反应的一组离子是

A. Ca^{2+}、Sn^{2+}、Fe^{2+}　Al^{3+}　　B. Bi^{3+}、Al^{3+}、Sn^{2+}、Pb^{4+}

C. Al^{3+}、K^+、Ca^{2+}、Sn^{2+}　　D. Fe^{2+}、Bi^{3+}、Al^{3+}、Sn^{2+}

E. Al^{3+}、K^+、Fe^{3+}、Bi^{3+}

51. I_2在 CCl_4 中呈显的颜色是

A. 无色　　B. 黑色　　C. 黄色

D. 棕色　　E. 紫色

52. 下列哪组离子的溶液不可久置

A. Al^{3+}、Cr^{3+}、Fe^{3+}、Mn^{2+}　　B. Al^{3+}、K^+、Ca^{2+}、Sn^{2+}

C. Bi^{3+}、Al^{3+}、Sn^{2+}、Pb^{4+}　　D. Sn^{2+}、S^{2-}、Fe^{2+}、I^-

E. Fe^{2+}、Bi^{3+}、Al^{3+}、Sn^{2+}

53. 下列物质中既能做氧化剂又能做还原剂的一组是

A. H_2O_2、I_2、Cl_2　　B. SO_2、HNO_3、$KMnO_4$

C. H_2O_2、$NaNO_2$、HNO_3　　D. HNO_3、H_2O_2、I_2

E. SO_2、H_2O_2、$NaNO_2$

54. 电池符号是：（–）Pt（s）｜Fe^{3+}（c_1）｜Fe^{2+}（c_2）‖Cl^-（c_3）｜Cl_2（$P^{\ominus}$）Pt（+）的半电池反应（电极反应）正确的是

A. $Fe^{2+}-2e \rightleftharpoons Fe^{3+}$　　B. $Fe^{2+}-e \rightleftharpoons Fe^{3+}$

C. $2Cl^- -2e \rightleftharpoons Cl_2$　　D. $Cl_2 + 2e \rightleftharpoons 2Cl^-$

E. $Cl_2 + Fe^{2+} \rightleftharpoons Fe^{3+} + 2Cl^-$

55. 关于歧化反应，正确的叙述是

A. 同种分子里两种原子之间发生的氧化还原反应

B. 歧化反应发生的条件是 $E^{\ominus}_{右}>E^{\ominus}_{左}$

C. 反应发生的条件是元素有中间氧化数

D. 歧化反应发生的条件元素无中间氧化数

E. 元素有中间氧化数，且 $E^{\ominus}_{右}>E^{\ominus}_{左}$

56. 已知标准状态下，反应 $2Cu^+ \rightleftharpoons Cu^{2+} + Cu$ 可自发向右进行的条件是

A. $E^{\ominus}_{Cu^{2+}/Cu}>E^{\ominus}_{Cu^+/Cu}$　　B. $E^{\ominus}_{Cu^{2+}/Cu}<E^{\ominus}_{Cu^+/Cu}$

C. $E^{\ominus}_{Cu^{2+}/Cu}>E_{Cu^+/Cu}$　　D. $E^{\ominus}_{Cu^{2+}/Cu} = E^{\ominus}_{Cu^+/Cu}$

E. $E_{Cu^{2+}/Cu}>E^{\ominus}_{Cu^+/Cu}$

57. 用 Nernst 方程式计算 MnO_4^-/Mn^{2+}的电极电势，下列叙述中哪一项**不正确**

A. Mn^{2+}浓度增大，则 E 减小　　B. MnO_4^-浓度增大，则 E 增大

C. H^+浓度的变化对 E 影响大　　D. E 和得失电子数无关

E. E 和得失电子数有关

58. 已知标准状态下，反应 $Fe^{3+} + Fe \rightleftharpoons Fe^{2+}$可自发向右进行的条件是

A. $E^{\ominus}_{Fe^{3+}/Fe^{2+}}<E^{\ominus}_{Fe^{2+}/Fe}$　　B. $E^{\ominus}_{Fe^{3+}/Fe^{2+}}>E^{\ominus}_{Fe^{2+}/Fe}$

C. $E_{Fe^{3+}/Fe^{2+}}<E_{Fe^{2+}/Fe}$　　D. $E_{Fe^{3+}/Fe^{2+}}>E_{Fe^{2+}/Fe}$

E. $E^{\ominus}_{Fe^{3+}/Fe^{2+}} = E^{\ominus}_{Fe^{2+}/Fe}$

59. 已知，$E^{\ominus}_{Sn^{4+}/Sn^{2+}} = +0.151V$，$E^{\ominus}_{Hg^{2+}/Hg} = +0.851V$ 两电对组成标准原电池时，做氧化

剂的物质是

A. Sn^{2+}　　B. Sn^{4+}　　C. Hg^{2+}

D. Hg　　E. Sn

60. 在以水为溶剂的反应体系中，下列金属单质中哪一种不适宜作还原剂

A. Na　　B. Zn　　C. Cu

D. Mg　　E. Fe

61. 卤素离子中最容易被氧化的物质是

A. Cl^-　　B. I^-　　C. Br^-

D. F^-　　E. 以上都错

62. I_2 在碱性溶液中不稳定，是因为发生了

A. 歧化反应　　B. 水解反应　　C. 同离子反应

D. 盐效应　　E. 酸碱反应

63. 影响电极电势的因素有

A. 温度　　B. 酸度　　C. 压力

D. 浓度　　E. 温度、酸度、浓度或分压力

64. $Na_2S_2O_8$ 中 S 的氧化数是

A. +6　　B. +7　　C. +5

D. 0　　E.+2

65. 根据铬在酸性溶液中的元素电势图，

$$Cr^{3+} \xrightarrow{-0.41V} Cr^{2+} \xrightarrow{\quad\quad} Cr \qquad (Cr^{3+}/Cr: -0.74V)$$

计算 $E^{\ominus}$（Cr^{2+}/Cr）为

A. −0.580V　　B. −0.905V　　C. −1.320V

D. −1.810V　　E. −0.567V

66. 下列物质均为常见的氧化剂，它们中氧化能力与溶液 pH 无关的为

A. $KMnO_4$　　B. H_2O_2　　C. $K_2Cr_2O_7$

D. $FeCl_3$　　E. O_2

【B_1 型题】

A. +7　　B. +6　　C. 0

D. +2.5　　E. +3

67. MnO_4^{2-} 中 Mn 的氧化数是

68. $S_4O_6^{2-}$ 中 S 的氧化数是

A. Pb^{2+}/Pb　　B. Cd^{2+}/Cd　　C. Cu^{2+}/Cu

D. H^+/H　　E. Ag^+/Ag

69. 已知在标态下，$Cd + Pb^{2+} \rightleftharpoons Pb + Cd^{2+}$ 反应正向自发进行，氧化剂所在的电对是

70. 上述反应中还原剂所在的电对是

A. +1　　B. −1　　C. −2

D. +2　　E. +3

71. H_2O_2 中氧的氧化数是

72. H_2O 中氢的氧化数是

A. Cl_2（$E^{\ominus}_{Cl_2/Cl}=+1.358V$）　B. Br_2（$E^{\ominus}_{Br_2/Br^-}=+1.087V$）

C. I_2（$E^{\ominus}_{I_2/I^-}=+0.536V$）　D. F_2（$E^{\ominus}_{F_2/F^-}=+2.866V$）

E. Ag^+（$E^{\ominus}_{Ag^+/Ag}=+0.799V$）

73. 上述物质中，氧化性最强的是
74. 上述物质中，氧化性最弱的是

A. F^-（$E^{\ominus}_{F_2/F^-}=2.866V$）　B. Cl^-（$E^{\ominus}_{Cl_2/Cl^-}=1.358V$）

C. Br^-（$E^{\ominus}_{Br_2/Br^-}=1.087V$）　D. I^-（$E^{\ominus}_{I_2/I^-}=0.536V$）

E. Ag（$E^{\ominus}_{Ag^+/Ag}=0.799V$）

75. 上述物质中，还原性最强的是
76. 上述物质中，还原性最弱的是

A. Cr^{3+}　B. $Cr_2O_7^{2-}$　C. Fe^{3+}
D. Fe^{2+}　E. H_2O

反应：$Cr_2O_7^{2-}+6Fe^{2+}+14H^+ \rightleftharpoons 2Cr^{3+}+6Fe^{3+}+7H_2O$ 在标态下正向进行

77. 该反应的氧化剂是
78. 该反应的氧化剂被还原的产物是

A. Cr^{3+}　B. $Cr_2O_7^{2-}$　C. Fe^{3+}
D. Fe^{2+}　E. H_2O

反应：$Cr_2O_7^{2-}+6Fe^{2+}+14H^+ \rightleftharpoons 2Cr^{3+}+6Fe^{3+}+7H_2O$ 在标态下正向进行

79. 该反应的还原剂是
80. 该反应的还原剂被氧化的产物是

二、填空题

1. pH 只对有_______参与的电极反应的电极电势影响大。

2. 原电池中，负极上发生的是_______反应，在正极是发生的反应是_______反应；在电池反应中，化学能以_______形式释放出来；原电池装置证明了氧化还原反应中物质间有_______。

3. 标准电极电势表中是所有 $E^{\ominus}$ 都是以相对_______电极而言的，其电极电势值规定为_______，我们称这种电极为_______。

4. 单质的氧化数均为_______。

5. 已知 $E^{\ominus}_{S_2O_8^{2-}/SO_4^{2-}} > E^{\ominus}_{MnO_4^-/Mn^{2+}}$，表明_______的氧化能力强于_______的氧化能力，_______能够还原_______；还表明____的还原能力强于_______，_______能够被氧化为_______。

6. 多数高价含氧酸根都具有强_______能力，这种能力在_______ 性介质中明显强于_______ 介质中。

7. 电极电势主要取决于________，主要影响因素有________，________和________，它们之间的关系可用________。表示。

8. Br_2 在碱性溶液中不稳定，是因为发生了________反应，这一类反应的特点是________。

9. 一种物质的氧化态氧化性越强，则与它共轭的还原态的还原性就越________。

10. $K_2Cr_2O_7$ 中 Cr 的氧化数为________。

11. 已知半反应 $Cr_2O_7^{-} + 14H^{+} + 6e \rightleftharpoons 2Cr^{3+} + 7H_2O$，$E^{\ominus}$=1.33V，在温度为 298K，$[H_3O^{+}]$=1mol · L^{-1} 条件下，用能斯特方程表示上述半反应的电极电势 E________。

12. 已知电极反应 $O_2 + 4H^{+} + 4e \rightleftharpoons 2H_2O$ 中，$E^{\ominus}$=1.229V，在温度为 298K，$[H_3O^{+}]$ =1mol · L^{-1} 条件下，用能斯特方程表示上述半反应的电极电势 E________。

13. 用 Nernst 方程式计算 Br_2/Br^{-}电对的电极电势，Br_2 的浓度增大，E_{Br_2/Br^-} ________，Br^{-}的浓度增大，E_{Br_2/Br^-} ________。

三、是非题

1. 电极体系中，pH 的改变将使其电极电势值发生改变。
2. 一种物质的氧化态氧化性越强，则与它共轭的还原态的还原性也越强。
3. 电池标准电动势越大，氧化还原反应推动力越大，由此氧化还原反应进行的程度也越大。
4. 电池标准电动势越大，氧化还原反应推动力越大，反应速率也越大。
5. $E^{\ominus}$ 的大小可以判断在标准状态下电对在水溶液中氧化型物质的氧化能力或还原型物质的还原能力，但 $E^{\ominus}$ 的大小与参与电极反映物质的数量无关。
6. 电极 Ag^{+}（1.0mol · L^{-1}）/Ag（s）与电极 Ag^{+}（2.0mol · L^{-1}）/Ag（s）的电极电势相同。
7. 氧化还原反应中，一定有元素的氧化数发生了改变。
8. KO_2 中的 O 的氧化数为–0.5，K 的氧化数为+1。
9. 任何氧化还原反应都可以用离子电子法来配平。
10. 已知电池中两电极的标准电极电势，就能判断该电池反应的自发进行的方向。
11. 标准电极电势和标准平衡常数一样，都与反应方程式的计量系数有关。
12. 电对的 $E^{\ominus}$ 越高，说明其氧化型的氧化能力越强，还原型的还原能力越弱。
13. 若两电对 1 和 2 之间有 $E_1^{\ominus} > E_2^{\ominus}$，则电对 2 的氧化型一定能氧化电对 1 的还原型。
14. 电极反应 $O_2 + 4H^{+} + 4e \rightleftharpoons 2H_2O$ 中有 H^{+}参加反应，则电极的 $E_{ox/Red}$ 受溶液酸度的影响。
15. 元素电势图有酸性介质和碱性介质之分，表明电极在不同的介质中有不同的电极电势。
16. 能斯特方程表明浓度对电极电势有着直接影响，改变电对物质的浓度，电对的电极电势或电池的电动势一定发生相应的改变。
17. 电对 $E^{\ominus}_{Sn^{2+}/Sn} < E^{\ominus}_{Pb^{2+}/Pb}$，因此 Pb^{2+}是可以氧化 Sn 为 Sn^{2+}。
18. 氧化数就是化合价。
19. 氧化还原反应：Fe（s）+ Ag^{+}（aq）$\rightleftharpoons$ Fe^{2+}（aq）+ Ag（s）

    原电池符号：（-）Ag（s）｜Ag^{+}（c_1）‖ Fe^{2+}（c_2）｜Fe（s）（+）

20. 在标准状态下，已知 $E^{\ominus}_{Fe^{3+}/Fe^{2+}}=+0.771V$， $E^{\ominus}_{Sn^{4+}/Sn^{2+}}=+0.151V$，则反应 $Fe^{3+}+Sn^{2+} \rightleftharpoons Fe^{2+}+Sn^{4+}$ 逆向进行。

21. 同一元素有多种氧化态时，不同氧化态组成的电对的标准电极电势不同

22. MnO_4^-的氧化能力随溶液 pH 的增大而增大。

23. 在水中能稳定存在的氧化剂是 $E^{\ominus}_{O_2/H_2O}$。

24. 氯电极的电极反应式不论是 $Cl_2+2e \rightleftharpoons 2Cl^-$，还是 $1/2Cl_2+e \rightleftharpoons Cl^-$，$E^{\ominus}_{Cl_2/Cl^-}$ 的标准电极电势均为 $E^{\ominus}=+1.358V$。

四、简答题

1. 影响电极电势高低的因素有哪些?
2. 什么叫氧化还原反应?氧化剂?还原剂?
3. 标准电极电势 $E^{\ominus}$ 大小的含义是什么?
4. 何谓氧化数?
5. 已知：$E^{\ominus}_{Cu^{2+}/Cu}=0.342V$　　$E^{\ominus}_{Zn^{2+}/Zn}=-0.762V$

（1）写出标准铜—锌原电池的符号

（2）指出正负极及正极反应和负极反应

（3）写出配平的原电池反应

6. 解释下列名词定义：

（1）还原半反应（2）氧化半反应（3）还原产物（4）氧化产物

7. 氧化数的定义是什么?它与化合价有何异同?
8. 已知下列反应均能正向反应进行：

（1）$2Fe^{3+}+Cu \rightleftharpoons 2Fe^{2+}+Cu^{2+}$　　（2）$2Fe^{3+}+Sn^{2+} \rightleftharpoons 2Fe^{2+}+Sn^{4+}$

（3）$Cu^{2+}+Sn^{2+} \rightleftharpoons Cu+Sn^{4+}$

问：在反应条件下，三个反应中氧化剂的相对强弱次序是什么?

9. $E^{\ominus}_{MnO_2/Mn^{2+}}<E^{\ominus}_{Cl_2/Cl^-}$，实验室却用 MnO_2 与浓盐酸反应制取氯气，为什么？

10. 已知 $E^{\ominus}_{I_2/I^-}=+0.536V$， $E^{\ominus}$ $AsO_4^{3-}/AsO_3^{3-}=+0.580V$，试问：

当有关离子浓度均为 $1mol \cdot L^{-1}$ 时，下列反应的方向如何?

11. 用离子-电子法配平下列方程式

$Cl_2+I^-=Cl^-+I_2$

$MnO_4^-+Fe^{2+}+H^+=Mn^{2+}+Fe^{3+}+H_2O$

12. 已知氧化还原反应，$MnO_4^-+8H^++Fe^{2+} \rightleftharpoons Mn^{2+}+Fe^{3+}+4H_2O$，写出氧化剂的还原半反应和还原剂的氧化半反应，氧化产物和还原产物?

13. 在电对 Sn^{2+}/Sn 的溶液中，插入一根铜线，在电极和铜线间接上伏特计，指针发生偏转，测量值就是该电极的绝对电极电势。

14. 解释久置 H_2S 的水溶液变混浊并写出反应式。

15. 盐桥的作用是什么?

五、计算题

1. 电极反应：$Cr_2O_7^{2-}+14H^++6e \rightleftharpoons 2Cr^{3+}+7H_2O$

已知：298K：$E^{\ominus}_{Cr_2O_7^{2-}/Cr^{3+}}=+1.232V$　　$C_{Cr_2O_7^{2-}}=1mol\cdot L^{-1}$，pH=2，$C_{cr^{3+}}=1mol\cdot L^{-1}$，求算 $E_{Cr_2O_7^{2-}/Cr^{3+}}$？

2. 已知 298K，$E^{\ominus}\ Fe^{3+}/Fe^{2+}=+0.771V$

电极：Pt（s）｜Fe^{3+}（$3mol\cdot L^{-1}$），Fe^{2+}（$0.5mol\cdot L^{-1}$）

（1）写出电极反应并确定电子得失数 n

（2）求算时该电极电势

3. 已知 $E^{\ominus}_{I_2/I^-}=+0.536V$，$E^{\ominus}_{Fe^{3+}/Fe^{2+}}=+0.771V$，若将反应 $I_2+2Fe^{2+}=2Fe^{3+}+2I^-$组成标准原电池，则 $E^{\ominus}_{池}$ 是多少，在标态下反应的自发方向？

4. 已知：$Cr_2O_7^{2-}+6Fe^{2+}+14H^+ \rightleftharpoons 2Cr^{3+}+6Fe^{3+}+7H_2O$（$E^{\ominus}_{Cr_2O_7^{2-}/Cr^{3+}}=+1.232V$；$E^{\ominus}_{Fe^{3+}/Fe^{2+}}=+0.771V$）

（1）计算标准电池电动势 $E^{\ominus}_{池}$；并判断反应进行的方向？

（2）求反应在 298K 时的标准平衡常数 $K^{\ominus}$，并判断反应进行的趋势如何？

5. 已知 298K：$E^{\ominus}_{MnO_4^-/Mn^{2+}}=+1.507V$，电极反应：$MnO_4^-+8H^++5e \rightleftharpoons Mn^{2+}+4H_2O$，其中$[MnO_4^-]=[Mn^{2+}]=1mol\cdot L^{-1}$，求算：该电极在298K时在pH=2的溶液中的电极电势 E？

6. 已知反应 $Cl_2+2Br^- \rightleftharpoons 2Cl^-+Br_2$（已知：$E^{\ominus}_{Cl_2/Cl^-}=+1.358V$，$E^{\ominus}_{Br_2/Br^-}=+1.087V$）

（1）写出氧化剂，还原剂，氧化产物和还原产物。

（2）氧化半反应和还原半反应。

（3）反应中转移的电子数 n。

（4）求出标准电动势 $E^{\ominus}_{池}$。

（5）计算反应在 298K 的标准平衡常数 $K^{\ominus}$，并判断反应进行的趋势如何？

7. 已知：$E^{\ominus}_{Ce^{4+}/Ce^{3+}}=1.72V$　　$E^{\ominus}_{Fe^{3+}/Fe^{2+}}=0.771V$

（1）写出有这两个电对组成的标准原电池的符号

（2）指出正、负极及正极反应和负极反应

（3）写出配平的原电池反应

8. 计算 25℃时，下列电池的解动势。并写出电极反应和电池反应。

(−) Cd（s）|Cd^{2+}（$1.0mol\cdot L^{-1}$）‖ Sn^{4+}（$0.01mol\cdot L^{-1}$），Sn^{2+}（$0.1mol\cdot L^{-1}$）|Pt（s）（+）

（$E^{\ominus}_{Sn^{2+}/Sn^{4+}}=+0.151V$　　$E^{\ominus}_{Cd^{2+}/Cd}=-0.403V$）

9. 已知 $E^{\ominus}_{Sn^{4+}/Sn^{2+}}=+0.151V$，$E^{\ominus}_{Hg^{2+}/Hg}=+0.851V$，若将反应 $Hg^{2+}+Sn^{2+} \rightleftharpoons Hg+Sn^{4+}$组成标准原电池，则 $E^{\ominus}_{池}$ 是多少？在标态下反应的自发方向？

参考答案

一、选择题

1. A　2. C　3. D　4. B　5. E　6. B　7. A　8. B　9. C　10. B　11. B　12. B　13. C　14. C　15. D　16. D　17. B　18. D　19. A　20. C　21. B　22. A　23. A　24. C　25. B　26. C　27. C　28. E　29. E　30. C　31. A　32. E　32. D　33. E　34. D　35. D　36. C

37. D 38. B 39. C 40. C 41. C 42. C 43. D
44. B 45. B 46. D 47. A 48. B 49. E 50. D
51. E 52. D 53. E 54. D 55. E 56. B 57. D
58. B 59. C 60. A 61. B 62. A 63. E 64. B
65. B 66. D 67. B 68. D 69. A 70. B 71. B
72. A 73. D 74. C 75. D 76. A 77. B 78. A
79. D 80. C

二、填空题

1. H^+或OH^-

2. 氧化 还原 电能 电子转移（或偏移）

3. 标准氢电极 零 参比电极

4. 零

5. $S_2O_8^{2-}$ MnO_4^- Mn^{2+} $S_2O_8^{2-}$；Mn^{2+} SO_4^{2-} Mn^{2+} MnO_4^-。

6. 氧化 酸性 碱性

7. 电极本性 温度（或T）浓度（或C）压力（或P）能斯特方程

8. 歧化反应 氧化剂和还原剂为同一物质（或只有一种元素的氧化数发生变化）

9. 弱

10. +6

11. $E_{Cr_2O_7^{2-}/Cr^{3+}}=E^{\ominus}_{Cr_2O_7^{2-}/Cr^{3+}}+\frac{0.0592}{6}\lg\frac{c_{Cr_2O_7^{2-}}\cdot c^{14}_{H^+}}{c^2_{Cr^{3+}}}$

12. $E_{O_2/H_2O}=E^{\ominus}_{O_2/H_2O}+\frac{0.0592}{4}\lg\frac{P_{O_2}\times[H^+]^4}{1}$

13. 增大 减小

三、是非题

1.（F）2.（F）3.（T）4.（F）5.（T）6.（F）7.（T）8.（T）9.（F）10.（T）11.（F）12.（T）13.（F）14.（T）15.（T）16.（T）17.（T）18.（F）19.（F）20.（F）21.（T）22.（F）23.（T）24.（T）

四、简答题

1. 影响电极电势高低的因素主要有：

内因：与电极本性（即电极材料）有关

外因：（1）与温度有关；

（2）与电极中氧化态物质及还原态物质在溶液中的浓度（严格说是活度）有关；

（3）与参与电极反应的氢离子浓度或氢氧根离子浓度有关。

（4）若有氯气参与反应，氯气的分压对电极电势也有影响。

2.（1）氧化还原反应的定义：由于电子得失或电子对偏移致使单质或化合物中元素的氧化数发生改变的反应称为氧化还原反应。

或者：元素的氧化数发生了变化的化学反应叫氧化还原反应。

（2）氧化剂的定义：反应中得到电子的物质叫氧化剂。

（3）还原剂的定义：反应中失去电子的物质叫还原剂。

3. $E^{\ominus}$越大，表明电对中氧化型物质获得电子被还原的倾向越大，是强的氧化剂；其共轭的还原型物质失去电子而被氧化的倾向越弱，是越弱的还原剂。

$E^{\ominus}$越小，表明电对中还原型物质给出电子的倾向越大，是强的还原剂，其共轭的氧化型物质获得电子的倾向越小，是越弱的氧化剂。

4. 氧化数是某元素一个原子的荷电数，这种荷电数是假设把每个键中的电子指定给电负性较大的原子而求得。氧化数可以是分数，正整数和负数。

5.（1）（−）Zn（s）｜Zn^{2+}（$1mol\cdot L^{-1}$）‖Cu^{2+}（$1mol\cdot L^{-1}$）｜Cu（s）（+）

（2）正极是：Cu^{2+}/Cu：发生还原半反应：$Cu^{2+}+2e \rightleftharpoons Cu$

负极是：Zn^{2+}/Zn：发生氧化半反应：$Zn+Ze \rightleftharpoons Zn^{2+}$

（3）原电池反应：$Cu^{2+}+Zn=Cu+Zn^{2+}$

6. 氧化剂得电子的半反应叫还原半反应；氧化剂得电子后的产物叫还原产物。

还原剂失电子的半反应叫氧化半反应；还原剂失电子后的产物叫氧化产物。

7. 错。数值上相等，意义上不一样。化合价反映的是元素形成化学键的能力，氧化数是一个元素的表观电荷数。

8. 根据三个反应均能正向进行，故电极电势E的相对大小：

$$E_{Fe^{3+}/Fe^{2+}}>E_{Cu^{2+}/Cu}，E_{Fe^{3+}/Fe^{2+}}>E_{Sn^{4+}/Sn^{2+}}，$$
$$E_{Cu^{2+}/Cu}>E_{Sn^{4+}/Sn^{2+}}$$

由此可得上述三个电对之间E值相对大小关系：

$$E_{Fe^{3+}/Fe^{2+}}>E_{Cu^{2+}/Cu}>E_{Sn^{4+}/Sn^{2+}}$$

故三个反应中氧化剂相对强弱次序为：$Fe^{3+}>Cu^{2+}>Sn^{4+}$

9. 所用盐酸是浓盐酸，H^+浓度增大，可改变两电对的电极电势，使电极电势的大小发生逆转，故反应能进行。参阅教材中“溶液酸度对电极电势的影响”。

10. $E^{\ominus}_{AsO_4^{3-}/AsO_3^{3-}}=0.580V>E^{\ominus}_{I_2/I^-}=0.536V$，反应正向进行。

11. $Cl_2+2I^-=2Cl^-+I_2$

$MnO_4^-+5Fe^{2+}+8H^+=Mn^{2+}+5Fe^{3+}+4H_2O$

12. 氧化剂是 MnO_4^-，还原剂是 Fe^{2+}

氧化半反应：$Fe^{2+}-e \rightleftharpoons Fe^{3+}$

还原半反应：$MnO_4^- + 5e + 8H^+ \rightleftharpoons Mn^{2+} + 4H_2O$

氧化产物：Fe^{3+}

还原产物：Mn^{2+}

13. 错。插入溶液中的铜线，也是一个电极，测量值是电对 $E_{Sn^{4+}/Sn^{2+}}$ 和 $E_{Cu^{2+}/Cu}$ 组成的电池的电动势。

14. 答，溶液中溶解了空气中的氧，将 S^{2-} 氧化成为 S 单质析出而混浊。

反应式：$H_2S + O_2 + 2H^+ = S + 2H_2O$

15. （1）沟通两个半电池内电路（2）保持两个半电池的电荷平衡

五、计算题

1. 解：T=298K，$Cr_2O_7^{2-} + 14H^+ + 6e \rightleftharpoons 2Cr^{3+} + 7H_2O$　　pH=2，c_{H^+}=0.01mol · L^{-1}

（1）用能斯特方程：$E = E^\ominus + \dfrac{0.059}{n}\lg\dfrac{c_{ox}^a}{c_{Red}^b}$

（2）$E_{Cr_2O_7^{2-}/Cr^{3+}} = E^\ominus_{Cr_2O_7^{2-}/Cr^{3+}} + \dfrac{0.059}{6}\lg\dfrac{c_{Cr_2O_7^{2-}} \cdot c_{H^+}^{14}}{c_{Cr^{3+}}^2}$

（3）$= 1.232 + \dfrac{0.059}{6}\lg\dfrac{1\times(0.01)^{14}}{1^2} = 1.232 - 0.275 = 0.957(V)$

2.（1）电极反应：$Fe^{3+} + e \rightleftharpoons Fe^{2+}$

n=1

（2）$E = E^\ominus_{Fe^{3+}/Fe^{2+}} + 0.0592/n\lg\dfrac{c_{Fe^{3+}}}{c_{Fe^{2+}}}$

$= 0.771 + \dfrac{0.0592}{5}\lg\dfrac{3}{0.5}$

$= 0.771 + 0.778 \times 0.0592$

$= 0.771 + 0.0461 = 0.817(V)$

3.（1）根据题意：I_2/I^-作正极，Fe^{3+}/Fe^{2+}作负极

$E^\ominus_{池} = E^\ominus_{正} - E^\ominus_{负} = 0.536 - 0.771 = -0.235(V)$

（2）由于 $E^\ominus_{池}<0$，逆方向自发进行。

4.（1）因为 $E^\ominus_{池} = E^\ominus_{(+)} - E^\ominus_{(-)}$

所以 $E^\ominus_{池} = 1.232V - 0.771V = 0.461V$

（2）通过计算得知，$E^\ominus_{池}>0$ 所以该反应向右自发进行

（3）$\lg K^\ominus = \dfrac{nE^\ominus_{池}}{0.059} = \dfrac{6\times0.461}{0.059} = 46.88$

$K^\ominus = 7.6\times10^{46}$　　$K^\ominus>10^6$ 该反应向右进行的趋势很大（或程度很大）。

5.（1）pH=2，［C_{H^+}］=10^{-2}mol · L^{-1}

（2）$E_{MnO_4^-/Mn^{2+}} = E_{MnO_4^-/Mn^{2+}} + \dfrac{0.0592}{5}\lg\dfrac{c_{MnO^{4-}}\times c_{H^+}^8}{c_{Mn^{2+}}}$

$=1.507+\dfrac{0.0592}{5}\lg（1\times[10^{-2}]）^8$

$=1.507-16\times\dfrac{0.0592}{5}=1.507-0.1894=1.318（V）$

6.（1）Cl_2，Br^-，Br_2，Cl^-

（2）n=2

（3）还原半反应：$Cl_2 + 2e \rightleftharpoons 2Cl^-$　作正极

氧化半反应：$2Br^- - 2e \rightleftharpoons Br_2$　　作负极

（4）$E^\ominus_{池} = E^\ominus_{(+)} - E^\ominus_{(-)}$

$=1.358-1.087=0.271（V）$

（5）298K 时，$\lg K^\ominus = nE^\ominus_{池}/0.0592 = 2\times 0.271/0.0592 = 9.19$

$K^\ominus=1.54\times10^9>10^6$ 该反应向右进行的趋势很大（或程度很大）。

7.（1）（−）Pt（s）｜Fe^{2+}（1mol · L^{-1}），Fe^{3+}（1mol · L^{-1}）‖ Ce^{4+}（1mol · L^{-1}），Ce^{3+}（1mol · L^{-1}）｜Pt（s）（+）

（2）正极：Ce^{4+}/Ce^{3+}：发生还原半反应：$Ce^{4+}+e \rightleftharpoons Ce^{3+}$

（3）负极：Fe^{3+}/Fe^{2+}：发生氧化半反应：$Fe^{2+}-e \rightleftharpoons Fe^{3+}$

原电池反应：$Ce^{4+} + Fe^{2+} = Ce^{3+} + Fe^{3+}$

8. 电极反应：　$Cd^{2+} + 2e \rightleftharpoons Cd$

$Sn^{4+} + 2e \rightleftharpoons Sn^{2+}$

电池反应：$Sn^{4+} + Cd \rightleftharpoons Cd^{2+} + Sn^{2+}$

$E_{池} = E^\ominus_{池} - \dfrac{0.0592}{2}\lg\dfrac{[Cd^{2+}]\times[Sn^{2+}]}{[Sn^{4+}]}$

$= 0.151 + 0.403 - \dfrac{0.0592}{2}\lg\dfrac{1.0\times0.01}{0.1}$

$= 0.583V$

9.（1）根据题意，Hg^{2+}/Hg 作正极，Sn^{4+}/Sn^{2+} 作负极

$E^\ominus_{池} = E^\ominus_{(+)} - E^\ominus_{(-)}$ =0.851−0.151=0.700（V）

（2）由于 $E^\ominus_{池}>0$，反应正方向自发进行。

第六章　原子结构

基本要求

（1）了解玻尔的氢原子模型。
（2）熟悉氢原子的量子力学模型。
（3）熟悉波函数和原子轨道的概念和符号。
（4）掌握四个量子数的表示符号、物理意义、取值范围、光谱学符号和理取值及应用。
（5）熟悉波函数的有关图形表示——波函数的角度分布图。
（6）熟悉几率密度和电子云的概念和应用。
（7）熟悉电子云的角度分布图和径向分布示意图。
（8）熟悉屏蔽效应与钻穿效应的概念。
（9）掌握多电子原子轨道能级，能级交错现象，能级组。
（10）掌握多电子原子核外电子排布（三原则）和常见元素的电子排布。
（11）掌握原子的解离能和元素的电负性。
（12）熟悉电子层结构和元素周期表。
（13）了解电原子半径、原子的电子亲和能。

学习要点

一、微观粒子运动的特征

微观粒子的运动规律不能用经典力学来描述，只能用量子力学来描述。氢原子光谱是最简单的原子光谱，氢原子光谱的不连续性是微观粒子运动属性的表现。Bohr 理论借助于能量量子化和光子学说假设，在经典力学基础上解决了氢原子光谱的部分结构，但 Bohr 理论由于没有脱离经典力学体系，因而不能解决氢原子光谱的精细结构及多电子原子的光谱结构。

光的波粒二象性通过普通的自然现象可以验证，微观粒子的波粒二象性在 1927 年戴维和革默的电子衍射实验中得到了验证。即质量为 m，运动速率为 V 的实物粒子也具有波动性，这种波称为德布罗依波或物质波。物质波与经典物理学中的波具有本质差异，经典物理学上的波由介质组成，但物质波是一种几率波。测不准原理是微观粒子波粒二象性的必然结果，但微观粒子测不准关系的存在并不是说微观粒子运动的不可知性，只是反映微观粒子不服从经典力学规律，而遵循量子力学所描述的运动规律。总之，具有波粒二象性、某些物理量的量子化、服从测不准原理以及波动性是粒子性的具体体现，只能用统计学的方法解释是微观粒子运动的基本特征。

二、氢原子核外电子运动状态的描述

描述微观粒子运动状态的基本方程是薛定谔（Schrodinger）方程，它是一个二阶偏微分方程，为了能够求解 Schrodinger 方程，应将直角坐标

$$\frac{\partial^2\psi}{\partial x^2}+\frac{\partial^2\psi}{\partial y^2}+\frac{\partial^2\psi}{\partial z^2}+\frac{8\pi^2 m}{h^2}(E-v)\psi=0$$

$(\psi x, y, z)$转化为球坐标(r, θ, φ)。ψ 是 Schrodinger 的解，该解是函数解。Schrodinger 方程在理论上有无数个解，且每个解与一套 n，l，m 三个量子数相对应，因而有

$$\psi_{n,l,m}=\psi_{n,l,m}(x,y,z)=\psi_{n,l,m}(r,\theta,\phi)$$

ψ（r，θ，ϕ）可以分成两个函数的乘积

$$\psi_{n,l,m}(r,\theta,\phi)=R_{n,l}(r)Y_{l,m}(\theta,\phi)$$

$R_{n,l}$（r）称为径向波函数，只与 n，l 有关，$Y_{l,m}$（θ，ϕ）称为角度波函数，只与 l，m 有关。

波函数 ψ 是描述核外解子运动状态的函数，又称原子轨道，但我们应该注意 Bohr 理论的原子轨道与量子力学中的原子轨道有本质的区别。波函教的物理意义至今仍不明确，但微观粒子的所有性质必在波函数 ψ 予以反映。

三、四个量子数

主量子数 n、角量子数 l、磁量子数 m 三个量子数是求解 Schrodinger 方程时所得，n，l，m 仍都有明确的物理意义。波函数 ψ 与 n，l，m 之间存在一一对应，因而可以用一套 n，l，m 描述一个波函数 ψ，即可用一套 n，l，m 描述一个原子轨道。n，l，m 的取值为：n 只能取正整数；l 的取值受 n 的限制，给出 n，l 取 1，2，…，（n–1）；m 的取值受 l 的限制，给出 l，m 取 0，±1，±2，…。m_s 是描述原子轨道中解子的自旋方向的量子数，原子或离子中解子的自旋方向只有两种，即 m_s=+1/2 或–1/2，用↑或↓的箭头表示，因而描述一个原子轨道要用三个量子数，描述一个解子的运动要用四个量子数。

每个波函数（原子轨道）都具有一定的能量。氢原子或类氢离子（H^+、He^+、Li^{2+}、Be^{3+}）中原子轨道的能量仅与 n 有关，多解子原子中原子轨道的能量与 n，l 有关。多解子量子力学中，将能量相同的轨道称为简并轨道或等价轨道。因而，在氢原子中，n 相同的原子轨道称为简单轨道，多解子原子中，n，l 相同的原子轨道称为简并轨道。

四、原子轨道的角度分布图和径向分布函数图

波函数 ψ 是四维空间函数，即 ψ=ψ（r，θ，φ），在三维空间（x，y，z）或（r，θ，φ）中无法画出它们的空间图像，但我们可以从不同的侧面（角度或径向）画得原子轨道和电子云的图像。角度分布图用于化学键的形成和分子构型的确定，径向分布函数图用于讨论多电子原子核外能级的高低及核外电子构型。

1. 原子轨道的角度分布图　即 Y（θ，φ）–（θ，φ）作图，表示在某个方向（θ，φ）从曲面上任一点到原子核的距离 Y（θ，φ）数值的相对大小。

2. 解子云的角度分布图　即 Y^2（θ，φ）–（θ，φ）作图，表示在某个方向（θ，φ）

从曲面上任一点到原子核的距离 Y^2（θ, φ）数值的相对太小，也可将其理解为在这个角度方向上电子的几率密度的相对大小。因 Y（θ, φ）与主量子数 n 无关，只要角量子数 l 和磁量子数 m 相同，其原子轨道的角度分布图、电子云的角度分布图就分别相同，如 $2p_z$，$3p_z$，$4p_z$ 的原子轨道角度分布图、电子云的角度分布图分别相同。

比较原子轨道的角度分布图和电子云的角度分布图，它们有些相似，但有两点重要区别：（a）原子轨道的角度分布图有正、负号之分，而电子云的角度分布图无正、负之分；（b）电子云的角度分布图比原子轨道的角度分布图要“瘦”一些。

3. 径向分布函数图　r^2R^2（r）$-r$ 作图，r^2R^2（r）$=D$（r）称为径向分布函数。径向分布函数图的物理意义是：D（r）dr 代表在半径为 r 的球壳层 dr 内解子出现的几率，D（r）代表在半径为 r，dr=1 的单位球壳层内电子出现的几率。

五、多电子原子核外原子轨道的能量

氢原子核外只有一个电子，原子的基态和激发态的能量取决于主量子数 n，与角量子数 l 无关。在多电子原子中，由于每个电子除了受到核的吸引外，还要受到其余电子的排斥，使主量子数 n 相同的原子轨道的能量产生能级分裂，多电子原子轨道的能量与 n，l 有关。

1. 屏蔽效应　多电子原子中，某一电子受到其余电子排斥作用的结果，与原子核对该电子的吸引作用正好相反。因而，可以认为，其余电子削弱或屏蔽了原子核对该电子的吸引作用。这种将其余电子对某个电子的排斥作用，归结为抵消一部分核电荷的作用，称为屏蔽效应。屏蔽作用使电子或轨道的能量升高。

2. 钻穿效应　从量子力学的观点来看，电子可以出现在原子内任何位置上，因此，最外层电子也可能出现在核附近。这就是说外层电子可钻入核附近而能回避其余电子的屏蔽，起到了增加有效核电荷、降低轨道能量的作用，我们称这种现象为钻穿效应。钻穿效应可以产生能级交错现象，如 ns 与（n–1）d 轨道的能级交错，ns 与（n–2）f 轨道的能级交错。

3. 多电子原子核外能级（综合屏蔽效应和钻穿效应考虑）

（1）n 不同，l 相同时，n 越大，轨道能量越高

（2）n 相同，l 不同时，l 越大，轨道能量越高

（3）能级交错：$E_{ns}<E_{(n-1)d}$、$E_{ns}<E_{(n-2)f}$ 等

4. 核外电子排布三原则　据光谱学实验及量子力学原理，可以总结出核外电子排布应遵循的三个原则：能量最低原理，保利不相容原理，洪特规则。洪特规则是能量最低原理的补充。

六、原子的电子构型与元素周期表

鲍林（Pauling）教授和徐光宪教授根据光谱学数据总结出：由（n+0.7l）的大小，判断轨道能量的高低，因此我们可以得到多电子原子中不同轨道的能级图，并且（n+0.7l）整数部分相近的归一个能级组（表 2-6-1）。

表 2-6-1 各周期中元素的数目与能级组的关系

周期	能级组数目	最高能级组	元素数目
一	1	1s	2
二	2	2s2p	8
三	3	3s3p	8
四	4	4s3d4p	18
五	5	5s4d5p	18
六	6	6s4f5d6p	12
七	7	7s5f6d7p	尚未布满

分析原子的电子结构和元素周期表的关系，可得到如下结论。

（1）每一个 Pauling 能级组对应于一个周期。

（2）每一周期开始都出现一个新的电子层，因此元素原子的电子层数等于该元素在周期表所处的周期数，也就是说，原子的最外层的主量子数代表该元素所在的周期数。

（3）各周期中元素的数目等于对应能级组中原子轨道所能容纳的电子数。

（4）周期表中性质相似的元素排成纵行，称为族，共有 8 个主族（Ⅰ～Ⅶ族，零族）。每一族又分为主族（A）和副族（B）。由于第ⅧB 族包括三个纵行，所共有 18 个纵行。周期表中同一族元素的电子层数虽然不同，但它们的外层电子构型相同。对主族来说，族数等于最外层电子数。对副族而言，$Ⅰ_B$、$Ⅱ_B$族数次外层 d 电子数，$Ⅲ_B$～$Ⅶ_B$族数等于最外层电子数与次外层 d 电子数之和，而$Ⅷ_B$族是例外情况。

主族元素的价层电子构型为 $ns^{1\sim2}np^{0\sim6}$

副族元素的价层电子构型为 $ns^{1\sim2}$（n−2）$f^{0\sim14}$（n−1）$d^{0\sim10}np^0$

（5）元素周期表分区，共分为 s 区、p 区、d 区、ds 区、f 区。

七、元素性质的周期性

元素性质的周期性是由原子中电子结构的周期性所决定。

1. 原子半径（r） 由于电子云没有明显界面，因此原子大小的概念很难明确表示，但可以用原子半径这一物理量来描述。基于不同的假设可以得到不同类型的原子半径：某一元素的两原子以共价单键结合时，它们的核间距的一半称为共价半径。假设金属晶体中相邻两原子以球面相切，它们的核间距的一半为金属半径。在单质的分子晶体中，不同分子中两原子间最短距离的一半称范德华半径。原子半径与原子的电子构型有关。

2. 解离能（I） 解离能的大小反映原子失去电子的难易程度。解离能的大小主要取决于原子的有效核电荷、原子半径和原子的电子层结构。

同一周期，从左到右，元素的解离能逐渐增大，稀有气体由于具有稳定的电子层结构，在同一周期的元素中解离能最大。同一周期中，从左到右解离能总的趋势是增大的，但也有起伏，这一现象可用 Hunt 规律的稳定结构解释。

同一主族，从上而下，解离能逐渐减小。

3. 电子亲和能（A） 电子亲和能的大小反映原子得到电子的难易程度。

同周期元素，从左到右，元素的电子亲和能逐渐减小（代数值），但有时稍有起伏，这与元素的稳定电子层结构有关，稀有气体原子具有 ns^2np^6 的稳定电子层结构，不易接受电子，因而元素的电子亲和能为正值。同一主族中，从上而下，一般元素的电子亲和能逐渐增大。

4. 电负性（X） 电负性的大小可以衡量分子中原子吸引电子的能力。元素的电负性是一相对数值。一般而言，元素的电负性越大，表示原子在分子中吸引电子的能力越强。同一周期，从左到右，元素的电负性逐渐增大。同一族中，从上而下，元素的电负性逐渐减小。

强化训练

一、选择题

【A_1型题】

1. 在周期表中，氡（^{86}Rn 号元素）下面一个未发现的同族元素的原子序数应该是
   A. 150　B. 136　C. 118
   D. 109　E. 110
2. 具有 $1s^22s^22p^63s^23p^1$ 电子层结构的原子是
   A. Mg　B. Na　C. Cr
   D. Al　E. C
3. 在多电子原子中，决定电子能量的量子数为
   A. n　B. n、l　C. n、l、m
   D. l　E. l、m
4. 下列元素的电负性大小顺序为
   A. O＞F＞N＞C　B. F＞O＞N＞C　C. N＞C＞O＞F
   D. C＞O＞F＞N　E. N＞F＞O＞C
5. 下列各组量子数，正确的是
   A. n=4，l=3，m=+3，m_s=±1/2　B. n=4，l=5，m=+3，m_s=±1/2
   C. n=3，l=0，m=+1，m_s=±1/2　D. n=2，l=2，m=−1，m_s=±1/2
   E. n=4，l=4，m=+3，m_s=±1/2
6. $|\psi|^2$ 用来描述
   A. 核外电子在空间出现的几率　B. 核外电子在空间出现的几率密度
   C. 核外电子的波动性　D. 核外电子的能级
   E. 核外电子的微粒性
7. 函数 ψ 用来描述
   A. 电子的运动轨迹　B. 电子在空间的运动状态的函数
   C. 电子的运动速度　D. 电子出现的几率密度
   E. 电子的波粒二象性
8. 在以下五种元素的基态原子中，价电子组态正确的是
   A. ^{7}N　$1s^22s^22p^3$　B. ^{6}C $1s^22s^22p^2$　C. ^{8}O $1s^22s^22p^4$
   D. ^{25}Mn　$3d^54s^2$　E. ^{26}Fe　$3d^74s^2$
9. 基态原子 Na（Z=11）最外层有一个电子，描述这个电子运动状态的四个量子数为
   A. n=3，l=1，m=0，m_s=+1/2 或−1/2　B. n=3，l=1，m=+1，m_s=+1/2 或−1/2

C. n=3，l=0，m=0，m_s=+1/2 或−1/2　　D. n=3，l=1，m=−1，m_s=+1/2 或−1/2

E. n=3，l=0，m=1，m_s =+1/2 或−1/2

10. 电子排布为[Ar] $3d^5 4s^0$ 者，可以表示下列哪种离子的构型

A. Mn^{2+}（Z_{Mn}=25）　B. Fe^{2+}（Z_{Fe}=26）　C. Co^{3+}（Z_{Co}=27）

D. Ni^{2+}（Z_{Ni}=28）　E. Cr^{3+}（Z_{Cr}= 24）

11. 以下五种元素的基态原子电子排布中，正确的是

A. ^{13}Al　$1s^2 2s^2 2p^6 3s^3$　　B. ^{6}C　$1s^2 2s^2 2p_x^2 2p_y^0 2p_z^0$

C. ^{4}Be　$1s^2 2p^2$　　D. ^{24}Cr　$1s^2 2s^2 2p^6 3s^2 3p^6 3d^4 4s^2$

E. ^{26}Fe　$1s^2 2s^2 2p^6 3s^2 3p^6 3d^6 4s^2$

12. 基态 ^{29}Cu 原子的电子排布式及价电子构型均正确的是

A. [Ar] $3d^9 4s^2$、$3d^9 4s^2$　　B. [Ar] $3s^2 3d^{10}$、$3s^2 3d^{10}$

C. [Ar] $3s^2 3d^9$、$3s^2 3d^9$　　D. [Ar] $3d^{10} 4s^1$、$3d^{10} 4s^1$

E. [Ar] $3s^1 3d^{10}$、$3s^1 3d^{10}$

13. 下列关于屏蔽效应的说法中错误的是

A. 屏蔽效应存在于多电子原子中

B. 同层电子间屏蔽作用较小

C. 内层电子对外层电子的屏蔽作用大

D. 外层电子对内层电子的屏蔽作用大

E. 屏蔽效应使被屏蔽电子的能级升高

14. 对于基态原子中的电子来说，下列组合的量子数中不可能存在的是

A. n=3，l=1，m=+1，m_s=−1/2　　B. n=2，l=1，m=−1，m_s=+1/2

C. n=3，l=3，m=0，m_s=+1/2　　D. n=4，l=3，m=−3，m_s=−1/2

E. n=3，l=2　m=+1，m_s =−1/2

15. 基态 ^{35}Br 原子的电子层结构、价电子构型均正确的是

A. [Ar] $3d^{12} 4s^2 4p^3$、$3d^{12} 4s^2 4p^3$　　B. [Ar] $3d^9 4s^2 4p^6$、$3d^9 4s^2 4p^6$

C. [Ar] $3d^{10} 4s^3 4p^4$、$3d^{10} 4s^3 4p^4$　　D. [Ar] $3d^{10} 4s^2 4p^5$、$4s^2 4p^5$

E. [Ar] $3d^{10} 4s^3 4p^5$、$3d^{10} 4s^3 4p^5$

16. 基态 ^{24}Cr 原子的电子排布式、在周期表中的位置均正确的是

A. [Ar] $3d^5 4s^1$，d 区　　B. [Ar] $3d^4 4s^2$，d 区

C. [Ar] $3d^5 4s^1$，ds 区　　D. [Ar]$3s^2 3p^6 3d^{10}$，ds 区

E. [Ar] $3d^6 4s^2$，ds 区

17. 下列哪一系列的排列顺序正好是电负性逐渐减小的

A. K Na Li　　B. F O Cl　　C. B C N

D. O F N　　E. C K N

18. 径向分布函数图表示（r 表示电子离核的距离）

A. 核外电子出现的几率密度与 r 的关系

B. 核外电子出现的几率与 r 的关系

C. 核外电子的波粒二象性与 r 的关系

D. 核外电子的速度与 r 的关系

E. 核外电子的质量与 r 的关系

19. 量子力学中所说的原子轨道是指

A. 波函数 ψ　B. 波函数 ψ 绝对值的平方

C. 电子云　D. 电子的运动轨迹

E. 原子的运动轨迹

20. 下列价电子构型，p 轨道属于半充满的是

A. ns^2np^3　B. ns^2np^5　C. ns^2np^1

D. ns^2np^1　E. ns^2np^4

21. 下列说法中错误的是

A. $|\psi|^2$ 表示电子的几率

B. $|\psi|^2$ 表示电子出现的几率密度

C. $|\psi|^2$ 在空间分布的具体图像即为电子云

D. $|\psi|^2$ 的值是<1 的正数

E. $|\psi|^2$ 的值小于对应的值

22. 下列各组量子数（n、l、m）不可能存在的是

A. 3、2、0　B. 3、2、2　C. 3、1、1

D. 3、3、1　E. 3、0、0

23. 提出多电子原子外层电子的能量随（$n+0.7l$）的增大而增大的科学家是

A. 德布罗依　B. 徐光宪　C. 薛定谔

D. 玻尔　E. 爱因斯坦

24. 量子力学的一个原子轨道

A. 与波尔理论中的原子轨道等同

B. 指 n 具有一定数值时的一个波函数

C. 指 n、l 具有一定数值时的一个波函数

D. 指 n、l、m 三个量子数具有一定合理数值时的一个波函数

E. 指 n、m 具有一定数值时的一个波函数

25. 当 n=3 时，l 取值范围正确的是

A. 2、1、0　B. 4、3、2　C. 3、2、1

D. 1、0、−1　E. 2、0、−1

26. 下列描述核外电子运动状态的各组量子数中，可能存在的是

A. 3、0、1、+1/2　B. 3、2、2、+1/2　C. 2、−1、0、−1/2

D. 2、0、−2、+1/2　E. 3、3、2、+1/2

27. 原子轨道角度分布图中，从原点到曲面的距离表示

A. ψ 值的大小　B. Y 值的大小　C. r 的大小

D. $4\pi r^2dr$ 值的大小　E. πr^2dr 值的大小

28. 3d 电子的径向分布函数图有

A. 1 个峰　B. 2 个峰　C. 3 个峰

D. 4 个峰　E. 5 个峰

29. 下列各组元素的第一电离能按递增的顺序正确的是

A. Na、Mg、Al　B. C、B、N　C. Si、P、As

D. He、Ne、Ar　E. B、C、N

30. 某元素基态原子失去 3 个电子后，角量子数为 2 的轨道半充满，该元素原子序数

A. 24　　B. 25　　C. 26

D. 27　　E. 28

31. 在多电子原子中，具有下列各组量子数的电子中能量最高的是

A. 3、2、+1、+1/2　　B. 2、1、+1、−1/2　　C. 3、1、0、−1/2

D. 3、1、−1、+1/2　　E. 3、1、−1、+1/2

32. 下列基态原子的价电子构型中，正确的是

A. $3d^94s^2$　　B. $3d^44s^2$　　C. $3d^64s^1$

D. $4d\ 5s^2$　　E. $3d^64s^2$

33. 如果一个原子的主量子数是 3，则它

A. 只有 s 亚层和 p 亚层　　B. 只有 s 亚层

C. 有 s、p 亚层和 d 亚层　　D. 有 s、p、d 亚层和 f 亚层

E. 只有 p 亚层

34. 原子序数为 19 的元素最可能与下列原子序数为几的元素化合

A. 15　　B. 18　　C. 20　　D. 17　　E. 16

35. 一个电子排布为 $1s^22s^22p^63s^23p^1$ 的元素最可能的价态是

A. +1　　B. +2　　C. +3　　D. −1　　E. −2

36. d 亚层中的电子数最多是

A. 2　　B. 6　　C. 10　　D. 18　　E. 5

37. 下列四种元素的基态原子电子排布中，错误的是

A. ^{17}Cl　$1s^22s^22p^63s^23p^5$　　B. ^{35}Br　$1s^22s^22p^63s^23p^63d^{10}4s^24p^5$

C. ^{29}Cu　$1s^22s^22p^63s^23p^63d^94s^2$　　D. ^{24}Cr　$1s^22s^22p^63s^23p^63d^44s^2$

E. C、D 是错的

38. 铝原子价层轨道的电子是

A. $1s^22s^1$　　B. $3s^23p^1$　　C. $3p^3$　　D. $2s^22p^1$　　E. $4s^24p^1$

39. 当主量子数 n 相同时，s、p、d、f 轨道能级高低顺序是

A. $E_s > E_p > E_d > E_f$　　B. $E_s > E_p > E_d = E_f$

C. $E_p > E_s > E_d > E_f$　　D. $E_d > E_p > E_s > E_f$

E. $E_f > E_d > E_p > E_s$

40. 价电子构型满足 3d 为全充满 4s 中有一个电子的元素为

A. Fe　　B. Cu　　C. Ca　　D. K　　E. Mn

41. 量子数 n=3 和 l=0 的电子有两个，量子数 n=4 和 l=2 的电子有 6 个，满足该电子构型的元素是

A. Fe　　B. Cu　　C. Ca　　D. Cr　　E. Mn

42. 某元素的原子序数为 29，它属于第几周期

A. 第二周期　　B. 第三周期　　C. 第四周期

D. 第五周期　　E. 第六周期

43. 当 n=3，l=1，m=0 时其原子轨道符号是

A. $2p_z$　　B. $3p_z$　　C. $3d_z$　　D. 1s　　E. $4p_z$

44. 下列各组量子数（n、l、m）合理存在的是

A. n=3、l=2、m=+3　　B. n=2、l=0、m=0

C. n=3、l=1、m=+2　　D. n=4、l=3、m=−4

E. n=1、l=1、m=0

45. 下列不合理的一组量子数是

A. n=3、l=0、m=0、m_s=1/2　　B. n=2、l=1、m=1、m_s=1/2

C. n=1、l=2、m=1、m_s=−1/2　　D. n=2、l=1、m=0、m_s=−1/2

E. n=3、l=2、m=2、m_s=1/2

46. 原子序数等于 24 的元素，核外电子排布为

A. $1s^22s^22p^63s^23p^63d^44s^2$　　B. $1s^22s^22p^63s^23p^63d^54s^1$

C. $1s^22s^22p^63s^23p^63d^64s^0$　　D. $1s^22s^22p^63s^23p^64s^24p^4$

E. $1s^22s^22p^63s^23p^63d^6$

47. 量子数 n=3，l=1 的原子轨道可容纳的电子数最多的是

A. 10 个　　B. 6 个　　C. 5 个　　D. 8 个　　E. 2 个

48. 在能量简并的 d 轨道中，电子排布成↑↑↑↑↑，而不排布成↑↓↑↓↑，其最直接的根据是

A. 能量最低原理　　B. 保里原理　　C. 原子轨道能级图

D. 洪特规则　　E. 玻尔理论

49. 提出测不准原理的科学家是

A. 德布罗意　　B. 薛定谔　　C. 海森堡

D. 普朗克　　E. 玻尔

50. 证明电子运动具有波动性的实验是

A. 氢原子光谱　　B. 解离能的测定　　C. 电子衍射实验

D. 光的衍射实验　　E. 光的干射实验

51. 量子数 n=2，l=0 的原子轨道可容纳的电子数最多为

A. 2 个　　B. 6 个　　C. 5 个　　D. 10 个　　E. 0 个

52. 在下列原子轨道中，可容纳的电子数最多的是

A. n=2、l=0　　B. n=3、l=0　　C. n=3、l=1

D. n=3、l=2　　E. n=4、l=3

53. 在以下五种元素的基态原子中，核外电子排布正确的是

A. ^{24}Cr　$1s^22s^22p^63s^23p^63d^44s^2$　　B. ^{29}Cu　$1s^22s^22p^63s^23p^63d^94s^2$

C. ^{8}O　$1s^22s^22p^4$　　D. ^{25}Mn　$1s^22s^22p^63s^23p^63d^64s^1$

E. ^{26}Fe　$1s^22s^22p^63s^23p^63d^74s^1$

54. 电子云是

A. 波函数 ψ 在空间分布的图形　　B. 几率密度$|\psi|^2$在空间分布图形

C. 波函数的径向分布图形　　D. 波函数角度分布图

E. 几率密度$|\psi|^2$的径向分布图

55. 某元素基态原子的最外层电子构型是 ns^nnp^{n+1}，则该原子中未成对电子数是

A. 0 个　　B. 1 个　　C. 2 个　　D. 3 个　　E. 4 个

56. 3p 电子的几率径向分布图有

A. 1 个峰　　B. 5 个峰　　C. 2 个峰　　D. 3 个峰　　E. 4 个峰

57. n=3，l=2 表示亚层数和该亚层的简并轨道数是

A. 3d 和 5　　B. 2d 和 5　　C. 3d 和 3

D. 3d 和 7　　E. 4d 和 5

58. 某电子处在 2P 轨道上，主量子数 n 和角量子数 l 取值为

A. 0 和 1　　B. 1 和 2　　C. 2 和 1

D. 3 和 2　　E. 2 和 0

59. 3s 电子的几率径向分布图有

A. 1 个峰　　B. 5 个峰　　C. 2 个峰　　D. 3 个峰　　E. 4 个峰

60. 某电子处在 3d 轨道上，主量子数 n 和角量子数 l 取值为

A. 0 和 1　　B. 1 和 2　　C. 3 和 2　　D. 3 和 3　　E. 3 和 1

61. 具有 $3d^6 4s^2$ 价电子构型的元素是

A. F　　B. Fe　　C. Cr　　D. Cu　　E. Mn

62. 具有 $3d^{10} 4s^1$ 价电子结构的元素是

A. Mn　　B. Cl　　C. Zu　　D. Cu　　E. Cr

63. ds 区元素包括

A. $Ⅰ_B \sim Ⅱ_B$　　B. $Ⅲ_B \sim Ⅶ_B$　　C. 主族元素

D. 零族元素　　E. $Ⅰ_A \sim Ⅱ_A$

64. 周期表的分区是

A. S 区、P 区、ds 区和 f 区　　B. S 区、P 区、d 区、ds 区

C. S 区、P 区、d 区、f 区　　D. P 区、d 区、ds 区和 f 区

E. S 区、P 区、d 区、ds 区和 f 区

65. 具有 $2s^2 2p^6$ 的价电子结构的元素为

A. F　　B. C　　C. B　　D. N　　E. Ne

66. 在自然界中，只有哪种元素能以单原子形式稳定存在

A. 稀有气体　　B. 过渡元素　　C.金属元素

D. 非金属元素　　E.两性元素

67. 在自然界中，只有稀有气体能以单原子形式稳定存在，这是因为它们具有的价电子构型是

A. ns^2np^6　　B. ns^1np^6　　C. ns^2np^5

D. ns^2np^7　　E. ns^2np^8

68. “s”电子绕核旋转，其轨道是

A. 圆型　　B. ∞字型　　C. 梅花型

D. 哑铃型　　E. 球体

69. “p”电子绕核旋转，其轨道是

A. 圆型　　B. ∞字型　　C. 梅花型

D. 哑铃型　　E. 球体

70. “d”电子绕核旋转，其轨道是

A. 圆型　　B. ∞字型　　C. 梅花型

D. 哑铃型　　E. 球体

71. 铁原子中最后填充的一个电子的量子数是

A. 3、0、0、+1/2　　B. 4、0、0、+1/2

C. 3、2、0、+1/2　　D. 4、2、0、1/2

E. 3、0、0、+1/2

72. 表示电子层的量子数是

A. n　B. n、l　C. n、l、m　D. l　E. l、m

73. 表示原子轨道的量子数是

A. n　B. n、l　C. n、l、m　D. l　E. l、m

74. 表示电子运动状态的量子数是

A. n　B. n、l　C. n、l、m、m_s　D. l　E. l、m

75. 在单电子原子中，决定电子能量的量子数为

A. n　B. n、l　C. n、l、m　D. l　E. l、m

76. 对于角量子数 l 而言，下述描述中正确的是

A. 决定原子轨道的形状　B. 决定自旋量子数的取值

C. 决定多电子原子的层数　D. 决定单电子原子的层数

E. 决定原子轨道在空间的伸展方向

77. 24 号元素铬原子中最后填充的一个电子的量子数是

A. 3、0、0、+1/2　B. 4、0、0、+1/2

C. 3、2、0、+1/2　D. 3、1、1、1/2

E. 3、1、0、+1/2

78. 对于磁量子数 m 而言，下述描述中正确的是

A. 决定原子轨道的形状　B. 决定磁量子数 m 的取值

C. 决定多电子原子的层数　D. 决定单电子原子的层数

E. 决定原子轨道在空间的伸展方向

79. 对于自旋量子数 m_s 而言，下述描述中正确的是

A. 决定原子轨道的形状　B. 表示电子在空间的自旋方向

C. 决定多电子原子的层数　D. 决定单电子原子的层数

E. 决定原子轨道在空间的伸展方向

80. 对于主量子数 n 而言，下述描述中正确的是

A. 决定原子轨道的形状

B. 表示电子在空间的自旋方向

C. 表示电子出现最大的区域离核的远近和轨道能量的高低

D. 决定单电子原子的层数

E. 决定原子轨道在空间的伸展方向

81. f 亚层中电子数最多的是

A. 2　B. 6　C. 14　D. 18　E. 5

82. P 亚层中电子数最多的是

A. 2　B. 6　C. 10　D. 18　E. 5

83. s 亚层中电子数最多的是

A. 2　B. 6　C. 10　D. 18　E. 5

84. 量子数 n=4 和 l=0 的电子有 1 个，量子数 n=3 和 l=2 的电子有 5 个，满足该电子构型的元素是

A. Fe　B. Cu　C. Ca　D. Cr　E. Mn

85. 量子数 n=4 和 l=0 的电子有 1 个，量子数 n=3 和 l=2 的电子有 10 个，满足该电子构型的元素是

A. Fe　B. Cu　C. Ca　D. Cr　E. Mn

86. 量子数 n=4 和 l=0 的电子有 2 个，量子数 n=3 和 l=2 的电子有 5 个，满足该电子构型的元素是

A. Fe　B. Cu　C. Ca　D. Cr　E. Mn

87. 当 n=3，l=2，m=0 时其原子轨道符号是

A. $3dz^2$　B. $3\ dx^2$　C. dy^2　D. $3dxy^2$　E. $3dxz^2$

88. 当 n=3，l=0，m=0 时其原子轨道符号是

A. 3s　B. 3p　C. 3d　D. 4s　E. 4p

89. d 区元素包括

A. $Ⅰ_B$～$Ⅱ_B$　B. $Ⅲ_B$～$Ⅶ_B$　C. Ⅷ

D. 零族元素　E. C 和 B 均对

90. s 区元素包括

A. $Ⅰ_B$～$Ⅱ_B$　B. $Ⅲ_B$～$Ⅶ_B$　C. 主族元素

D. 零族元素　E. $Ⅰ_A$～$Ⅱ_A$

91. p 区元素包括

A. $Ⅰ_B$～$Ⅱ_B$　B. 主族元素　C. 零族元素

D. B 和 C 均对　E. $Ⅰ_A$～$Ⅱ_A$

92. 量子数 n=4 和 l=0 的电子有 2 个，量子数 n=3 和 l=2 的电子有 10 个，满足该电子构型的元素是

A. Fe　B. Cu　C. Zn　D. Cr　E. Mn

93. 当 n=3，l=1，m= +1 时其原子轨道符号是

A. $2p_x$　B. $3p_x$　C. $3d_z$　D. $3p_y$　E. $4p_z$

94. 当 n=3，l=1，m=−1 时其原子轨道符号是

A. $2p_x$　B. $3p_y$　C. $3d_z$　D. $3p_x$　E. $4p_z$

【B_1 型题】

A. $1s^22s^22p^5$　B. $1s^22s^2$　C. $1s^22s^22p^63s^23p^64s^2$

D. $1s^22s^22p_x2p_y$　E. $1s^2$

95. 基态原子 F 的电子组态是

96. 基态原子 He 的电子组态是

A. $[Kr]\ 4d^{10}5s^1$　B. $[Kr]\ 4d^95s^2$　C. $[He]\ 2s^22p^4$

D. $[Kr]\ 4d^85s^2$　E. $[Kr]\ 4d^{10}$

97. 基态 ^{47}Ag 原子的电子层结构式为

98. 基态 ^{8}O 原子的价电子构型为

A. n=3、l=0、m=0、m_s=+1/2　B. n=2、l=0、m=0、m_s=±1/2

C. n=2、l=0、m=0、m_s=+1/2 或−1/2　D. n=1、l=0、m=0、m_s=+1/2

E. n=3、l=0、m=0、m_s=+1/2 或−1/2

99. 基态 ^{3}Li 原子的价电子运动状态是

100. 基态 ^{1}H 原子的核外电子运动状态是

A. $X_{Cl}>X_{o}$　　B. $X_{o}>X_{Cl}$　　C. $I_{1,N}>I_{1,O}$

D. $I_{1,O}>I_{1,N}$　　E. $I_{1,O}>I_{1,He}$

101. 元素电负性 X 大小次序正确的是

102. 元素原子的解离能 I_1 大小次序正确的是

A. P 轨道上的电子数　　B. s 轨道上的电子数

C. 元素原子的电子层数　　D. 最外层的电子数

E. 内层电子数

103. 决定元素在元素周期表中所处周期数是

104. 决定主族元素在元素周期表中所处族数是

二、填空题

1. 根据现代结构理论，核外电子的运动状态可用________来描述，习惯上称其为；$|\psi|^2$ 表示________，它的形象化表示是示________。

2. 4p 轨道的主量子数示________，角量子数为示________，该亚层的轨道最多可以有示________种空间取向，最多可容纳示________个电子。

3. 周期表中 s 区，p 区，d 区和 ds 区元素的价电子构型分别为________，________，________和________。

4. 第四周期 19～30 号元素中，3d 轨道半充满的是示________，4s 轨道半充满的是示________，3d 轨道全充满的是示________。

5. 周期表中最活泼的金属是（除放射性元素外）__________，最活泼的非金属是________；原子序数最小的放射性元素在第________周期，其元素符号为________ 。

6. 比较原子轨道的能量高低。

钾原子中，E_{3s}________E_{3p}，E_{3d}________E_{4s}

铁原子中，E_{3s}________E_{3p}，E_{3d}________E_{4s}

7. 电子的钻穿本领越大，该电子受其他电子的屏蔽效应越________；则这个电子的能量越________。故在多电子原子中，$E_{ns}>E_{np}>E_{nd}>E_{nf}$ 的能量依次________。

8. 电子波是一种反映电子运动统计规律的________，即在波强度大的地方，电子出现的________；在波强度小的地方，电子出现的________。

9. 符号 φ3，2，0 的原子轨道符号表示________。

10. 只有________、________和________等三个量子数的取值和组合符合一定要求时，才能确定一定波函数 ψ。波函数 ψ 表示了电子的一种________状态。故波函数 ψ 也称为________。

11. 波函数的平方 $|\psi|^2$ 反映了在电子在核外空间各点出现的________；$|\psi|^2$ 的空间分布图像叫________。

12. n=4，l=3 表示________亚层；该亚层的简并（等价）轨道是________。

13. 某元素在氪之前，该元素的原子失去两个电子后的离子在角量子数为 2 的轨道中有一个单电子，若只失去一个电子则离子的轨道中没有单电子。该元素的符号为________，其基态原子核外电子排布为________，该元素在________区，第________族。

14. 硅原子的最外层电子有四个，根据半满或全满稳定的规律，硅原子的核外电子组态表示为________。

15. n=3，l=2 表示________亚层；该亚层的简并（等价）轨道数是________。

16. n=2，l=1 表示________亚层；该亚层的简并（等价）轨道数是________。

17. n=1，l=0 表示________亚层；该亚层的简并（等价）轨道数是________。

三、判断题

1. Bohr 理论的原子轨道与量子力学中原子轨道具有相同的概念。

2. 量子力学中，描述一个原子轨道，需要四个量子数；描述一个原子轨道上运动的电子，要用三个量子数。

3. 物质波与经典波在本质上是不同的。

4. 对氢原子而言，Bohr 理论的处理结果与量子力学的处理结果是一致的。

5. 氧原子的 2s 轨道的能量与碳原子的 2s 轨道的能量相同。

6. He^{+}中 2s 与 2p 轨道的能量相同，而 He 中 2s 与 2p 轨道的能量不相等。

7. H 中 1s 轨道的能量与 Li^{2+}中 1s 轨道的能量相等。

8. 能级交错现象只能用于钻穿效应解释，不能用屏蔽效应解释。

9. 电负性较大的元素往往是非金属元素，电负性较小的元素往往是金属元素。

10. N 的第一电子能比 O 的大。

11. 原子中某电子所受的屏蔽效应可以认为是其他电子向核外排斥该电子，使其能量降低的效应。

12. 屏蔽作用使外层电子的能量升高，钻穿效应使核附近电子的能量降低。

13. 主量子数为 4 时，有 4s，4p，4d 和 4f 四个能级。

14. 主量子数为 1 时，有自旋相反的两条轨道。

15. 第三个电子层中最多能容纳 18 个电子（$2n^2$），则在第三周期中就有 18 种元素。

16. 球坐标波函数是由角度波函数和径向波函数组成。

17. 氟元素的电负性大于氯元素的。

18. 电子云的界面图可表示电子云的形状。

19. H 原子的 $E_{4s}>E_{3d}$，而 Fe 原子的 $E_{4s}<E_{3d}$。

20. 电子不具有波粒二象性。

21. 七个能级组是周期表划分为七个周期的依据。

四、简答题

1. 写出原子序数为 17 的元素核外电子排布、价电子构型、元素符号、元素名称、区以及此元素在周期表中的位置。

2. 写出基态 ^{29}Cu 的电子层结构式、价电子构型、元素符号、元素名称、区以及此元素在周期表中的位置。

3. 写出下列基态离子电子层结构。（内层用原子式表示）

（1）F^{-}（Z=9）

（2）Fe^{2+}（Z=26）

4. 写出原子序数为 25 的元素核外电子排布、价电子构型、元素符号、元素名称、区以及此元素在周期表中的位置。

5. 下列核外电子排布中，违背了哪个原理?写出它的正确核外电子排布。

$^{6}C\quad 1s^22s^22p_x^2 2p_y^0 2p_z^0$

6. 下列硼元素的基态原子核外电子排布中，违背了哪个原理? 写出它的正确核外电子排布。

$^{5}B\quad 1s^22s^3$

7. 下列铍元素的基态原子核外电子排布式中，违背了哪个原理? 写出它的正确电子构型。

$^{4}Be\quad 1s^22p^2$

8. 元素电负性的含义是什么?

9. s，p，d，f 各轨道最多能容纳多少个电子?

10. 当主量子数 n=4 时，有几个能级?各能级有几个轨道?最多能容纳多少个电子?

11. 写出基态 ^{24}Cr 的电子层结构式、价电子构型、元素符号、元素名称、区以及此元素在周期表中的位置。

五、问答题

1. "只有当量子数 n、l、m 取值合理时，就能确定电子的某种运动状态。" 这句话错在何处?

2. 用四个量子数 n、l、m、m_s 描述基态 Fe^{3+}（Z_{Fe}=26）最外层 d 电子的运动状态?

3. 屏蔽作用使电子的能量升高，钻穿效应使电子的能量降低.试述其原因?（举例说明）

4. 核外电子运动有哪些特点?（包括描述核外电子运动状态的量子力学函数）

5. 氢原子核外电子能级由哪个量子数决定?E_{4s} 与 E_{3d} 能级高低如何?

6. 氢原子的核电荷数和有效核电荷数是否相等?为什么? 氢原子核外电子能级由哪个量子数决定?E_{4s} 与 E_{3d} 能级高低如何?

7. 多电子原子中，核外电子能级由什么量子数确定?为什么?用徐光宪规则说明 E_{4s} 与 E_{3d} 能级高低次序?

8. 下列量子数哪些是不合理的? 为什么? 正确的取值是什么?

（1）n= 1、l= 1、m = 0

（2）n= 2、l= 0、m =±1

9. 多电子原子核外电子的填充遵循哪三条规则。（举例说明）

参考答案

一、选择题

1. C 2. D 3. B 4. B 5. A 6. B 7. B 8. D 9. C
10. A 11. E 12. D 13. D 14. C 15. D 16. A
17. B 18. B 19. A 20. A 21. D 22. D 23. B
24. D 25. A 26. B 27. B 28. A 29. E 30. C
31. A 32. E 33. A 34. D 35. C 36. C 37. E
38. B 39. E 40. B 41. A 42. C 43. B 44. B
45. C 46. B 47. B 48. D 49. C 50. C 51. A
52. E 53. C 54. B 55. D 56. C 57. A 58. C
59. D 60. C 61. B 62. D 63. A 64. E 65. A
66. A 67. A 68. E 69. D 70. C 71. C 72. A
73. C 74. C 75. A 76. A 77. C 78. E 79. B
80. C 81. C 82. B 83. A 84. D 85. B 86. E
87. A 88. A 89. E 90. E 91. D 92. C 93. B
94. B 95. A 96. E 97. A 98. C 99. C 100. D
101. B 102. C 103. C 104. D

二、填空题

1. 波函数 原子轨道 $|\psi|^2$ 几率密度 电子云

2. 4 1 3 6

3. $ns^{1\sim2}$ $ns^2np^{1\sim6}$ $(n-1)d^{1\sim9}4s^{1\sim2}$ $(n-1)d^{10}4s^{1\sim2}$

4. Cr 和 Mn K Cu 和 Zn

5. Cs F 五 Tc

6. <（或小于） >（或大于） <（或小于） >（或大于）

7. 小 低 增大

8. 物质波（或几率波） 几率大 几率小

9. $3dz^2$

10. 主量子数 角量子数 磁量子数 空间运动 原子轨道

11. 几率密度 电子云

12. 4f 7

13. Cu [Ar]$3d^{10}$ $4s^1$，ds，1_B

14. Si[Ne] $3s^23p_x{}^13p_y{}^13p_z{}^0$

15. 3d 5

16. 2p 3

17. 1s 1

三、判断题

1.（F）2.（F）3.（T）4.（F）5.（F）6.（T）7.（F）8.（F）9.（T）10.（T）11.（F）12.（T）13.（T）14.（F）15.（F）16（T）17.（T）18.（T）19.（T）20.（F）21.（T）

四、简答题

1. $1s^22s^22p^63s^23p^5$ $3s^23p^5$ Cl 氯元素 第三周期 p 区 $Ⅶ_A$

2. ^{29}Cu：[Ar]$3d^{10}4s^1$ 或 $1s^22s^22P^63s^23P^63d^{10}4s^1$ 四 $Ⅵ_B$ d 区 $3d^{10}4s^1$

3.（1）F^-：[He] $2S^22P^6$ （2）Fe^{2+}：[Ar]$3d^6$

4. $1s^22s^22p^63s^23p^63d^54s^2$ $3d^54s^2$ Mn 锰元素 四 d 区 $Ⅶ_B$

5. 违背了洪特规则 正确电子排布：^{6}C $1s^22s^22p_X{}^12p_Y{}^12p^0{}_Z$

6. 违背了保里不相容原理 正确电子排布：^{5}B $1s^22s^22p^1$

7. 违背能量最低原理。正确的电子排布应是：^{4}Be $1s^22s^2$

8. 在化学键中原子吸引成键电子能力的相对大小的尺度（或原子在分子中对成键电子的吸引能力）

9. s 轨道最多能容纳的 2 个电子；p 轨最多能容纳道的 6 个电子；

d 轨道最多能容纳的 10 个电子；f 轨道最多能容纳的 14 个电子。

10. 4 个能级 16 条轨道 32 个电子

11. ^{24}Cr：[Ar]$3d^54s^1$ 或 $1s^22s^22P^63s^23P^63d^54s^1$ 四 $Ⅵ_B$ d 区 $3d^54s^1$

五、问答题

1. 根据薛定谔（Shrodinser）方程，该函数 ψ 表示电子的某种运动状态的函数，当 n、l、m 确定时，可以得到一个合理的 ψ。

然而实验证明，电子本身有自旋运动，用量子数 m_s 表示，它不是由解薛定谔方程得来的。所以正确的说法是：n、l、m 表示一个原子轨道，而 n、l、m、m_s 才表示一个电子的运动状态。

2. 这五个 d 电子的空间运动状态为：

n=3、l=2、m=0、m_s=+1/2（或–1/2）

n=3、l=2、m=+1、m_s=+1/2（或–1/2）

n=3、l=2、m=–1、m_s=+1/2（或–1/2）

n=3、l=2、m=+2、m_s=+1/2（或–1/2）

n=3、l=2、m=–2、m_s=+1/2（或–1/2）

3.（1）屏蔽作用主要是讨论内层电子对外层电子的影响，由于内层电子数增加，屏蔽常数增加（或内层解子对外层电子的斥力增大）从而抵了部分核电荷对外层电子的吸引（即有效核电荷数降低），使外层电子能量升高。

（2）钻穿效应主要是考虑径向分布函数对电子能量的影响。某电子的钻穿效应大，是因为其径向分布函数在核附近有较大的数值，表示该电子在核附近出现的几率较大，受核吸引较强，从而使其能量降低。

如电子钻穿能力：$E_{3s}>E_{3p}>E_{3d}$

电子能级高低：$E_{3s}<E_{3p}<E_{3d}$

4. 核外电子运动有下述四个基本特点：

（1）核外电子具有波粒二象性，即有测不准关系 $\Delta x \cdot \Delta P \approx h$，只能由几率，几率密度分布来描述其运动状态。

（2）核外电子的能量是不连续的，分为不同的能级，其能级大小由主量子数 n（单 e 体系）和角量子数 l（多电子原子由 n 和 l 确定）确定。

（3）电子的运动状态用波函数 ψ 来描述，三个量子数 n、l、m 取值合理时，可以确定核外电子的一个原子轨道，记作 ψ（n，l，m）四个量子数 n、l、m、m_s 取值合理时，可以确定核外电子的一种空间运动状态。

（4）电子的运动没有经典力学中的确定轨道，而有与 $|\psi^2|$ 成正比的几率密度分布。

5. H 原子核外电子能级高低只由主量子数 n 确定。n 越大，电子离核越远，受核的引力越小，电子能级越高；n 越小，电子离核越近，受核的引力越大，电子能级越低。故 $E_{4s}>E_{3d}$

6.（一）多电子原子核外电子能级高低由主量子数 n 和角量子数 l 共同确定。

原因：（1）多电子原子中，核外电子除受核引力外，还存在电子间的斥力，即存在着电子间的屏蔽作用，屏蔽作用能使电子的能量升高，n 值越大，外层电子受到内层电子的屏蔽作用越大，能级越高；

（2）多电子原子中，随 1s、2p、3d、4f 电子外，其余电子都能穿过内层钻到核附近，回避了其他电子的屏蔽，叫电子的钻穿效应。钻穿效应与角量子数 l 有关，能使电子的能级降低，如同层中，电子的钻穿能力是：$E_{ns}>E_{np}>E_{nd}>E_{nf}$，电子的能级却是：$E_{ns}<E_{np}<E_{nd}<E_{nf}$。

（二）多电子原子中电子的近似能级由徐光宪教授的（n+0.7l）规则确定；（n+0.7l）值大的，电子的能级高；（n+0.7l）值小的，电子的能级低。

由此可知，在多电子原子中：

$E_{4s}=4+0.7\times 0=4.0$

$E_{3d}=6+0.7\times 2=4.4$

故 $E_{3d}>E_{4s}$。

7.（1）n、l、m 三个量子数的取值既有一定的联系，又有一定的制约，由于 n=1 时，l 的最小值和最大值只能是 0，m 的最小值是 0，最大值也是 0，故 l=1 是不合理的，l 应该等于 0。

（2）n=2 时，l 可以取 0，1，故 n=2 时，l=0 是正确的；l=0 时，m 的最小值和最大值只能是 0，故 $m=\pm1$ 是错的，m 应该等于 0。

8. n=2、l=0，m 只能取值为 0。

9. 多电子原子核外电子的填充遵循三条规则：保里不相容原理；能量最低原理；洪特规则。

（1）根据保里不相容原理，在同一原子中，没有彼此完全处于相同状态的电子。也就是说，在同一原子中不能有四个量子数完全相同的两个电子存在。（或者：每一个原子轨道最多只能容纳二个自旋反平行的电子）。如 $1s^3$ 违背了这个原则。正确的排布是：$1s^22p^1$。

（2）根据能量最低原理，电子应先填入最低能级轨道，然后依次填入能级较高的轨道。如：$1s^22p^2$ 违背了这个原则。正确的排布是：$1s^22s^2$。

（3）根据洪特规则，在能量相等的简并（或等价）轨道上，电子总是尽先以自旋相同（或自旋平行）的方式，分占不同的轨道，使原子能量最低；$3d^44s^2$ 违背了这个规则。正确有排布为：$1s^22s^22p^63s^23p^63d^54s^1$。

第七章　分子结构

基本要求

（1）熟悉离子键的形成、特点、离子化合物及离子的电荷、电子排布和半径。
（2）掌握共价键的本质、特点、形成条件和共价键概念。
（3）掌握价键理论和杂化轨道理论的要点。
（4）熟悉共价键的极性和键参数的物理意义。
（5）掌握分子轨道理论的要点，分子轨道的类型和同核双原子分子的分子轨道。
（6）掌握分子的磁性、极性和极性分子。
（7）熟悉分子间作用力的存在及其对物质某些性质的影响。
（8）尤其掌握氢键形成条件、特点和应用。
（9）了解经典的路易斯学说。

学习要点

化学键：分子内部直接相邻的原子或离子间的强相互作用力称为化学键。化学键可分成离子键、共价键和金属键，本章重点讨论共价键。物质的某些性质与组成物质分子的化学键类型有关，也与分子间的相互作用力有关。

一、离　子　键

两原子间发生电子转移，形成正、负离子，通过离子间的静解作用而形成的化学键称离子键。

1. 形成离子键的条件和离子键的特征　两成键原子的电负性差大可形成离子键。$\mathrm{I_A}$、$\mathrm{II_A}$族等元素与卤族元素、氧元素等形成的氧化物、卤化物、氢氧化物和含氧酸盐等化合物分子中存在着离子键。

离子键的特点是没有方向性和饱和性。正、负离子所带电荷是球形对称分布，它们可以从任何方向互相吸引，因此没有方向性。正、负电荷间永远存在着引力，其大小决定于电量和距离，所以没有饱和性。

2. 离子的电子构型　离子键的强弱取决于组成它的离子，而后者的性质与离子的三要素即离子的电荷、半径及电子构型有关。

离子的电子构型就是指离子的电子层结构。离子的内层电子是充满的。可按照离子外层电子层结构的特点将离子的电子构型分成5种类型：2电子构型（s^2）；8电子构型（s^2p^6）；18电子构型（$s^2p^6d^{10}$）；18+2电子构型（$s^2p^6d^{10}s^2$）；不规则构型（$s^2p^6d^{1\sim9}$）。

二、共　价　键

原子间通过共用电子对结合的化学键称共价键。

近代共价键理论分为价键理论和分子轨道理论两部分。

1. 价键理论 价键理论认为两原子中，自旋相反的未成对电子的原子轨道发生重叠，两核间密集的电子云吸引两原子核，降低两核的排斥作用，从而使体系能量降低而成键。

2.共价键的形成条件：

（1）自旋相反的未成对电子可配对形成共价键。

（2）成键电子的原子轨道尽可能达到最大程度的重叠。重叠越多，体系能量降低越多，所形成的共价键越稳定。以上称最大重叠原理。

3. 共价键的特征

（1）共价键的饱和性：即两原子间形成共价键的数目是一定的。两原子各有 1 个未成对电子，可形成共价单键；若各有 2 个或 3 个未成对电子则可形成双键和叁键。

（2）共价键的方向性：为满足最大重叠原理，两原子间形成共价键时，两原子轨道要沿着一定方向重叠，因此，形成的共价键有一定方向。

4. 共价键的类型

（1）σ 键：两原子轨道沿键轴方向进行重叠，所形成的键称 σ 键。

重叠部位在两原子核间，键轴处。重叠程度较大。

（2）π 键：两原子轨道沿键轴方向在键轴两侧平行重叠，所形成的键称 πσ 键。重叠部位在键轴上、下方，键轴处为零。重叠程度较小。

三、杂化轨道与分子轨道

1. 杂化轨道理论 在成键过程中，同一原子中能量相近的某些原子轨道可重新组合成相同数目的新轨道，这一过程称杂化。杂化后形成的新轨道称杂化轨道。

2. 杂化轨道理论要点

（1）原子在成键时，同一原子中能量相近的原子轨道可重新组合成杂化轨道。

（2）参与杂化的原子轨道数等于形成的杂化轨道数。

（3）杂化改变了原子轨道的形状、方向。杂化使原子的成键能力增加。

3. s 和 p 原子轨道杂化 ns、np 原子轨道能量相近，常采用 sp 型杂化。有下列三种杂化轨道的类型见下表：

类型	轨道数目	空间构型	实例
sp	2	直线	$HgCl_2$、$BeCl_2$
sp^2	3	三角平面	BF_2
Sp^3	4	四面体	CCl_4、NH_3、H_2O

根据各杂化轨道中所含各原子轨道成分是否相同，又分为等性杂化和不等性杂化。例如，在 NH_3 分子形成时 N 原子采取了 sp^3 不等性杂化，形成的 4 个杂化轨道中有 1 个轨道中有 1 对孤对电子，其余 3 个轨道各有 1 个不成对电子，孤对电子所在轨道 s 成分多些，能量低些，与其余 3 个轨道不同等。孤对电子不参与成键，所以 NH_3 分子的空间构型为三角锥型。孤对电子对成键电子对的斥力较大，所以∠HNH 小于正四面体中键间夹角。

4. 分子轨道理论 分子轨道理论认为分子中的电子是在整个分子范围内运动，成键电子不是定域在两原子之间。用 ψ 描述分子中电子的运动状态，$|\psi|^2$ 表示电子在分子中空间

某处出现的几率密度。

理论要点：

（1）分子轨道是由所属原子轨道线性组合而成。由 n 个原子轨道线性组合后可得到 n 个分子轨道。其中包括相同数目的成键分子轨道和反键分子轨道，或一定数目的非键轨道。

（2）由原子轨道组成分子轨道必须符合对称性匹配、能量近似及轨道最大重叠这三个原则。

（3）形成分子时，原子轨道上的电子按能量最低原理、保利不相容原理和洪特规则这三个原则进入分子轨道。

5. 分子轨道的类型：

（1）σ 分子轨道：原子轨道沿着键轴发生重叠所形成的分子轨道称 σ 分子轨道。具有圆柱形对称性。电子进入成键 σ 分子轨道则形成 σ 键。

（2）π 分子轨道：原子轨道在键轴两侧平行重叠所形成的分子轨道称 π 分子轨道。具有通过键轴的对称面。电子进入成键 π 分子轨道则形成 π 键。电子进入由 3 个或 3 个以上原子组成的成键 π 分子轨道则形成大 π 键。

6. 双原子分子的分子轨道：

第二周期元素的原子各有 5 个原子轨道（1s2s2p），在形成同核双原子分子时按组成分子轨道的三个原则可组成 10 个分子轨道。有下列两种轨道能级顺序。

对 O_2、F_2：

$$\sigma_{1s}<\sigma^*_{1s}<\sigma_{2s}<\sigma^*_{2s}<\sigma_{2Px}<\pi_{2Py}=\pi_{2Pz}<\pi^*_{2Py}=\pi^*_{2Pz}<\sigma^*_{2Px}$$

对 Li_2、Be_2、B_2、C_2、N_2：

$$\sigma_{1s}<\sigma^*_{1s}<\sigma_{2s}<\sigma^*_{2s}<\pi_{2Py}=\pi_{2Pz}<\sigma_{2Px}<\pi^*_{2Py}=\pi^*_{2Pz}<\sigma^*_{2Px}$$

按照电子填充规则电子进入分子轨道：

$$2O\ (1s^2,\ 2s^22p^4) \rightarrow O_2\ [KK\ (\sigma_{2s})^2\ (\sigma^*_{2s})^2\ (\sigma_{2Px})^2\ (\pi_{2Py})^2\ (\pi_{2Pz})^2\ (\pi^*_{2Py})^1\ (\pi^*_{2Pz})^1]$$

$$2N\ (1s^2,\ 2s^22p^3) \rightarrow N_2\ [KK\ (\sigma_{2s})^2\ (\sigma^*_{2s})^2\ (\pi_{2Py})^2\ (\pi_{2Pz})^2\ (\sigma_{2Px})^2]$$

从分子轨道结构式可知在 O_2 分子中形成了 1 个 σ 键，2 个三电子 π 键，其键级等于 2。在 π 反键轨道上有 2 个单电子，故 O_2 分子有顺磁性。N_2 分子中形成了 1 个 σ 键，2 个 π 键，其键级等于 3。

四、分子的磁性与极性

1. 分子的磁性　因物质在外磁场中表现不同，可将物质分成抗磁性物质和顺磁性物质两类。

种类	结构特点	磁矩（μ）	外加磁场	与外磁场作用
抗磁性	无单电子（H_2、N_2）	等于零	产生诱导磁矩 磁矩方向与外磁场方向相反	相互排斥
顺磁性	有单电子（H^+_2、O_2）	不等于零	微观磁子的磁矩取向磁矩方向与外磁场方向相同	相互吸引

磁矩值（μ）大小与单电子数（n）关系为

$$\mu=\sqrt{n(n+2)}$$

2. 分子的极性　凡分子的正负电荷中心重合，不产生偶极，称为非极性分子。若分子的正负电荷中心不重合，分子中有“+”极和“-”极，这样分子产生了偶极，称为极性分子。分子的极性既决定于共价键的极性也决定分子的空间构型。

H_2	HCl（$^{\delta+}H-^{\delta-}Cl$）	CO_2（$^{\delta-}O=^{\delta+}C=^{\delta-}O$）	H_2O 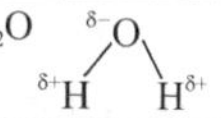
非极性共价键 非极性分子	极性共价键 极性分子	极性共价键 正、负电荷中心重合 非极性分子	极性共价键 正、负电荷中心不重合 极性分子

用偶极矩（μ）来度量分子的极性大小

$$\mu=\delta\cdot d$$

五、分子间作用力

除化学键以外的基团间、分子间相互作用力的总称便是分子间作用力。

1. 范德华力　是共价化合物分子间普遍存在的作用力，由以下三种力组成。

（1）取向力：由极性分子存在的正负两极互相吸引而产生的。使原来杂乱无章的极性分子作定向排布故称之为取向力。

（2）诱导力：极性分子的永久偶极可诱导非极性分子产生诱导偶极，并相互吸引，称之为诱导力。极性分子与极性分子间也存在着诱导力。

（3）色散力：分子在运动过程中，每瞬间分子内的带负电部分和带正电部分不时发生相对位移，产生瞬时偶极。并始终处于异极相邻状态而相互吸引。非极性分子与非极性分子；极性分子与非极性分子；极性分子与极性分子之间都存在着色散力。

若把上述讨论扩展到同时有离子化合物存在，则离子与极性分子间存在着离子－永久偶极作用力；离子与非极性分子间存在着离子—诱导偶极作用力。范德华力与物质的某些性质有关。例如，范德华力越大，共价化合物的熔、沸点越高；溶质与溶剂间范德华力越大，溶质易溶于该溶剂中。

2. 氢键　与电负性大、半径小的原子（N、O、F 原子）结合的 H 原子去吸引另一个解负性大、半径小的原子（N、O、F 原子）的孤对电子则形成氢键。可表示为 X—H……Y。

氢键键能与范德华力在同一数量级。但氢键有饱和性，X—H 中的 H 原子只能吸引一个 Y 原子上的孤对电子。此外，分子间氢键有方向性，X—H 中之 H 原子是沿着 Y 原子中孤对电子云伸展方向去吸引。

氢键影响物质的性质。分子间形成氢键，可使物质的熔、沸点升高。如果溶质分子与溶剂分子间能形成氢键，将有利于溶质分子的溶解。

强 化 训 练

一、选择题

【A_1 型题】

1. 已知 O_2 的分子轨道的表达式为：$KK\sigma_{2S}{}^2<\sigma_{2S}^{*2}<\sigma_{2Px}^2<\pi_{2Py}{}^2\ \pi_{2Pz}{}^2<\pi^*{}_{2Py}{}^1\pi^*{}_{2Pz}{}^1$，则 O_2 的键级为：

A. 2　　　　B. 2.5　　　　C. 3

D. 1　　E. 3

2. 分子的偶极矩μ 都为 0 的非极性分子是

A. CO_2，H_2O，NH_3　　B. CO_2，BF_3，CCl_4　　C. H_2O，CO，CO_2

D. HF，HCl，HI　　E. H_2O，BF_3，$CHCl_3$

3. 分子的偶极矩μ都大于 0 的极性分子是

A. H_2O，NH_3，HCl　　B. H_2，O_2，N_2　　C. F_2，Cl_2，Br_2

D. HNO_3，CCl_4，O_2　　E. CO_2，BF_3，CH_4

4. 下列各组分子间能形成分子间氢键的是

A. He 和 H_2O　　B. H_2O 和 CH_3OH　　C. N_2 和 H_2

D. O_2 和 H_2　　E. H_2 和 He

5. 现代价键理论 VB 法认为形成共价键的首要条件是

A. 两原子只要有成单的价电子就能配对成键

B. 成键电子的自旋相同的未成对的价电子互相配对成键

C. 成键电子的自旋相反的未成对价电子相互接近时配对成键，形成稳定的共价键

D. 成键电子的原子轨道重叠越少，才能形成稳定的共价键

E. 共价键是有饱和性和方向性的

6. 根据分子结构，下列化合物无氢键存在的分子是

A. H_2O　　B. NH_3　　C. C_6H_6

D. HF　　E. H_2O 与 NH_3

7. 下列说法中正确的是

A. 离子键的特点是没有方向性和饱和性

B. 离子键的特点是有方向性和饱和性

C. 任何两种或多种元素的原子间均能形成离子型化合物

D. 相互作用的元素的电负性相差越小，离子键的离子性越大

E. 相互作用的元素的电负性相差越大，离子键的离子性越小

8. 下列物质中，有离子键的是

A. O_2　　B. HCl　　C. NaCl

D. CCl_4　　E. N_2

9. NH_3 的中心原子 N 采用的杂化类型和分子的空间构型分别为

A. sp^3 等性杂化、三角锥型　　B. sp^3 不等性杂化，三角锥型

C. sp 等性杂化，直线型　　D. sp^2 不等性杂化和平面三角型

E. s^2p 不等性杂化和平面三角型

10. 下列分子中，键角最小的是

A. H_2O　　B. NH_3　　C. BF_3

D. CH_4　　E. $HgCl_2$

11. BF_3 的中心原子 B 采用的杂化类型和分子的空间构型分别为

A. sp^3 等性杂化，正四面体型　　B. sp^3 不等性杂化，V 字型

C. sp^2 等性杂化，平面三角型　　D. sp 等性杂化，直线型

E. sp 等性杂化，三角锥型

12. H_2O 的中心原子 O 采用的杂化类型和分子的空间构型分别为

A. sp^3等性杂化，V字型　　B. sp^3不等性杂化，V字型
C. sp^2等性杂化，平面三角型　　D. sp等性杂化，直线型
E. sp等性杂化，三角锥型

13. $BeCl_2$分子的中心原子采用的杂化类型和分子的空间构型分别为
A. sp^3等性杂化，三角锥型　　B. sp^3不等性杂化，三角锥型
C. sp性杂化，直线型　　D. sp^2等性杂化，平面三角型
E. sp等性杂化，三角锥型

14. NH_3，H_2O，CH_4，BF_3，$HgCl_2$五种分子中，中心原子采用SP^3等性杂化轨道成键的是
A. NH_3　　B. H_2O　　C. BF_3
D. CH_4　　E. $HgCl_2$

15. 已知$HgCl_2$是直线分子，则Hg的成键杂化轨道是
A. sp　　B. sp^2　　C. sp^3
D. d^2sp^3　　E. sp^3d^2

16. 下列分子中有顺磁性的是
A. H_2　　B. F_2　　C. N_2
D. O_2　　E. He_2

17. 下列分子中键级为O的是
A. H_2^+　　B. H_2　　C. He_2
D. F_2　　E. N_2

18. 下列有关σ键与π键的说法中哪一种是错误的
A. σ键比π键稳定　　B. s与s轨道以“头碰头”重叠形成σ键
C. σ键可单独存在于分子中　　D. p_Y与p_Z轨道以“肩并肩”重叠形成π键
E. p_Y与p_Y轨道以“肩并肩”重叠形成π 键

19. 下列分子中，中心原子采用的杂化轨道类型错误的是
A. H_2O中，O原子采用sp^3不等性杂化
B. NH_3中，N原子采用sp^3不等性杂化
C. BF_3中，B原子采用sp^2等性杂化
D. $BeCl_2$中，Be原子采用sp^2等性杂化
E. $BeCl_2$中，Be原子采用sp等性杂化

20. 下列分子中，键角大小次序错误的是
A. $NH_3>H_2O$　　B. $H_2O>NH_3$　　C. $CH_4>H_2O$
D. $BF_3>H_2O$　　E. $BeCl_2>BF_3$

21. 有关CO_2的极性和键极性的说法中错误的是
A. CO_2中存在着极性共价键
B. CO_2是结构对称的直线型分子
C. CO_2中键有极性，所以CO_2是极性分子
D. CO_2偶极矩μ值为零
E. CO_2中键有极性，但结构对称，所以CO_2是非极性分子

22. 下列说法错误的是

A. 键级为 0 的分子（如 He_2）不能存在
B. 双原子分子中，键有极性，分子一定有极性
C. 偶极矩 $\mu>0$ 的分子是极性分子
D. 偶极矩 $\mu<0$ 的分子是非极性分子
E. 多原子分子中，键有极性，分子不一定有极性

23. 下列说法中错误的是
A. 非极性分子中的化学键都是非极性共价键
B. 分子偶极矩 $\mu=0$ 的分子是非极性分子
C. 分子偶极矩 $\mu>0$ 的分子是极性分子
D. 分子偶极矩 μ 越大，分子极性越大
E. 多原子分子中，键有极性，分子不一定有极性

24. 有关分子或离子磁性的判断错误的是
A. O_2 是顺磁性物质　B. H_2 是顺磁性物质　C. H_2^+ 是顺磁性物质
D. N_2 是抗磁性物质　E. B_2 是顺磁性物质

25. 下列有关氢键的说法中错误的是
A. 分子间氢键的形成一般可使物质的熔沸点升高
B. 氢键是有方向性和饱和性的
C. 氢键是一种化学键
D. NH_3 与 H_2O 分子之间能形成氢键
E. H_2 与 H_2 分子之间不能形成氢键

26. 已知 O_2 的分子轨道排布式为：$KK\sigma_{2S}^{2} < \sigma_{2S}^{*2} < \sigma_{2Px}^{2} < \pi_{2Py}^{2}\ \pi_{2Pz}^{2} < \pi^{*}{}_{2Py}^{1}\pi^{*}{}_{2Pz}^{1}$，则 O_2 的磁性准确的说法是
A. 抗磁性　B. 顺磁性　C. 有磁性
D. 没有磁性　E. 以上均不正确

27. 已知 F_2 的分子轨道排布式为：$KK\sigma_{2S}^{2} < \sigma_{2S}^{*2} < \sigma_{2Px}^{2} < \pi_{2Py}^{2}\ \pi_{2Pz}^{2} < \pi^{*}{}_{2Py}^{2}\pi^{*}{}_{2Pz}^{2}$，则 F_2 的磁性是
A. 抗磁性　B. 顺磁性　C. 有磁性
D. 无磁性　E.（A）和（C）均正确

28. 根据现代价键理论，有关 N_2 结构的说法正确的是（键轴是 X 轴）
A. 有一个 π 键，两个 σ 键
B. 三个键全是 π 键
C. 三个键全是 σ 键
D. 有一个 σ 键（P_x-P_x），两个 π 键（P_y-P_y 键及 Pz-Pz 键）
E. 有一个 σ 键（P_y-P_y），两个 π 键（P_x-P_x 键及 Pz-Pz 键）

29. 根据 MO 法，下列分子轨道排布式和结构式正确的是
A. H_2^+：σ_{1S}^{2}，$[H\text{-}H]^+$
B. H_2：σ_{1S}^{1}，H · H
C. He_2：σ_{1S}^{2}，He—He

D. F_2：$KK\sigma_{2S}{}^2 < \sigma_{2S}^{*2} < \sigma_{2P_x}^2 < \pi_{2P_y}^{*2}\pi_{2P_y}{}^2\pi_{2P_z}{}^2 < \pi_{2P_y}^{*2}\pi^*{}_{2P_z}{}^2$，F-F

E. N_2：$KK\sigma_{2S}{}^2\sigma_{2S}^{*2}\sigma_{2P_x}^2\pi_{2P_x}^2\pi_{2P_z}{}^1$]，N≡N

30. 已知 O_2、N_2、$H^+{}_2$、B_2 的键级分别为 2、3、1、0.5 则上述分子稳定性由大到小的次序正确的是

A. $O_2 > N_2 > H^+{}_2 > B_2$　　B. $N_2 > O_2 > B_2 > H^+{}_2$　　C. $B_2 > N_2 > H^+{}_2 > O_2$

D. $H^+{}_2 > N_2 > O_2 > B_2$　　E. $O_2 > N_2 > B_2 > H^+{}_2$

31. 根据分子轨道理论 MO 法，N_2 分子的轨道排布式正确的是

A. $kk\sigma_{2S}{}^2\sigma_{2S}^{*2}\pi_{2P_y}^2\pi_{2P_z}{}^2\sigma_{2P_x}^2$　　B. $kk\sigma_{2S}{}^2\sigma_{2S}^{*2}\pi_{2P_y}^2\pi_{2P_z}{}^2\sigma_{2P_x}^2$

C. $kk\sigma_{2S}{}^2$　　D. $kk\sigma_{2S}{}^2\sigma_{2S}^{*2}$

E. $\sigma_{1S}\sigma_{1S}^*\sigma_{2S}\sigma_{2S}^*$

32. 下列分子中，键角最大的是

A. H_2O　　B. NH_3　　C. BF_3

D. CH_4　　E. $HgCl_2$

33. 氮分子很稳定，因为氮分子

A. 分子体积小　　B. 键级为 3　　C. 具有八隅体结构

D. 难溶于水　　E. 分子中有 σ 键 π 键

34. 下列分子中，具有顺磁性的物质是

A. B_2　　B. N_2　　C. F_2

D. H_2　　E. He

35. 下列分子中具有最大偶极矩的是

A. H_2O　　B. SO_2　　C. CO_2

D. H_2　　E. HF

36. H_2O，H_2S，BF_3 三种分子极性大小顺序为

A. $H_2S > H_2O > BF_3$　　B. $H_2O > H_2S > BF_3$　　C. $BF_3 > H_2O > H_2S$

D. $BF_3 > H_2O > H_2S$　　E. $H_2S > BF_3 > H_2O$

37. 下列化合物有氢键的是

A. C_2H_4　　B. N_2H_4　　C. HF

D. $BeCl_2$　　E. NaCl

38. 正负电荷中心重合的分子称为

A. 非极性分子　　B. 双原子分子　　C. 极性分子

D. 多原子分子　　E. 中性分子

39. 下列说法中，正确的是

A. 氢键是一种化学键　　B. 氢键有方向性和饱和性

C. 水分子间不存在氢键　　D. 氢键是无方向性的分子间作用力

E. 氢键是无饱和性分子间作用力

40. NH_3 比 PH_3 的沸点高的原因是 NH_3 分子间存在

A. 色散力　　B. 诱导力　　C. 取向力

D. 吸引力　　E. 氢键

41. 正负电荷中心不重合的分子称为

A. 非极性分子　　B. 双原子分子　　C. 极性分子

D. 多原子分子　　E. 中性分子

42. 下列说法中，错误的是

A. 色散力存在于所有分子间
B. 在所有含氢化合物的分子间都存在氢键
C. 相同构型的非极性物质的熔点和沸点随分子量的增大而升高
D. 极性分子中一定含有极性键
E. 氢键是一种分子间作用力

43. 下列分子中，其结构形状不呈线形的是

A. $HgCl_2$　B. $Ag(NH_3)_2^+$　C. CO_2
D. $BeCl_2$　E. H_2O

44. H_2O 比 H_2S 的沸点高的原因是 H_2O 间存在
A. 氢键　B. 诱导力　C. 色散力
D. 取向力　E. 分子间力

45. BF_3 中，B 原子采取的杂化轨道类型是
A. 不等性 sp^3　B. 等性 sp^3　C. sp^2
D. sp　E. dsp^2

46. 下列物质中，有共价键的是
A. NaCl　B. HCl　C. $NaNO_3$
D. NaI　E. Na_2SO_4

47. 原子形成分子时，原子轨道之所以要进行杂化，其原因是
A. 进行电子重排　B. 增加配对的电子数　C. 增加成键能力
D. 保持共价键的方向性　E. 保持共价键的饱和性

48. 下列各组分子中仅存在色散力和诱导力的是
A. CO_2 和 CCl_4　B. NH_3 和 H_2O　C. N_2 和 H_2O
D. N_2 和 O_2　E. H_2O 和 H_2O

49. HF 比 HCl 的沸点高的原因是 HF 间存在
A. 色散力　B. 诱导力　C. 氢键
D. 取向力　E. 范德华力

50. s 轨道和 p 轨道杂化的类型中错误的是

A. sp 杂化　B. sp^2 杂化　C. sp^3 杂化
D. s^2p 杂化　E. sp^3 不等性杂化

51. 氢键的特点是
A. 具有不饱和性　B. 具有饱和性和吸引性　C. 具有方向性
D. 具有饱和性和方向性　E. 具有双键

52. 下列分子中，中心原子采用的杂化轨道类型错误的是

A. H_2O 中 O 采用 sp^3 不等性杂化　B. NH_3 中，N 采用 sp^3 不等性杂化
C. BF_3 中，B 采用 sp^2 等性杂化　D. $BeCl_2$ 中，Be 采用 sp^2 等性杂化
E. CH_4 分子中，C 采取的是 sp^3 不等性杂化

53. N_2 分子之间存在的作用力是
A. 氢键　B. 取向力　C. 诱导力

D. 色散力　　　E. B，C，D 都有

54. 下列说法中错误的是

A. dsp^2 杂化轨道是由某个原子的 1s 轨道、2p 轨道和 3d 轨道混合形成的

B. sp^2 杂化轨道是由某个原子的 2s 轨道和 2p 轨道混合形成的

C. 几条原子轨道杂化时，必形成数目相同的杂化轨道

D. 在 CH_4 中，碳原子采用 sp^3 杂化，分子呈正四面体型

E. 杂化轨道的杂化类型决定了分子的几何构型

【B_1 型题】

A. 键级=O　B. 键级=0.5　C. 键级=1　D. 键级=2　E. 键级=3

55. He 的键级是

56. O_2 的键级是

A. sp 杂化，直线型　　B. sp^2 等性杂化，平面三角型

C. sp^3 不等性杂化，四面体型　　D. sp^3 不等性杂化，V 字型

E. sp^3 不等性杂化，三角锥型

57. H_2O 分子中 O 的杂化方式和分子构型是

58. BCl_3 分子中 B 的杂化方式和分子构型是

A. $[H\cdot H]^+$　　B. F—F　　C. O═O

D. H—H　　E. N≡N

59. H_2 的结构式是

60. 能代表 N_2 抗磁性的结构式是

A. 邻硝基苯酚　　B. H_2O　　C. NaCl

D. HI　　E. H_2

61. 能形成分子内氢键的是

62. 能形成分子间氢键的是

A. HF　　B. HCl　　C. HBr

D. HI　　E. H_2

63. 分子中键极性最大的是

64. 非极性键的分子是

A. 120°　　B. 180°　　C. 107.3°

D. 109.5°　　E. 105°

65. BF_3 的分子中的键角是

66. $BeCl_2$ 分子中的键角是

A. 色散力　　B. 诱导力，色散力

C. 取向力，诱导力，色散力　　D. 取向力，诱导力，色散力，氢键

E. 取向力，诱导力，色散力，配位键

67. 水和 C_6H_6（苯）
68. NH_3 与 H_2O

A. AgI　　B. AgCl　　C. AgBr
D. 极性分子　　E. 非极性分子

69. 在氯化银沉淀的中，加入碘化钾溶液，生成的黄色沉淀是
70. CO_2 是

A. 键级=0　　B. 键级=0.5　　C. 键级=1
D. 键级=2　　E. 键级=3

71. H_2 的键级是
72. N_2 的键级是

A. 氢键　　B. 色散力、诱导力、取向力、氢键
C. 诱导力　　D. 配位键
E. 取向力

73. 不是分子间作用力的是（　　）
74. 分子间作用力包括（　　）

二、填空题

1. 多原子分子的极性除与________有关外，还与分子的________有关。
2. 双原子分子中，键有极性，分子一定有________。
3. NaCl 和水的混合溶液中，NaCl 和水分子间存在着________力。
4. σ 键是原子轨道________方式重叠。π 键是原子轨道________方式重叠。
5. 分子的极性可用的物理量________判断，当该物理量________0 时，分子有极性；该物理________0 时，分子无极性（填＞或=）。
6. 共价键的特征是有________性和________性。
7. He 和水的混合溶液中，He 和 H_2O 分子间存在着________力。
8. I_2 和苯的混合溶液中，I_2 和 CH_4 分子间存在着________力。
9. HBr 与 HBr 的混合溶液中，HBr 与 HBr 分子间存在着________力。
10. HF HBr HCl 分子的极性大小顺序为________。
11. 甲醇与水分子的混合溶液中，甲醇与水分子间存在着________力。
12. 键参数有________种，分别为________、________和________。

三、是非题

1. 非极性分子中的化学键都是非极性共价键。
2. sp^3 杂化轨道是由能量相近的 1 个 s 轨道与 3 个 p 轨道杂化而成的。
3. 凡是中心原子采用 sp^3 杂化轨道成键的分子，其空间构型都是四面体。
4. 氢键既有方向性又有饱和性的一类共价键。
5. 一般来说，共价单键是 σ 键，在双键或三键中只有一个 σ 键。
6. C 和 H 形成 CH_4 时，是 H 原子的 1s 轨道和 C 原子的 3 个 2p 轨道杂化形成 4 个 sp^3

杂化成键的。

7. 为了有效地组成分子轨道，原子轨道 ψa 和 ψb 必须具有相同的对称性，就是必须正号与正号重叠，负号与负号重叠。

8. O_2 为顺磁性物质，所以 O_2^{2-} 也为顺磁性物质。

9. 在同系物 HCl、HBr、HI 中，因 Cl、Br、I 的电负性依次下降，故分子的极性依次减小。

10. 分子轨道中有单电子的物质，因电子自旋产生磁矩，有对抗外磁场的作用，故称它们为抗磁性物质。

11. 沸点高低顺序为：$H_2O > H_2S > H_2Se > H_2Te$，说明水的沸点反常，这是因为在水分子之间形成氢键的缘故。

12. s 电子与 s 电子间形成的键是 σ 键，p 电子于 p 电子间形成的是 π 键。

13. σ 键的键能大于 π 键的键能。

14. CH_4，CO_2 和 H_2O 键角依下列次序增大：

$$\angle H—O—H < \angle H—C—H < \angle O—C—O$$

15. BF_3 是非极性分子，但 B－F 键是极性键。

16. 在极性分子之间存在取向力、诱导力和色散力等三种分子间作用力。

17. 色散力存在于所有相邻的分子间。

18. 离子键的特征是无方向性和饱和性。

19. 由极性共价键形成的双原子分子一定是极性分子。

20. N_2 和 B_2 分子均为磁性物质。

21. s 电子与 s 电子间形成的键是 σ 键，p_X 电子于 p_X 电子间形成的键是 σ 键。

22. 邻-硝基苯酚的熔点低于对-硝基苯酚。

23. 氟分子的化学键比氧分子的化学键弱。

24. $AlCl_3$ 是共价键而 AlF_3 是离子键。

25. 氧元素与碳元素的电负性相差较大，但 CO 的偶极矩极小，CO_2 的偶极矩为零。

26. 氢键将导致物质的熔点和沸点升高。

27. 在氟化铯中、键的离子性是百分之百的。

四、简答题

1. CO_2 中，键是极性键，而分子却是非极性分子？

2. 为什么 $CHCl_3$ 是极性分子？

3. 分子轨道是原子轨道遵循哪种成键三原则形成的？

4. 为什么 H_2 为抗磁性物质？

5. 为什么 CH_4 是非极性分子？

6. 在气相中 BeF_2 是直线型。（用杂化轨道理论解释）

7. 某一化合物的分子式为 AB_2，A 属 VI_A 族，B 属 VII_A 族，A 和 B 在同一周期，它们的电负性值分别为 3.5 和 4.0。试回答下列问题：（1）AB_2 是什么化合物（写出具体分子式）

8. 成键分子轨道与反键分子轨道的区别。

9. 共价键的形成条件。

10. 化学键有哪几种?氢键属于化学键吗?

五、问答题

1. 氢键的定义，形成条件，特点是什么?（略加解释）
2. 氢键的本质是什么?氢键是化学键吗?氢键到底是什么力?（后两问要答出原因）
3. 用分子轨道理论说明为什么 H_2 能稳定存在而 He_2 不能存在?
4. 为什么 O_2 为顺磁性物质?
5. 解释 BF_3 的偶矩等于零而 NF_3 的偶极矩不等于零?
6. 何谓杂化轨道理论的要点。
7. 何谓分子轨道理论的要点。

参考答案

一、选择题

1. A　2. B　3. A　4. B　5. C　6. C　7. A　8. C　9. B　10. A　11. C　12. B　13. C　14. D　15. A　16. D　17. C　18. D　19. D　20. B　21. C　22. D　23. A　24. B　25. C　26. B　27. A　28. D　29. D　30. B　31. B　32. E　33. B　34. A　35. E　36. B　37. C　38. A　39. B　40. E　41. C　42. B　43. E　44. A　45. C　46. B　47. C　48. C　49. C　50. D　51. D　52. E　53. D　54. A　55. A　56. D　57. D　58. B　59. D　60. E　61. A　62. B　63. A　64. E　65. A　66. B　67. B　68. D　69. A　70. E　71. C　72. E　73. D　74. B

二、填空题

1. 键的极性　空间构型是否对称
2. 极性
3. 取向力　诱导力　色散力
4. 头碰头　肩并肩
5. 分子偶极矩μ;　$\mu>0$ $\mu=0$
6. 饱和（或方向）、方向（或饱和）
7. 诱导力，色散力
8. 色散力
9. 取向力，诱导力，色散力
10. HF＞HBr＞HCl
11. 色散力，取向力，诱导力，氢键
12. 三种，键能　键角　键长

三、是非题

1.（F）　2.（T）　3.（F）　4.（F）　5.（T）　6.（F）　7.（T）　8.（F）　9.（T）　10.（F）　11.（T）　12.（F）　13.（T）　14.（T）　15.（T）　16.（T）　17.（T）　18.（T）　19.（T）　20.（F）　21.（T）　22.（T）　23.（F）　24.（T）　25.（T）　26.（F）　27.（F）

四、简答题

1. 答：(1) CO_2 为直线型分子，(2) 2 个 C＝O 键均有极性，（3）但键完全相同，结构对称，（正电荷中心和负电荷中心都在分子的中心相重合），所以，CO_2 是非极性分子。

2. 答：因为 $CHCl_3$ 为四面体，

（1）四个键均有极性，（2）但键不同，（3）结构不对称（正，负电荷中心不重合）所以是极性分子

3. （1）对称性匹配原则　（2）能量近似原则　（3）最大重叠原则

4. 根据 MO 法可知 H_2 的分子轨道排布式为：$\sigma^2 1s$，结构式为 H—H。

∴H_2 中不存在单电子，即分子轨道上的电子均成对，这种物质具有对抗外磁场的作用，故称抗磁性物质。

5. 正四面体，四个 C－H 键均有极性，但键完全相同结构对称，非极性分子（正、负电荷中心重合）。

6. 分子的构型与分子的中心原子采用的杂化类型有关气相中，BeF_2 是直线型分子，表明 Be 采用两个直线型的等性的 sp 杂化轨道与两个 F 原子成键，故 BeF_2 在气相中是直线型分子。

7. 电负性值为 4.0 的元素是 F，故 B 为 F 原子，与 F 在同一周期VI_A元素应是氧（O），电负性为 3.5，故 A 是氧（O），∴AB_2 分子是 OF_2。

8. 由两原子轨道重叠相加组成的分子轨道称成键分子轨道，其轨道上的电子促进成键。由两原子轨道重叠相减组成的分子轨道称反键分子轨道，其轨道上的电子不利于成键。

9. 共价键的形成条件：

（1）自旋相反的未成对电子可配对形成共价键。

（2）成键电子的原子轨道尽可能达到最大程度的重叠。重叠越多，体系能量降低越多，所形成的

共价键越稳定。以上称最大重叠原理。

10. 化学键有三种类型：金属键、离子键、共价键；氢键不属于化学键。

五、问答题

1. 氢键的定义：与半径较小，电负性较大的 X 原子以共价键，结合后的 H 原子和另一个半径较小，电负性较大的 Y 原子间的定向引力。表示为 X—H—Y。

氢键形成条件：

（1）X—H 中的 X 原子应是半径小，且电负性大的原子（如 F、O、N）

（2）X—H—Y 中的 Y 原子也是半径小，且电负性大的原子（如：F、O、N）

氢键的特点：

（1）具有饱和性：形成 X—H 后的 H 只能形成一个氢键。

（2）具有方向性：以 H 为中心，X、H、Y 这三个原子尽可能成一直线。

2. （1）氢键的本质：静电作用力（或静电引力）

（2）氢键不是化学键。

原因：氢键的作用力比较小，这种作用力的能量一般在 10～40kJ · mol^{-1} 左右，比化学键弱得多，故氢键不是化学键。

（3）氢键是有方向性和饱和性的分子间作用力。

原因：氢键的作用力在分子间作用力范畴以内，又∵氢键的特点是有方向性和饱和性的。

3. 根据 MO 法可知：

（1）H_2 的分子轨道排布成为：$\sigma^2 1s$ 轨道上有两个电子，在反键的 $\sigma^* 1s$ 轨道上没有电子，故 H_2 中有一个 σ 键，结构式为 H—H，键级为 1，所以 H_2 能稳定存在。

（2）He_2 的分子轨道排布式为：$\sigma^2 1s\sigma^* 1s^2 He_2$ 中的 4 个电子分别占据成键 $\sigma^2 1s$ 轨道和反键 $\sigma^* 1s^2$，成键作用与反键作用在能量上相互抵消，净成键作用为零，键级为 0。所以 He_2 不能存在。

4. 根据 MO 法可知 O_2 的分子轨道排布式为：

$KK\sigma 2s^2\sigma^* 2s^2\sigma 2px^2\pi 2py^2\pi 2pz^2\pi^* 2py^1\pi 2pz^1$

故在 O_2 的分子轨道（$\pi^* 2py^1$ 和 $\pi^* 2pz^1$）上有两个单电子存在。π 是有一个或多个单电子存在的分子在外磁场的作用下，使其原有的磁力线方向与外磁场方向相一致，从而产生顺磁性。

5. 分子偶极矩 $\mu=0$ 的分子是非极性分子，$\mu>0$ 的分子是极性分子。

（1）BF_3：B 采用 sp^2 等性杂化轨道成键，BF_3 是平面三角形，键相同，结构对称，是非极性分子，故 $\mu=0$。

（2）NF_3：N 采用不等性 sp^3 杂化轨道成键，NF_3 是三角锥形，键相同但结构不对称，是极性分子，故 $\mu>0$。

6. 杂化轨道理论的要点：

（1）原子在成键时，同一原子中能量相近的原子轨道可重新组合成杂化轨道。

（2）参与杂化的原子轨道数等于形成的杂化轨道数。

（3）杂化改变了原子轨道的形状、方向。杂化使原子的成键能力增加。

7. 分子轨道理论的要点：

（1）分子轨道是由所属原子轨道线性组合而成。由 n 个原子轨道线性组合后可得到 n 个分子轨道。其中包括相同数目的成键分子轨道和反键分子轨道。

（2）由原子轨道组成分子轨道必须符合对称性匹配、能量近似及轨道最大重叠这三个原则。

（3）形成分子时，原子轨道上的电子按能量最低原理、保利不相容原理和洪特规则这三原则进入分子轨道。

第八章　配位化合物

基本要求

（1）了解配合物的发展史。

（2）掌握配合物的基本概念。

（3）掌握配合物的组成、特点和命名。

（4）掌握单齿配体、多齿配体、两可配体概念和应用。

（5）掌握配合物的化学键理论的要点。

（6）掌握外轨型、内轨型配合物概念和应用。

（7）掌握高自旋、低自旋配合物概念和应用。

（8）熟悉配离子的配位平衡、配离子稳定常数的意义和应用。

（9）掌握螯合剂、螯合物、螯合效应的概念和应用。

（10）熟悉配位平衡的移动因素。

（11）了解配合物的异构现象；不稳定常数的意义。

（12）了解生物体内的配合物和配合物药物。

学习要点

一、配合物的基本概念

1. 配合物　由可以给出孤电子对（或多个不定域电子）的一定数目的离子（分子）与具有可接受孤电子对（或不定域电子）的空位（空轨道）的原子（离子），按一定的组成和空间构型所形成的配合单元所组成的化合物，或者说中心原子和若干配（位）体通过配位键结合而成的化合物。

2. 配合物的组成　形成体（中心离子）、配体、配位原子、配位数（直接与中心原子相配位的配位原子的数目，或者是中心原子所形成的配位键数目）、内界（由中心原子与配体以配位键结合形成的复杂质点，又称配离子）与外界。

3. 配合物的命名　配体数+配体名称+合+中心离子名称+氧化数 。配体多种时，一般先简单后复杂，先离子后分子，先无机后有机。同类配体按配位原子元素符号的英文字母顺序。某些常见的配合物可以用简称或俗名。

4. 配合物分类　简单配合物、螯合物及其他（如键合异构、几何异构）。

二、配合物的化学键理论

配合物的化学键理论主要有价键理论、晶体场理论、分子轨道理论等。在这只学习价键理论。

1. 价键理论　中心原子与配体通过配位共价键结合，配体将其孤对电子填入到中心原（离）子的空杂化轨道中，形成配位键。

（1）中心原子的配位数、配合物的空间构型、磁性和相对稳定性等主要取决于中心原子采用的杂化轨道与配体的情况，取决于杂化轨道的数目及类型。

（2）内轨型配合物和外轨型配合物：据中心原子所提供杂化轨道类型不同，有两种不同类型的配合物一外轨型和内轨型配合物。

配位原子电负性大，不易给出电子，对中心原子 d 轨道影响小，使用外层空 d 轨道杂化，内层 d 轨道中单电子较多，称为外轨型配合物；反之，配位原子电负性小，中心原子使用内层空 d 轨道杂化，单电子较少，称为内轨型配合物。

对同一中心形成体而言，内轨型配合物较稳定。判断方法：利用中心离子和配位原子的电负性定性判断，利用理论磁矩和实际测定磁矩比较判断。

三、配 位 平 衡

（1）稳定常数 K_s 配合物生成反应的平衡常数可用 K_s 判断配位反应自发进行的方向，比较同类型配合物的相对稳定性。

（2）配合物稳定性的判断①中心离子与配体性质的影响；②螯合效应：在一定条件下螯合物比相应的非螯合物稳定性显著增加的作用。

（3）配位平衡与其他平衡的关系　讨论配位平衡与电离平衡、沉淀平衡、氧化还原平衡、其他配位平衡等的竞争，对反应方向的影响。

强 化 训 练

一、选择题

【A_1 型题】

1. 配合物的内、外界之间的结合力是

A. 共价键　B. 氢键　C. 离子键
D. 配位键　E. 金属键

2. 配合物 $K_2[CaY]$的名称和配位数分别为

A. EDTA 合钙（Ⅱ）酸钾，1　B. EDTA 和钙（0）酸钾，2
C. EDTA 和钙（Ⅲ）酸钾，4　D. EDTA 合钙（Ⅱ）酸钾，6
E. EDTA 合钙（Ⅱ）酸钾，3

3. 配离子$[Cu(en)_2]^{2+}$的名称和配位数分别为

A. 二（乙二胺）合铜（Ⅱ），4　B. 二（乙二胺）合铜（Ⅱ），2
C. 二（乙二胺）合铜（Ⅱ），6　D. 二（乙二胺）合铜（Ⅱ），5
E. 二（乙二胺）合铜（Ⅱ），3

4. $K[PtCl_3(NH_3)]$的正确命名是

A. 三氯 · 氨合铂（Ⅱ）酸钾　B. 一氨 · 三氯合铂（Ⅱ）酸钾
C. 三氯 · 氨合铂（0）酸钾　D. 氨 · 三合铂（Ⅱ）酸钾
E. 三氯 · 一氨合铂（Ⅱ）酸钾

5. $K_4[Fe(CN)_6]$的正确命名是

A. 六氰合铁（Ⅱ）酸钾　B. 六氰合铁（Ⅲ）酸钾　C. 六氰合铁（0）酸钾

D. 6 氰合铁（Ⅲ）酸钾　E. 6 氰合铁（Ⅱ）酸钾

6. 下列配位体中，属于二齿配位体的是

A. F^-和Cl^-　B. 乙二胺（$H_2N—CH_2—CH_2—NH_2$）和草酸根$C_2O_4^{2-}$

C. Br^-和I^-　D. NH_3和H_2O

E. EDTA

7. 属于六齿配位体的是

A. Y^{4-}　B. $C_2O_4^{2-}$　C. $N_2H—CH_2—CH_2—NH_2$

D. CN^-　E. I^-

8. 下列配合物中，配位数为六的螯合物是

A. $[CaY]^-$　B. $[Cr(H_2O)_6]^{3+}$　C. $[Cr(CN)_6]^{3-}$

D. $[CrF_6]^{3-}$　E. $[FeF_6]^{3-}$

9. 配合物$[Ni(NH_3)_2(C_2O_4)]$中，中心离子 Ni 的电荷数为

A. +3　B. +2　C. +1

D. 0　E. −1

10. 配位数为四的螯合物是

A. $[Cu(en)_2]Cl_2$　B. $[Cu(H_2O)_4]Cl_2$　C. $[Cu(NH_3)_4]SO_4$

D. $K_2[Cu(Ac)_4]$　E. $K_2[Cu(EDTA)]$

11. 下列酸根离子都可以作为配位体形成配合物，但最难配到中心离子上的酸根是

A. SO_4^{2-}　B. ClO_4^-　C. NO_3^-

D. CO_3^{2-}　E. CH_3COO^-

12. 价键理论认为，中心离子与配体之间的结合力正确的说法是

A. 共价键　B. 离子键　C. 配位键

D. 氢键　E. 金属键

13. $[Zn(H_2O)_6]^{2+}$属于（已知：Ni：Z=28）

A. 外轨，高自旋　B. 外轨，低自旋　C. 内轨，高自旋

D. 内轨，低自旋　E. 既不是内轨也不是外轨

14. $[Fe(H_2O)_6]^{3+}$属于（已知：Fe：Z=26）

A. 外轨，高自旋　B. 外轨，低自旋　C. 内轨，高自旋

D. 内轨，低自旋　E. 既不是内轨也不是外轨

15. 实验式为 $CoCl_3·4NH_3$ 的某化合物，用过量的 $AgNO_3$ 处理时，1mol $CoCl_3·4NH_3$ 可产生 1mol AgCl↓，用一般方法测不出溶液中的 NH_3，此化合物的分子式应为

A. $Co(NH_3)_4Cl_3$　B. $[Co(NH_3)_4]Cl_3$　C. $[Co(NH_3)_4Cl_2]Cl$

D. $[Co(NH_3)_3Cl_3]$　E. $[Co(NH_3)_4]Cl_2$

16. 下列物质中不能做配体的是

A. $C_6H_5NH_2$　B. CH_3NH_2　C. NH_4^+

D. NH_3　E. H_2O

17. $[Fe(CN)_6]^{4-}$配离子属于（已知：Mn：Z=25）

A. 外轨，高自旋　B. 外轨，低自旋　C. 内轨，高自旋
D. 内轨，低自旋　E. 既不是内轨也不是外轨

18. $[Zn(NH_3)_4]^{2+}$的空间构型和中心离子的杂化轨道类型分别为（已知：Ni：Z=28）
A. 正四面体型和 sp^3　B. 平面正方型和 dsp^2　C. 八面体型和 sp^3d^2
D. 八面体型和 d^2sp^3　E. 三角双锥型和 dsp^3

19. $[FeF_6]^{3-}$的空间构型和中心离子的杂化轨道类型分别为（已知 Fe：Z=26）
A. 四面体型和 sp^3　B. 正八面体型和 d^2sp^3　C. 正八面体型和 sp^3d^2
D. 正方型和 dsp^2　E. 三角双锥型和 dsp^3

20. 下列配合物中，属于外轨型配合物的是（已知：Fe：Z=26，Ni：Z=28，Ag：Z=47）
A. $[Fe(CN)_6]^{3-}$　B. $[Ni(CN)_4]^{2-}$　C. $[Ag(CN)_2]^-$
D. $[Fe(CN)_6]^{4-}$　E. $[Ni(CN)_5]^{3-}$

21. $[Fe(H_2O)_6]^{2+}$的空间构型和中心离子的杂化轨道类型分别为（已知 Fe：Z=26）
A. 正八面体型和 d^2sp^3　B. 正八面体型和 sp^3d^2　C. 四面体型和 sp^3
D. 正方形和 dsp^2　E. 三角双矩型和 dsp^3

22. $[Ag(NH_3)_2]^+$的累积稳定常数 β_2 是下列哪一反应的平衡常数

A. $Ag^+ + 2NH_3 \rightleftharpoons [Ag(NH_3)_2]^+$　B. $[Ag(NH_3)_2]^+ \rightleftharpoons Ag^+ + 2NH_3$

C. $[Ag(NH_3)_2]^+ \rightleftharpoons [Ag(NH_3)]^+ + NH_3$　D. $[Ag(NH_3)]^+ \rightleftharpoons Ag^+ + NH_3$

E. $Ag^+ + NH_3 \rightleftharpoons [Ag(NH_3)]^+$

23. 配合物的稳定常数 $K_{稳}$与不稳定常数 $K_{不稳定}$的关系是

A. $K_{稳} = K_{不稳}$　B. $K_{不稳} > K_{稳}$　C. $K_{稳} = \frac{1}{K_{不稳}}$

D. $K_{稳}$与 $K_{不稳}$之间没有关系　E. $K_{稳} \cdot K_{不稳} = 0$

24. 已知下列配离子的累积稳定常数 $\beta_{总}$、β_2，$Ag(NH_3)_2^+ = 1.1\times10^7$，$\beta_2$，$[Ag(CN)_2]^- = 1.3\times10^{21}$，$\beta_2$，$[Au(CN)_2]^- = 2.0\times10^{38}$，$\beta_2$，$[Cu(en)_2]^{2+} = 4.0\times10^{19}$，$\beta_2$，$Ag(S_2O_3)_2^{3-} = 2.88\times10^{13}$，问：下列配离子在水溶液中最稳定的是

A. $[Ag(NH_3)_2]^+$　B. $[Cu(en)]^{2+}$　C. $[Au(CN)]^-$

D. $[Ag(CN)_2]^-$　E. $[Ag(S_2O_3)_2]^{3-}$

25. 已知 AgI 的 $K_{sp} = a$，$[Ag(CN)_2]^-$的 $K_{稳}=b$，则下列反应的平衡常数 K 为
$AgI(s) + 2CN^- \rightleftharpoons [Ag(CN)_2]^- + I^-$.

A. $a\times b$　B. $a+b$　C. $a-b$
D. a / b　E. b / a

26. $Na_2S_2O_3$ 可作为重金属中毒时的解毒剂，这是利用它的
A. 还原性　B. 氧化性　C. 配位性
D. 与重金属离子生成难溶物　E. 盐效应

27. Co^{2+}与 SCN^-离子生成蓝色 $Co(SCN)^{2-}$，可利用反应检出 Co^{2+}；若溶液也含 Fe^{3+}，为避免$[Fe(NCS)_n]^{3-n}$离子的红色干扰，可在溶液中加入 NaF，将 Fe^{3+}掩蔽起来，生成了

A. 难溶液 FeF_3　　B. 难解离的 FeF_3　　C. 难解离的$[FeF_6]^{3-}$
D. 难溶的 $Fe(SCN)F_2$　　E. 难溶液 FeF_2

28. 原子形成分子时，原子轨道之所以要进行杂化，其原因是
A. 进行电子重排　　B. 增加配对的电子数　　C. 增加成键能力
D. 保持共价键的方向性　　E. 不进行电子重排

29. 在$[Cu(NH_3)_4]^{2+}$中铜的氧化数和配位数分别是
A. 0 和 4　　B. +4 和 2　　C. +2 和 8
D. +2 和 4　　E. +4 和 2

30. 在配合物中，中心原子的杂化轨道类型属于内轨型的是
A. sp^3　　B. dsp^2　　C. sp^3p^2
D. sp　　E. sp^2

31. 在配合物中，中心原子的杂化轨道类型属于外轨型的是
A. dsp^3　　B. sp^3　　C. d^3sp^2
D. d^2sp^2　　E. 以上都不对

32. EDTA 同中心离子结合生成
A. 螯合物　　B. 单齿配合物　　C. 多齿配合物
D. 简单配合物　　E. 复合物

33. 某元素的配离子呈八面体结构，该元素的配位数是
A. 4　　B. 5　　C. 6
D. 7　　E. 8

34. 下列具有相同配位数的一组配合物是
A. $[Co(en)_3]Cl_3$，$[Co(en)_3(NO_2)_2]$
B. $K_2[Co(NCS)_4]$，$K_3[Co(C_2O_4)Cl_2]$
C. $[Pt(NH_3)_2Cl_2]$，$[Pt(en)_2Cl_2]$
D. $[Cu(H_2O)_2Cl_2]$，$[Ni(en)_2(NO_2)_2]$
E. $[Co(NH_3)_3Cl_3]$，$[Co(NH_3)_4]Cl_2$

35. 下列哪一个化合物中铁为中性原子
A. $Fe(NO_3)_2$　　B. FeC_2O_4　　C. $[Fe(H_2O)_6]^{3+}Cl_3$
D. $(NH_4)_2\cdot FeSO_4\cdot 6H_2O$　　E. $Fe(CO)_5$

36. $Cu^{2+}+4NH_3 \rightleftharpoons Cu(NH_3)_4^{2+}$ 的配位反应，其 $K_{稳}$的表示式是

A. $\dfrac{[Cu^{2+}][NH_3]^4}{[Cu(NH_3)_4^{2+}]^2}$　　B. $\dfrac{[Cu^{2+}][4NH_3]}{[Cu(NH_3)_4]^2}$　　C. $\dfrac{[Cu(NH_3)_4^{2+}]}{[Cu^{2+}][NH_3]^4}$

D. $\dfrac{[Cu(NH_3)_4]^{2+}}{[Cu^{2+}][4NH_3]}$　　E. $\dfrac{[Cu^{2+}][NH_3]}{[Cu(NH_3)_4]^2}$

37. 下列物质中，能作螯合剂的是
A. H_2O　　B. NH_3　　C. EDTA
D. $[Cu(NH_3)_4]SO_4$　　E. KI

38. 可使 AgBr 以配离子形式进入溶液的配合剂是
A. HCl　　B. $Na_2S_2O_3$　　C. KCl
D. $[Cu(NH_3)_4]SO_4$　　E. $NH_3\cdot H_2O$

39. 凡是中心原子采用 sp^3d^2 杂化轨道成键的分子，其空间构型可能是
A. 正八面体　　B. 平面正方形　　C. 正四面体
D. 平面三角形　　E. 三角锥型

40. 下列说法正确的是
A. 配合物由内界和外界两部分组成
B. 只有金属离子才能作为配合物的中心离子
C. 配位体的数目就是中心离子的配位数
D. 配离子的电荷数等于中心离子的电荷数
E. 配离子的几何构型取决于中心离子所采用的杂化轨道类型

41. 已知$[PbCl_2(OH)_2]$为平面正方形结构，其中心原子采用的杂化轨道类型为
A. sp^3 杂化　　B. ds^2p 杂化　　C. dsp^2 杂化
D. sp^3d 杂化　　E. d^2sp 杂化

42. 配合物的中心原子轨道杂化时，其轨道必须是
A. 有单电子的　　B. 能量相近的空轨道　　C. 能量相差大的
D. 同层的　　E. 没有任何要求

43. 已知$[Pt Cl_2(NH_3)_2]$为平面四方型，其中心离子采用的杂化轨道类型为
A. sp　　B. sp^2　　C. sp^3
D. dsp^2　　E. sp^3d^2

44. 下列错误的是
A. $[Ca(C_2O_4)_2]^{2-}$中，Ca^{2+} 的配位数是 2
B. $[Ag(CN)_2]^-$中，Ag^+ 的配位数是 2
C. $[PtCl_2(CN)_2]$中，Pt^{2+} 的配位数是 4
D. $[Ag(NH_3)_2]^+$中，Ag^+ 的配位数是 2
E. $[FeF_6]^{3-}$中，Fe^{3+}的配位数是 6

45. 下列错误的是
A. 配合物的形成是逐级的　　B. 配合物的离解也是逐级的
C. 最高级的累积稳定常数$\beta_n = K_{稳}$　　D. $\beta_n = K_1 \times K_2 \times K_3 \cdots K_n$
E. $\beta_n = K_1/K_2/K_3 \cdots K_n$

46. 下列说法中错误的是
A. 中心离子和配体是电子论中的酸碱关系
B. 高自旋配合物中单电子数较多的外轨型
C. 低自旋配合物是单电子数较少的内轨型
D. CN^-作配体的配合物都是内轨型
E. 内轨型配合物比相应的外轨型配合物更稳定

47. 下列说法错误的是
A. 几个配合物相比，$K_{稳}$大的，其稳定性也一定最大
B. $[CaY]^{2-}$是螯合物
C. $[Ag(CN)_2]^+$是直线型
D. Ag^+的配合物都是外轨型

E. $[Ag(NH_3)_2]^+$是直线型

48. 下列哪一种关于螯合作用的说法是不正确的

A. 有两个配原子或两个以上配原子的配体都可与中心离子形成螯合物

B. 螯合作用的结果将使配合物成环

C. 起螯合作用的配体称为螯合剂

D. 螯合物通常比相同配原子的相应单齿配合物稳定

E. 由于环状结构的生成而使配合物具有特殊稳定性的作用称为螯合效应。

49. 下列错误的是

A. $[Ag(NH_3)_2]^+$中，Ag^+ 的配位数是 2

B. $[Cu(en)_2]^{2+}$中，Cu^{2+} 的配位数是 2

C. $[CaY]^{2-}$中，Ca^{2+} 配位数是 6

D. $[Ca(C_2O_4)_2]^{2-}$中，Ca^{2+} 配位数是 4

E. $[Cr(NH_3)_3(H_2O)_3]Cl_3$，Cr^{3+}的配位数是 6

50. 下列说法中错误的是

A. $[Fe(CO)_5]$中，中心离子是 Fe^{3+}

B. $[Fe(CN)_6]^{3-}$中，中心离子是 Fe^{3+}

C. $[FeF_6]^{3-}$中，中心离子是 Fe^{3+}

D. $[Fe(CN)_6]^{4-}$中，中心离子是 Fe^{2+}

E. $[Fe(H_2O)_6]^{2+}$中，中心离子是 Fe^{2+}

51. 下列说法中错误的是

A. 配合物中配体数就是配位数

B. 配离子的配位键愈稳定，其稳定常数愈大

C. 配合物的空间构型可由杂化轨道类型确定

D. 外轨型配合物在水中易离解，不稳定

E. 内轨型配合物在水中不易离解，稳定

52. 下列配合物中，配位数不为 6 的是

A. $[Fe(en)_2]^{3-}$

B. $[Ni(EDTA)]^{2-}$

C. $[Ca(C_2O_4)_3]^{4-}$

D. $[Fe(CN)_6]^{4-}$

E. $[Ni(NH_3)_2(en)_2]^{2+}$

53. 关于配合物，下列说法错误的是

A. 配体数目不一定等于配位数

B. 内界和外界之间是离子键

C. 配合物可以只有内界

D. 配位数等于配位原子的数目

E. 中心离子与配位原子之间是离子键

54. 下列配位体中，属于单齿配位体的是

A. F^-和 Cl^-

B. 乙二胺（$H_2N—CH_2—CH_2—NH_2$）

C. 氨基乙酸根

D. 草酸根（$C_2O_4^{2-}$）

E. EDTA

55. 下列分子中，中心原子以 sp^3d^2 杂化的是

A. $[Ag(NH_3)_2]^+$

B. $[Cu(NH_3)_4]^{2+}$

C. $[Pt(Cl)_2(NH_3)_2]$

D. $[Fe(H_2O)_6]^{2+}$

E. $[Zn(CN)_4]^{2-}$

56. $PtCl_4$ 和氨水反应，生成化合物的化学式为$[Pt(NH_3)_4Cl_4]$。将 1mol 此化合物用

$AgNO_3$ 处理，得到 2mol AgCl。试推断配合物内界和外界的组成，其结构式是

A. $[Pt(NH_3)_4Cl]Cl_3$　　B. $[Pt(NH_3)_4Cl_2]Cl_2$　　C. $[Pt(NH_3)_4Cl_3]Cl$

D. $[Pt(NH_3)_4Cl_4$　　E. $[Pt(NH_3)_4]Cl_4$

57. $[Pt(NH_3)_4BrCl]^{2+}$ 中，中心离子的氧化数是

A. 0　　B. +2　　C. +4

D. +6　　E. +7

58. 下列各组分子或离子中不属于共轭关系的是

A. $[Cr(H_2O)_6]^{3+}$和$[Cr(OH)(H_2O)_5]^{2+}$　　B. HCO_3^- 和 CO_3^{2-}

C. $H_2PO_4^-$和 HPO_4^{2-}　　D. H_2CO_3 和 HCO_3^-

E. HPO_4^{2-}和 PO_4^{3-}

59. 将化学组成为 $CoCl_3 \cdot 4NH_3$ 的紫色固体配成溶液，向其中加入足量的 $AgNO_3$ 溶液后，只有 1/3 的氯从沉淀析出。该化合物的内界含有

A. 2 个 Cl^- 和 1 个 NH_3　　B. 2 个 Cl^- 和 2 个 NH_3

C. 2 个 Cl^- 和 3 个 NH_3　　D. 2 个 Cl^- 和 4 个 NH_3

E. 3 个 Cl^- 和 1 个 NH_3

60. 已知下列配离子的累积稳定常数 $\beta_{总}$、β_2，$[Ag(NH_3)_2]^+=1.1\times10^7$，$\beta_2$, $[Ag(CN)_2]^- = 1.3\times10^{21}$, β_2, $[Au(CN)_2]^-= 2.0\times10^{38}$, β_2, $[Cu(en)_2]^{2+}= 4.0\times10^{19}$, β_2, $[Ag(S_2O_3)_2]^{3-}= 2.88\times10^{13}$，问：下列配离子在水溶液中最不稳定的是

A. $[Ag(NH_3)_2]^+$　　B. $[Cu(en)_2]^{2+}$　　C. $[Au(CN)_2]^-$

D. $[Ag(CN)_2]^-$　　E. $[Ag(S_2O_3)_2]^{3-}$

【B_1 型题】

A. 0　B. +1　C. +2　D. +3　E. −1

61. $[Fe(CO)_5]$中，中心原子的氧化数是

62. $[Fe(CN)_6]^{3-}$中心原子的氧化数是

A. C　B. O　C. N　D. H　E. S

63. 氰根离子（CN^-）中的配位原子是

64. 氨分子中的配位原子是

A. O　B. N　C. H　D. S　E. C

65. 羰基（CO）中的配位原子是

66. 异硫氰酸根（NCS^-）中的配位原子是

A. $H_2N—CH_2—CH_2—NH_2$　B. H_2Y^{2-}　　C. CN^-

D. F^-　　E. Cl^-

67. 能与 Cu^{2+}形成两个五元环配位数为四的配体是

68. 能与金属离子形成 1∶1 型螯合物，配位数为六的配体是

A. $[Ag(NH_3)_2]Cl$　　B. $H_2[Zn(CN)_4]$　　C. $H_3[FeBr_6]$

D. $[Cr(H_2O)_6]Cl$　　E. $[Cu(H_2O)_4]SO_4$

69. 中心体采用 sp 杂化的配合物是

70. 水溶液中酸性较强的配合物是（浓度相同的配合物是）

A. $K_4[Mn(CN)_6]$　　B. $K_3[FeF_6]$　　C. $[Ag(NH_3)_2]OH$

D. $[Ag(CN)_2]Cl$　　E. $[Ag(SCN)_2]^-$

71. 属于内轨，低自旋的配合物是

72. 属于外轨，高自旋的配合物是

A. $[Ni(CN)_4]^{2-}$　　B. $[NiCl_4]^{2-}$　　C. $[FeF_6]^{3-}$　D. $[FeCl_6]^{3-}$

E. $[Fe(CN)_6]^{3-}$

（Ni：Z=28，Fe：Z=26）

73. 中心原子采用 dsp^2 杂化，配合物为平面四方型的是

74. 中心原子采用 d^2sp^3 杂化，配合物为正八四体型的是

A. $[NaY]^{3-}$的 $K_{稳}=5.0\times10^1$　B. $[CuY]^{2-}$的 $K_{稳}=6.8\times10^{18}$　C. $[NiY]^{2-}$的 $K_{稳}=4.1\times10^{18}$

D. $[FeY]^{2-}$的 $K_{稳}=1.2\times10^{25}$　E. $[CoY]^-$的 $K_{稳}=1.0\times10^{36}$

（Y^{4-}（EDTA）表示的酸根）

75. 稳定性最小的螯合物是

76. 稳定性最大的螯合物是

A. Fe^{3+}　　B. CN^-　　C. Fe^{2+}

D. N　　E. C

77. $[Fe(CN)_6]^{3-}$中，中心离子是

78. 配位原子是

A. NH_3　　B. SO_4^{2-}　　C. H

D. S　　E. N

79. 在 $Zn[(NH_3)_4]SO_4$ 中配体是

80. 外界是

A. $[Co(NH_3)_6]Cl_2$　　B. $[CoCl(NH_3)_5]Cl_2$　　C. $[Cu(NH_3)_4]SO_4$

D. $[Ni(NH_3)_2(C_2O_4)]$　　E. $Na[Ag(CN)_2]$

81. 中心原子是 Co^{2+}的配合物是

82. 配位数是二的配合物是

A. $BeCl_2$　　B. CH_4　　C. BF_3

D. H_2O　　E. $[PtCl_2(NH_3)_4]$

83. 分子的几何构型是直线型的是

84. 中心离子采用 dsp^2 杂化的分子是

二、填空题

1. 命名$[Fe(CN)_6]^{4-}$为________，其中心离子为________，配位原子为________。其配离子的电荷数是________。

2. $[Fe(OH)(H_2O)_5]^{2+}$的共轭酸和共轭碱分别是________和________。

3. 配合物$[Cu(NH_3)_4]SO_4$的内界是________，外界是________，配体是________，配位数是________，配位原子是________，中心离子氧化数________，系统名字叫________。

4. $[Fe(CN)_6]^{3-}$中，中心离子采用________杂化轨道成键，形成________构型________轨型________自旋________磁性的配合物。（Fe：Z=26）

5. $[FeF_6]^{3-}$中，中心离子采用________杂化轨道成键，形成________构型________轨型________自旋________磁性的配合物。（Fe：Z=26）

6. 螯合物是指中心离子与________结合形成的具有________结构的配合物；螯合物一般比________配合物要稳定，其稳定性大小与________和________有关。

7. ________的几种配离子，可根据________直接比较其在水溶液中的稳定性。

8. 形成配键的必要条件是中心离子必须有________，配为原子必须有________。

9. $[Ni(CO)_4]$中的中心离子的氧化数是________，配位体是________，配位原子是________，配位数是________。

三、是非题

1. 两个配合物，其中K_s大的其稳定性一定最大。

2. $[Ag(NH_3)_2]^+$是四面体形配离子。

3. $[Mn(CN)_6]^{4-}$的实测磁矩值为 1.57B.M，这表明该配离子具有 2 个单电子。

4. 中心原子价电子构型为 d^6 的内轨型八面体配合物一定是低自旋。

5. NH_3 是较好的电子对给予体，BH_3 是较差的电子对给予体。

6. 螯合物的环数越多，螯合物越稳定。

7. 配合物中心原子的配位数等于配体数。

8. 所有配合物都可以分为内界和外界两部分。

9. CN^-，CO，NO_2^- 做配体时，形成的配合物都是内轨型，低自旋的配合物。

10. $[Zn(CN)_4]^{2-}$配离子中，由于∶CN^-对中心离子 Zn^{2+}的影响较大，故为内轨型配离子。（Zn：Z=30）

11. 外轨型配合物多为高自旋型配合物，内轨型配合物则为低自旋型配合物。

12. 有些配体（如：∶CN^-，∶NC^-）虽然也具有两个配位原子，但它们与中心离子不能形成螯合物。

13. $H[Ag(CN)_2]$为配酸，它的酸性比 HCN 的酸性强。

14. $[HCo(CO)_4]$配合物中，Co 的氧化数为–1。

15. $K_4[Ni(CN)_6]$的正确命名是六氰合镍（III）酸钾。

16. $[Fe(CN)_6]^{4-}$（中心离子 Fe 采用 d^2sp^3 杂化）的稳定性大于$[Fe(H_2O)_6]^{2+}$（中心离子 Fe 采用 sp^3d^2 杂化）

17. 可以预见$[Cu(NH_2CH_3COO)_2]$的稳定性一定小于$[Cu(CH_3COO)_4]^{2-}$的稳定性。

18. 向含有 Fe^{3+}的溶液中加入 SCN^-，溶液变为血红色，加入铁粉后，溶液的颜色褪去。

19. 中心原子为 sp^3d^2 和 d^2sp^3 杂化的配合物的均为八面体构型。

20. 配位平衡指的是溶液中配离子或多或少地离解为中心离子和配体的离解平衡，且对于某一配位平衡而言，$K_{稳} \times K_{不稳} = 1$。

21. 配合物中参加杂化的原子轨道是中心原子中能量相近且能量较低的空轨道。

四、简答题

1. 已知两种钴的配合物具有相同的化学式 $Co(NH_3)_5BrSO_4$，它们之间的区别在于：在第一种配合物的溶液中加 $BaCl_2$ 时，产生 $BaSO_4$ 沉淀，但加入 $AgNO_3$ 时不产生沉淀；而第二种配合物的溶液则于之相反。写出这两种配合物的分子式并指出钴的配位数和配离子的电荷数。

2. 在 $[Zn(NH_3)_4]SO_4$ 溶液中，存在下列平衡：$[Zn(NH_3)_4]^{2+} \rightleftharpoons Zn^{2+} + 4NH_3$ 分别向溶液中加入少量下列物质，请判断上述平衡移动的方向。

（1）稀 HNO_3 溶液；（2）$NH_3 \cdot H_2O$；（3）Na_2S 溶液；（4）$ZnSO_4$ 溶液

3. 什么叫中心原子（或离子）?哪些原子可作中心原子（或离子）?

4. AgCl 沉淀可溶于氨水，再加入适量 HNO_3 酸化，又有 AgCl 沉淀析出。

5. 在 $CuCl_2$ 溶液中加入适量氨水，产生白色沉淀，再加入过量氨水，沉淀消失。

6. 在 $NH_4Fe(SO_4)_2$ 和 $K_4[Fe(CN)_6]$ 溶液中，分别加入 KSCN 溶液，前者出现血红色，后者不出现颜色变化。

五、问答题

1. 举例说明螯合物中配位体（螯合剂）的特点是什么?

2. 何谓配位?体何谓单齿配体?多齿配体?举例说明。

3. 举例说明螯合物的特殊稳定性的含义是什么?

4. 写出 Cu^{2+} 与 NH_3 在水溶液中的逐级配位反应及总稳定常数 $K_{稳}$ 的表达式；$K_{稳}$ 与逐级稳定常数 K_i 的关系式。

5. 比较下列物质在相同条件下的性质，并说明理由：

（1）$H[Ag(CN)_2]$ 与 HCN 的酸性。

（2）$Cu(OH)_2$ 与 $[Cu(NH_3)_4](OH)_2$ 的溶解度。

（3）$[Fe(CN)_6]^{3-}$ 与 $[FeF_6]^{3-}$ 的稳定性。

6. 在 $K[Ag(CN)_2]$ 水溶液中含有哪些离子或分子?为什么?

7. 何谓高自旋型配合物?何谓低自旋型配合物?

8. 在稀 $AgNO_3$ 溶液中依次加入 NaCl、$NH_3 \cdot H_2O$、KBr、$Na_2S_2O_3$、KI、KCN 和 Na_2S，会导致沉淀和溶解交替产生。请写出各步的化学反应方程式。

9. $[Fe(H_2O)_6]^{4-}$ 为反磁性，而 $[Fe(CN)_6]^{2+}$ 为顺磁性。

参 考 答 案

一、选择题

1. C　2. D　3. A　4. E　5. A　6. B　7. A　8. A　9. B
10. A　11. B　12. C　13. B　14. A　15. C　16. C
17. D　18. A　19. C　20. C　21. B　22. A　23. C
24. C　25. A　26. C　27. C　28. C　29. D　30. B
31. B　32. A　33. C　34. B　35. E　36. C　37. C
38. B　39. A　40. E　41. C　42. B　43. D　44. A
45. E　46. D　47. A　48. A　49. B　50. A　51. A
52. A　53. E　54. A　55. D　56. B　57. C　58. B

59. A 60. A 61. A 62. D 63. A 64. C 65. E
66. B 67. A 68. B 69. A 70. C 71. A 72. B
73. A 74. E 75. A 76. E 77. A 78. E 79. A
80. B 81. A 82. E 83. A 84. E

二、填空题

1. 六氰合亚铁配离子 Fe^{2+} C －4

2. $[Fe(H_2O)_6]^{3+}$ $[Fe(OH)_2(H_2O)_4]^+$

3. $[Cu(NH_3)_4]^{2+}$ SO_4^{2-} NH_3 4 N +2 硫酸四氨合铜（Ⅱ）

4. d^2sp^3、八面体内 低 顺

5. sp^3d^2 八面体 外 高 顺

6. 多齿配位体 环状 同类非环状（或相同配原子的非环状）环的大小环的数目

7. 相同类型 稳定常数的大小

8. 空轨道 孤对电子

9. 0（零） CO C 4

三、是非题

1.（F） 2.（F） 3.（F） 4.（F） 5.（T） 6.（T）
7.（F） 8.（F） 9.（F） 10.（F） 11.（T）
12.（T） 13.（T） 14.（T） 15.（F） 16.（T）
17.（F） 18.（T） 19.（T） 20.（T） 21.（T）

四、简答题

1. 配合物 $BaCl_2$ $AgNO_3$ 化学式 配位数 配离子 第一种 SO_4^{2-}在外界 Br^- 在内界 $[Co(NH_3)_5Br]SO_4$ 6 +2

第二种 SO_4^{2-}在内界 Br^- 在外界 $[Co(SO_4)(NH_3)_5]Br$ 6 +1

2. （1）向右移动 （2）向左移动 （3）向右移动 （4）向左移动

3. 中心原子（或离子）的定义：具有接受孤对电子的空轨道的离子或原子。是位于配合物中心位置的形成体。

中心原子（1）绝大多数是带正电荷的过渡金属离子或金属原子，（2）主族元素的金属离子也可做中心原子，（3）少数高氧化态的非金属元素，如 Si（Ⅳ）、P（Ⅴ）等也是形成体。

4. AgCl 沉淀可溶于氨水生成了银氨配离子，加酸后 NH_3 与 H^+生成了 NH_4^+ 所以又有 AgCl 沉淀析出。

5. 在 $CuCl_2$ 溶液中加入适量氨水后，产生了白色沉淀 $Cu(OH)_2$，再加入过量氨水后，沉淀消失是生成了$[Cu(NH_3)_4]^{2+}$。

6. 前者出现血红色是生成了$[Fe(NCS)_6]^{3-}$，后者不出现颜色变化是没生成$[Fe(NCS)_6]^{3-}$。

原因：前者物质中含有 Fe^{3+}其与 NCS^-生成血红色的$[Fe(NCS)_6]^{3-}$后者物质中含有 Fe^{2+}其不与 NCS^-生成血红色物质。

五、问答题

1. 螯合物中配体（螯合剂）的特点：

（1）为多齿配体：①每个配体必须具有两个或两个以上可同时参与配位反应的配原子。如乙二胺 $H_2N-CH_2-CH_2-NH_2$ 为二齿配体，有两个可同时与中心体配位的配原子 N。

②同一个配体可形成两个或两个以上的配位键。如每个乙二胺可与中心离子形成两个配位键。

（2）同一配体中，配原子间相隔两个或三个其他原子，从而与中心体形成稳定性很高的五元环或六元环的螯合物（因为这种情况下，环的空间张力小）

2. 配位体：含有孤电子对的中性分子或阴离子。如 H_2O、NH_3、X^-、CN^-。它又分为：

（1）单齿配体：一个配体只含一个配位原子。如 X^-（F^-、Cl、Br、I^-）H_2O、NH_3、CN^-、SCN^-

（2）多齿配体：含有多个配位原子的配体。如二齿配体、

乙二胺 $H_2N—CH_2—CH_2—NH_2$，六齿配体：EDTA

3. 螯合物的特殊稳定性指的是

（1）螯合物的稳定性大于相同配原子的单齿配体形成的配合物。如$[Cu(en)_2]^{2+}$的稳定性>$[Cu(NH_3)_4]^{2+}$

（2）形成的螯合环数越多，其稳定性越大（配体与中心原子不易分开）。

（3）其中以五元环、六元环最稳定。如：EDTA 与中心体可形成五个五元环，稳定性很高。

4. （1）逐级配位反应：

一级配位：$Cu^{2+}+NH_3 \rightleftharpoons Cu(NH_3)^{2+}$ K_1

二级配位：$Cu(NH_3)^{2+}+NH_3 \rightleftharpoons Cu(NH_3)_3^{2+}$ K_2

三级配位：$Cu(NH_3)_2^{2+}+NH_3 \rightleftharpoons Cu(NH_3)_3^{2+}$ K_3

四级配位：$Cu(NH_3)_3^{2+}+NH_3 \rightleftharpoons Cu(NH_3)_4^{2+}$ K_4

（2）$K_{稳}$表达式：$K_{稳}=\dfrac{[Cu(NH_3)_3]^{2+}}{[Cu^{2+}][NH_3]_4}$

（3）$K_{稳}$与逐级稳定常数 K_i 的关系式：

$$K_{稳}=K_1\times K_2\times K_3\times K_4$$

5. （1）酸性：$H[Ag(CN)_2]$>HCN

原因：由于配合物的内外界之间为离子键，

在水中完全离解；$H[Ag(CN)_2] \rightleftharpoons H^+ + [Ag(CN)_2]^-$，故 $H[Ag(CN)_2]$为一种强酸而非弱酸。HCN 是弱酸，在水溶液中仅部分离解：

$$HCN \rightleftharpoons H^+ + CN^-$$

（2）溶解度：$[Cu(NH_3)_4](OH)_2 > Cu(OH)_2$

原因：因$[Cu(NH_3)_4]^{2+}$与 OH^-之间的作用力为离子键，在强极性水溶剂中解度大；Cu^{2+}与 OH^-之间已经有一定程度的共价性质，在强极性水溶剂中溶解度必然小。

（3）稳定性：$[Fe(CN)_6]^{3-} > [FeF_6]^{3-}$

原因：因$[Fe(CN)_6]^{3-}$为内轨型配离子，而$[FeF_6]^{3-}$为外轨型配离子，内轨型配合物稳定性大于外轨型配合物。因为内轨型配合物中（$n-1$）d 轨道能量小于 n d 轨道能量。

6. $K[Ag(CN)_2]$为强解解质，在水溶液中发生如下离解：

$$K[Ag(CN)_2] \rightarrow K^+ + [Ag(CN)_2]^-$$

$[Ag(CN)_2]^-$为弱解解质，在水溶液中分步离解：

$$[Ag(CN)_2]^- \rightleftharpoons [Ag(CN)] + CN^-$$

$$[Ag(CN)] \rightleftharpoons Ag^+ + CN^-$$

另外，水溶液中还存在如下的离解平衡：

$$CN^- + H_2O \rightleftharpoons HCN + OH^-$$

$$H_2O \rightleftharpoons H^+ + OH^-$$

故，溶液中含有的离子或分子有：$[Ag(CN)_2]^-$、$[Ag(CN)]$、Ag^+、CN^-、HCN、H^+、OH^-、K^+共八种。

7.（1）高自旋配合物：中心离子（或原子）含未成对电子数较多，磁矩μ值较大的顺磁性配合物，叫高自旋配合物。外轨型配合物多为高自旋配合物。如$[FeF_6]^{3-}$

（2）低自旋配合物：中心离子（或原子）含未成对电子数较少，磁矩μ值较低的配合物，叫低自旋配合物。内轨型配合物则为低自旋配合物。如$[Fe(CN)_6]^{3-}$

8. $Ag^+ + Cl^- \rightleftharpoons AgCl\downarrow + NO_3^-$

$$AgCl(s)\downarrow + 2NH_3 \rightleftharpoons [Ag(NH_3)_2]^+ + Cl^-$$

$$Ag(NH_3)_2{}^+ + Br^- \rightleftharpoons AgBr\downarrow + 2NH_3$$

$$AgBr(s)\downarrow + 2S_2O_3^{2-} \rightleftharpoons [Ag(S_2O_3{}^{2-})_2]^{3-} + Br^-$$

$$[Ag(S_2O_3{}^{2-})_2]^{3+} + I^- \rightleftharpoons AgI\downarrow + 2S_2O_3{}^{2-}$$

$$AgI(s)\downarrow + 2CN^- \rightleftharpoons [Ag(CN)_2]^- + I^-$$

$$2[Ag(CN)_2]^- + S^{2-} \rightleftharpoons Ag_2S(s) + 4CN^-$$

9. 价键理论：在$[Fe(H_2O)_6]^{2+}$中，水中的配位原子为电负性较大的 O，不易给出电子对，对 Fe^{2+}的 d 电子排布影响小；中心原子 Fe（Ⅱ）的价电子构型为 d^6，没有空 d 轨道，只能用层 d 轨道形成 sp^3d^2 杂化，外轨型，有 4 个单电子，高自旋；在$[Fe(CN)_6]^{4-}$中，CN^-的配位原子为电负性较小的 C，易给出电子对，对 Fe^{2+}的 d 电子排布影响大，Fe^{2+}的 6 个单电子被挤到 3 个 d 轨道，空出 2 个 d 轨道，可用内层 d 轨道形成 d^2sp^3，内轨型，无单子，反磁性。

模拟试题及答案

模拟试题一

一、选择题（每题1分，共60分）

Ⅰ、A_1、A_2型题

答题说明：每题均有A、B、C、D、E五个备选答案，其中有且只有一个正确答案，将其选出，并在答题卡上将相应的字母涂黑。

1. 欲配制pH=5的缓冲溶液，应选用哪种共轭酸碱对较为合适

   A. NaH_2PO_4-Na_2HPO_4（$pK_{a,\ H_2PO_4^-}$=7.21）

   B. $NaHCO_3$-Na_2CO_3（$pK_{a,\ HCO_3^-}$=10.25）

   C. $NH_3 \cdot H_2O$-NH_4Cl（$pK_{a,\ NH_4^+}$=9.25）

   D. HAc-NaAc（$pK_{a,\ HAc}$=4.75）

   E. HCOOH-HCOONa（$pK_{a,\ HCOOH}$=3.77）

2. NH_4Ac在水中存在如下平衡

   $NH_3+H_2O \rightleftharpoons NH_4^++OH^-$　　K_1　　　$NH_4^++Ac^- \rightleftharpoons NH_3+HAc$　　K_2

   $2H_2O \rightleftharpoons OH^-+H_3O^+$　　K_3　　　$HAc+H_2O \rightleftharpoons Ac^-+H_3O^+$　　K_4

这四个反应的平衡常数之间的关系是

   A. $K_3=K_1 \cdot K_2 \cdot K_4$　　B. $K_4=K_1 \cdot K_2 \cdot K_3$　　C. $K_3 \cdot K_4=K_1 \cdot K_2$

   D. $K_1 \cdot K_4=K_2 \cdot K_3$　　E. $K_3=K_1 \cdot K_2/K_4$

3. 计算弱酸的解离常数，通常用解离平衡时的平衡浓度而不用活度，这是因为

   A. 活度即浓度　　B. 稀溶液中误差很小　　C. 活度与浓度成正比

   D. 活度无法测定　　E. 稀溶液中误差很大

4. 经测定强电解质溶液的解离度总达不到100%，其原因是

   A. 电解质不纯　　B. 电解质与溶剂有作用

   C. 有离子氛和离子对存在　　D. 电解质没有全部解离

   E. 电解质很纯

5. 既是路易斯碱又是布朗斯台德碱的物质是

   A. Cu^{2+}　　B. NH_3　　C. HAc　　D. HCN　　E. Ag^+

6. 沉淀生成的必要条件是

   A. $Q_C=K_{sp}$　　B. $Q_C<K_{sp}$　　C. 保持Q_C不变

   D. $Q_C>K_{sp}$　　E. 温度高

7. 稀溶液依数性的本质是

   A. 渗透压　　B. 沸点升高　　C. 蒸气压降低

   D. 凝固点降低　　E. 蒸气压上升

8. 在多电子原子中，决定电子能量的量子数为

A. n　　B. n 和 l　　C. n，l 和 m

D. l　　E. n 和 m

9. 下列叙述错误的是

A. $[H^+]$越大，酸性越强，溶液的 pH 越大

B. 若$[H^+]=[OH^-]$，则溶液为中性

C. 若 pH＝1，则表示溶液中的$[H^+]=0.1$mol/L

D. 若$[OH^-]<10^{-7}$mol/L，则溶液显酸性

E. 溶液中$[H^+]$越大，则$[OH^-]$越小

10. HF 比 HI 沸点高的原因是 HF 间存在

A. 氢键　　B. 诱导力　　C. 色散力

D. 取向力　　E. 分子间力

11. 下列哪个因素不影响配位平衡移动

A. 沉淀平衡　　B. 溶液的 pH　　C. 氧化还原平衡

D. 催化剂　　E. 增大中心原子浓度

12. 下列能与中心离子形成五元环的螯合剂是

A. H_2O　　B. ClO_4^-　　C. F^-

D. NCS^-　　E. EDTA

13. 决定电子运动状态的量子数是

A. n　　B. n，l　　C. n，l，m

D. n，l，m，m_s　　E. l，m

14. AgCl 的溶解度为 s mol/L，则 AgCl 的 K_{sp} ＝

A. s^2　　B. $4s^3$　　C. s^3

D. $2s^3$　　E. $5s$

15. 量子力学中所说的原子轨道是指

A. 波函数ψ　　B. 波函数ψ绝对值的平方　　C. 电子云

D. 电子的运动轨迹　　E. 原子的运动轨迹

16. 下列哪一系列的排列顺序正好是电负性逐次减小的

A. K　Na　Li　　B. F　O　Cl　　C. B　C　N

D. O　F　N　　E. C　K　N

17. 配合物的中心原子轨道杂化时，其轨道必须是

A. 有单电子的　　B. 能量相近的空轨道　　C. 能量相差大的

D. 同层的　　E. 没有任何要求

18. CH_4中，C 原子采取的杂化是

A. 不等性 sp^3　　B. 等性 sp^3　　C. sp^2

D. sp　　E. dsp^2

19. HgS 溶解在王水中的最主要原因是

A. 王水能产生 Cl^-　　B. 王水能产生 NOCl

C. 王水的酸性强　　D. 生成了$[HgCl_4]^{2-}$、S 单质和 NO

E. 王水的氧化性强

20. Cl^-、Br^-、I^-都与 Ag^+生成难溶性银盐，当混合溶液中上述三种离子的浓度都是 0. 01mol·L^{-1} 时，加入 $AgNO_3$ 溶液，则他们的沉淀先后次序是（$K_{sp,\ AgCl}=1.77\times10^{-10}$，$K_{sp,\ AgBr}=5.35\times10^{-13}$，$K_{sp,\ AgI}=8.52\times10^{-17}$）

A. AgCl、AgBr、AgI　　B. AgBr、AgCl、AgI　　C. AgI、AgCl、AgBr

D. AgBr、AgI、AgCl　　E. AgI、AgBr、AgCl

21. 在氨水中易溶解的难溶物质是

A. AgI　　B. AgCl　　C. AgBr

D. AgCl 和 AgI　　E. AgI 和 AgBr

22. 对于同一类型的难溶电解质，在一定温度下，下列说法正确的是

A. K_{sp}越大则溶解度越小　　B. K_{sp}越大则溶解度越大

C. K_{sp}越小则溶解度越大　　D. K_{sp}越小则溶解度越小

E. B 和 D 均正确

23. 已知[Pt Cl_2（NH_3）$_2$]为平面四方形结构，其中心离子采用的杂化轨道类型为

A. sp　　B. sp^2　　C. sp^3　　D. dsp^2　　E. sp^3d^2

24. 在反应 A＋B$\rightleftharpoons$C＋D 中，开始时只有 A、B，经过长时间，最终结果是

A. C 和 D 浓度大于 A 和 B　　B. A 和 B 浓度大于 C 和 D

C. A、B、C、D 浓度不再变化　　D. A、B、C、D 分子不再反应

E. A、B、C、D 浓度还在变化

25. 在含有 Cl^-和 I^-的混合溶液中，为使 I^-氧化为 I_2，而 Cl^-不被氧化，应选择哪种氧化剂（$E^{\ominus}_{MnO_4^-/Mn^{2+}}=1.507V$，$E^{\ominus}_{Fe^{3+}/Fe^{2+}}=0.771V$，$E^{\ominus}_{I_2/I^-}=0.536V$，$E^{\ominus}_{Cl_2/Cl^-}=1.358V$）

A. MnO_4^-　　B. Fe^{3+}　　C. Fe^{3+} 和 MnO_4^-均可

D. Fe^{2+}　　E. Mn^{2+}

26. 标态下，氧化还原反应正向自发进行的判据是

A. $E_{池}>0$　　B. $E^{\ominus}_{池}>0$　　C. $E_{池}<0$

D. $E^{\ominus}_{池}<0$　　E. $E^{\ominus}_{池}=0$

27. 下列物质中最强的还原剂是

A. Zn（$E^{\ominus}_{Zn^{2+}/Zn}=-0.762V$）　　B. H_2（$E^{\ominus}_{H^+/H_2}=0.000V$）

C. Cl^-（$E^{\ominus}_{Cl_2/Cl^-}=1.358V$）　　D. Br^-（$E^{\ominus}_{Br_2/Br^-}=1.087V$）

E. I^-（$E^{\ominus}_{I_2/I^-}=0.536V$）$^{-1}$

28. 氧化还原反应的平衡常数 K 是化学平衡常数，因此，关于 K 描述正确的是

A. 与温度无关　　B. K 越大反应进行的慢　　C. 与温度有关

D. K 越大反应进行的越快　　E. 与浓度有关

29. 有一电池：（-）$Pt_{(s)}$ ｜H_2（$P^{\ominus}$）｜H^+（1mol·L^{-1}）‖Cu^{2+}（1mol·L^{-1}）｜$Cu_{(s)}$（-）负极是

A. Cu^{2+}　　B. H^+/H_2　　C. Cu^{2+}/Cu

D. Cu　　E. H_2

30. 在非标态下，氧化还原反应正向自发进行的判据是

A. $E^{\ominus}_{池}>0$　　B. $E^{\ominus}_{池}<0$　　C. $E_{池}>0$

D. $E_{池}<0$　　E. $E_{池}=0$

31. $KMnO_4$在中性或弱碱性介质中的还原产物是

A. Mn^{2+}　　B. Mn^{3+}　　C. $MnO_2\downarrow$

D. MnO_4^{2-}　　E. Mn

32. 溶液的H^+浓度增大，下列氧化剂中氧化性增强的物质是

A. Cl_2　　B. Fe^{3+}　　C. Sn^{4+}

D. I_2　　E. MnO_4^-

33. 已知电对 Cl_2/Cl^-、Br_2/Br^-、I_2/I^-的$E^{\ominus}$值依次减小，下列错误的是

A. Cl_2的氧化性相对最强　　B. Br_2的氧化性次于Cl_2

C. I_2的氧化性次于Br_2　　D. Cl^-，Br^-，I^- 的还原性依次减弱

E. Cl^-，Br^-，I^- 的还原性依次增强

34. 电极反应$MnO_4^-+5e+8H^+ \rightleftharpoons Mn^{2+}+4H_2O$中，还原态物质是

A. MnO^-_4　　B. H^+　　C. H_2O

D. Mn^{2+}　　E. Mn^{2+}和MnO^-_4

35. 氮原子的价电子构型为$2s^22p^3$. 其 2p 轨道上的 3 个电子正确排布为

A. ↑↓↓　　B. ↑↑↓　　C. ↑↓↑

D. ↓↑↑　　E. ↑↑↑

36. 下列说法错误的是

A. 氢键是一种化学键　　B. 氢键有方向性和饱和性

C. 水分子间有氢键　　D. 氢键是有方向性的分子间作用力

E. 氢键是分子间作用力

37. 分子的偶极矩μ值都为 0 的非极性分子是

A. CO_2, H_2O，NH_3　　B. CO_2，BF_3，CCl_4

C. H_2O，CO，CO_2　　D. HF，HCl，HI

E. H_2O，BF_3，$CHCl_3$

38. 分子的偶极矩μ值都大于 0 的极性分子是

A. H_2O，NH_3，HCl　　B. H_2，O_2，N_2　　C. F_2，Cl_2，Br_2

D. HNO_3，CCl_4，O_2　　E. CO_2，BF_3，CH_4

39. 下列各组分子间能形成分子间氢键的是

A. He 和 H_2O　　B. H_2O和CH_3OH　　C. N_2和H_2

D. O_2和H_2　　E. H_2和 He

40. 现代价键理论 VB 法认为形成共价键的首要条件是

A. 两原子只要有成单的价电子就能配对成键

B. 成键电子的自旋相同的未成对的价电子互相配对成键

C. 成键电子的自旋相反的未成对价电子相互接近时配对成键，形成稳定的共价键

D. 成键电子的原子轨道重叠越少，才能形成稳定的共价键

E. 共价键是有饱和性和方向性的

41. 下列各组量子数（n、l、m）不可能存在的是

A. 3、2、0　　B. 3、2、2　　C. 3、1、1

D. 3、3、1　　E. 3、0、0

42. 下列分子中，键角最大的是

A. H_2O　　B. NH_3　　C. BF_3

D. CH_4　　E. $BeCl_2$

43. 下列分子中有顺磁性的物质是

A. H_2　　B. F_2　　C. N_2

D. O_2　　E. He

44. 下列分子中键级为 0 的是

A. H_2^+　　B. N_2　　C. H_2

D. F_2　　E. He_2

45. 配合物的内界与外界之间的结合力是

A. 共价键　　B. 氢键　　C. 离子键

D. 配位键　　E. 肽键

46. $K_3[Fe(CN)_6]$的正确命名是

A. 六氰合铁（Ⅲ）酸钾　　B. 六氰合铁（Ⅱ）酸钾　　C. 6 氰合铁（Ⅱ）酸钾

D. 6 氰合铁（Ⅲ）酸钾　　E. 5 氰合铁（Ⅲ）酸钾

47. 下列配位体中，属于二齿配位体的是

A. F^-和 Cl^-　　B. 乙二胺（$H_2N—CH_2—CH_2—NH_2$）和草酸根 $C_2O_4^{2-}$

C. Br^-和 I^-　　D. NH_3 和 H_2O　　E. EDTA

48. 价键理论认为，中心离子与配体之间的结合力正确的说法是

A. 共价键　　B. 离子键　　C. 配位键

D. 氢键　　E. 金属键

49. 下列错误的是

A. $[Cu(en)_3]^{2+}$中，Cu^{2+} 的配位数是 3

B. $[Ag(CN)_2]^-$中，Ag^+ 的配位数是 2

C. $[PtCl_2(NH_3)_2]$ 中，Pt^{2+} 的配位数是 4

D. $[Ag(NH_3)_2]^+$中，Ag^+ 的配位数是 2

E. $[FeF_6]^{3-}$中，Fe^{3+} 的配位数是 6

50. 基态 $_{24}Cr$ 原子的核外电子排布式及价电子构型均正确的是

A. [Ar] $3d^44s^2$、$3d^44s^2$　　B. [Ar] $3s^23d^5$、$3s^23d^5$

C. [Ar] $3s^23d^3$、$3s^23d^3$　　D. [Ar] $3d^54s^1$、$3d^54s^1$　　E. $3d^54s^1$

Ⅱ、B_1 型题

答题说明：A、B、C、D、E 是备选答案，下面是两道考题。答题时，对每道考题从备选答案中选择一个正确答案，在答题卡上将相应考题的相应字母涂黑。每个备选答案可选择一次或一次以上，也可一次不选。

A. H_2O　　B. NH_3　　C. $H_2PO_4^-$　　D. HPO_4^{2-}　　E. PO_4^{3-}

51. OH^-的共轭酸是（　　）

52. $H_2PO_4^-$的共轭碱是（　　）

A. $AgNO_3$　　B. H_2O　　C. KCl　　D. HCN　　E. HAc

53. 在含有 AgBr 沉淀的溶液中能产生同离子效应的物质是（　　）
54. 在含有 Ag_2CrO_4 沉淀的溶液中能产生盐效应的物质是（　　）

A. Fe^{3+}　　B. CN^-　　C. Fe^{2+}　　D. N　　E. C
55. $[Fe(CN)_6]^{3-}$中，中心离子是（　　）
56. 配位原子是（　　）

A. $I=\frac{1}{2}\sum c_i z_i^2$ （c_i 是离子浓度，z_i 是该离子的电荷数）

B. $I=\sum c_i z_i^2$　　C. $c=\frac{n_B}{V}$　　D. $a_i=r_i c_i$　　E. $a_i=c_i$

57. 计算强电解质溶液中离子强度 I 的公式是（　　）
58. 计算强电解质溶液中离子活度 a 的公式是（　　）

A. 0. 02 $mol \cdot L^{-1}$ HCl 和 0. 02 $mol \cdot L^{-1}$ $NH_3 \cdot H_2O$

B. 0. 5 $mol \cdot L^{-1}$ $H_2PO_4^-$和0. 5 $mol \cdot L^{-1}$ HPO_4^{2-}

C. 0. 5 $mol \cdot L^{-1}$ $H_2PO_4^-$和0. 2 $mol \cdot L^{-1}$ HPO_4^{2-}

D. 0. 1 $mol \cdot L^{-1}$ $H_2PO_4^-$和0. 1 $mol \cdot L^{-1}$ HPO_4^{2-}

E. 0. 05 $mol \cdot L^{-1}$ $H_2PO_4^-$和0. 05 $mol \cdot L^{-1}$ HPO_4^{2-}

59. 上述浓度的混合溶液中，无缓冲作用的是（　　）
60. 上述浓度的混合溶液中，缓冲能力最大的是（　　）

二、判断题（每题 1 分 共 10 分）

答题说明：正确的将答题卡上的“T”涂黑，错误的将答题卡上的“F”涂黑。

1. 总压力的改变对哪些反应前后计量系数不变的气相反应的平衡没有影响。
2. 溶液中各溶质与溶剂的摩尔分数之和为 1 。
3. 主量子数为 4 时，有 4s. 4p. 4d. 4f 四个原子轨道。
4. 一般来说，共价单键是 σ 键，在双键或三键中只有一个 σ 键。
5. 平衡常数关系式仅使用于平衡体系。
6. 沉淀的转化时专指 K_{sp} 大的沉淀转变成 K_{sp} 小的沉淀而言的。
7. 两个配合物，其中 $K_{稳}$大的稳定性一定最大。
8. 外轨型配合物多为高自旋配合物，内轨型配合物多为低自旋配合物。
9. N 的第一解离能比 O 的大。
10. 0. 1$mol \cdot L^{-1}$ HAc 与 0. 1$mol \cdot L^{-1}$ HCl 的氢离子浓度相等。

三、填空题（每空 1 分 共 10 分）

答题说明：答案必须做在答题纸上，做在试卷上一律无效。

1. 计算一元弱碱溶液中$[OH^-]$的最简公式是 ___（1）___ 使用的条件为___（2）___。
2. 歧化反应发生的条件是___（3）___和___（4）___。
3. 已知 K_a，HAc=1. 76×10^{-5} K_a，H_2S=9. 10×10^{-8}　K_a，H_3PO_4=7. 52×10^{-3}，写出相应

共轭碱在水溶液中相对强弱次序（5）。

4. 反应 $3Fe(s)+4H_2O(g) \rightleftharpoons Fe_3O_4(s)+4H_2(g)$ 的 K_p 表达式为（6）。

5. H_2O 的几何构型为（7）。

6. 产生渗透现象的两个必要条件（8）和（9）。

7. n=3，l=2 所表示的亚层名称是（10）。

四、简答题（每题 2.5 分 共 5 分）

答题说明：答案必须做在答题纸上，做在试卷上一律无效。

1. 下列硼元素的基态原子电子组态中，违背了哪个原理?写出它的正确电子组态。

$_5B$　$1s^22s^3$

2. 为什么 $CHCl_3$ 是极性分子?

五、计算题（每题 5 分 共 15 分）

答题说明：答案必须做在答题纸上，做在试卷上一律无效。

1. 计算 0.10 $mol·L^{-1}$HAc50ml 和 0.10 $mol·L^{-1}$NaAc50ml 相混合后溶液的 pH（已知 HAc 的 pK_a=4. 75）

（1）指出该缓冲溶液中的抗酸成分？抗碱成分？

（2）计算该缓冲溶液中的 pH？

2. 电极反应：$Cr_2O_7^{2-}+14H^++6e \rightleftharpoons 2Cr^{3+}+7H_2O$

已知：298K：$E^{\ominus}_{Cr_2O_7^{2-}/Cr^{3+}}$ =1.232V　$c_{Cr_2O_7^{2-}}$ =1$mol·L^{-1}$，pH=2，Cr^{3+}=1$mol·L^{-1}$，求算 $E_{Cr_2O_7^{2-}/Cr^{3+}}$?

3. 硼酸 H_3BO_3 在水溶液中释放质子的过程为

$B(OH)_3+H_2O \rightleftharpoons B(OH)_4^-+H^+$，故为一元弱酸，已知 K_a=5. 8×10^{-10}，

求 0. 10$mol·L^{-1}$$H_3BO_3$ 溶液的[H^+]、pH 及解离度。

模拟试题一答案

一、选择题（每题 1 分 共 60 分）

1. D　2. A　3. B　4. C　5. B　6. D　7. C　8. B
9. A　10. A　11. D　12. E　13. D　14. A　15. A
16. B　17. B　18. B　19. D　20. E　21. B　22. E
23. D　24. C　25. B　26. B　27. A　28. C　29. B
30. C　31. C　32. E　33. D　34. D　35. E　36. A
37. B　38. A　39. B　40. C　41. D　42. E　43. D
44. E　45. C　46. A　47. B　48. C　49. A　50. D
51. A　52. D　53. A　54. C　55. A　56. E　57. A
58. D　59. A　60. D

二、判断题（每题 1 分 共 10 分）

1.（T）　2.（T）　3.（F）　4.（T）　5.（T）
6.（F）　7.（F）　8.（T）　9.（T）　10.（F）

三、填空题（每空 1 分　共 10 分）

（1）$\sqrt{K_a c}$　（2）$\frac{c}{K_b} \geqslant 500$　（3）有中间氧化数

（4）$E^{\ominus}_{右}>E^{\ominus}_{左}$　（5）$HS^->Ac^->H_2PO_4^{2-}$

（6）$\frac{[P_{H_2}]^4}{[P_{H_2O}]^4}$　（7）V 型

（8）半透膜的存在

（9）半透膜两侧有浓度差（或膜两侧单位体积内溶剂分子数目不相等）

10. 3d

四、简答题（每题 2.5 分 共 5 分）

1. 答：（1）违背了保里不相容原理（1 分）

（2）正确电子组态：$1s^22s^22p^1$　（1.5 分）

2. 答：因为 $CHCl_3$ 为四面体，（1 分）

（1）四个键均有性，（0.5 分）

（2）但键不同，（0.5 分）

（3）结构不对称（正，负电荷中心不重合）所以是极性分子　（0.5 分）

五、计算题（每题 5 分 共 15 分）

1. 解：（1）抗酸成分：Ac^- （0. 5 分）

抗碱成分：HAc （0. 5 分）

（2） $pH = pK_a + \lg\frac{c_{共轭碱}}{c_{弱酸}}$ （1 分）

所以，$pH = 4.75 + \lg\frac{c_{Ac^-}}{c_{HAc}} = 4.75 + \lg\frac{\frac{0.1\times 50}{100}}{\frac{0.1\times 50}{100}} =$ 4. 75（3 分）

2. 解：T=298K，$Cr_2O_7^{2-} + 14H^+ + 6e \rightleftharpoons 2Cr^{3+} + 7H_2O$ pH=2，c_{H^+}=0. 01mol·L^{-1}

（1）用能斯特方程：$E = E^{\ominus} + \frac{0.059}{n}\lg\frac{c_{OX}^a}{c_{Red}^b}$ （1 分）

（2）$E_{Cr_2O_7^{2-}/Cr^{3+}} = E^{\ominus}_{Cr_2O_7^{2-}/Cr^{3+}} + \frac{0.059}{6}\lg\frac{c_{Cr_2O_7^{2-}}\cdot c_{H^+}^{14}}{c_{Cr^{3+}}^2}$ （2 分）

$=1.232 + \frac{0.059}{6}\lg\frac{1\times(0.01)^{14}}{1^2}$ =1. 232−0.275

=0. 957（V）（2 分）

3. 解：已知 C = 0. 10mol·L^{-1}，K_{a,H_3BO_3} =5.8×10^{-10}，

（1）因 $\frac{c}{K_a} \geqslant 500$ （0. 5 分）

=0. 1/5. 8×10^{-10} = 1. 72×10^{8}>500，（0. 5 分）

故可用最简式计算：

$[H_3O^+] = \sqrt{K_a c}$ （0. 5 分）

$= \sqrt{5.8\times10^{-10}\times0.1} = 7.6\times10^{-6}$（mol·L^{-1}）（1. 5 分）

（2）$pH = -\log[H_3O^+]$（0. 5 分）

$= -\log$（0. 76×10^{-5}）=5. 12（1. 5 分）

（3）$a = \frac{[H_3O^+]}{c}\times100\%$

$= \frac{7.6\times10^{-6}}{0.1}\times100\%$

$= 7.6\times10^{-3}\%$

模拟试题二

一、选择题（每题 1 分 共 60 分）

Ⅰ、A_1、A_2 型题

答题说明：每题均有 A、B、C、D、E 五个备选答案，其中有且只有一个正确答案，将其选出，并在答题卡上将相应的字母涂黑。

1. 向饱和 $BaSO_4$ 溶液中加水，下列叙述正确的是

A. $BaSO_4$ 的溶解度、K_{sp} 均不变　B. $BaSO_4$ 的溶解度、K_{sp} 增大
C. $BaSO_4$ 的溶解度不变、K_{sp} 增大　D. $BaSO_4$ 的溶解度增大、K_{sp} 不变
E. $BaSO_4$ 的溶解度减小、K_{sp} 不变

2. 关于溶剂的凝固点降低常数，下列哪一种说法是正确的

A. 只与溶质的性质有关　B. 只与溶剂的性质有关
C. 只与溶质的浓度有关
D. 是溶质的质量摩尔浓度为 1 mol. kg^{-1} 时的实验值
E. 是溶质的物质的量浓度为 1 mol. kg^{-1} 时的实验值

3. 已知 Ba^{2+} 的活度系数 r =0. 24，则 0. 050mol. $L^{-1}Ba^{2+}$ 的活度 a 为

A. 0. 012mol. L^{-1}　B. 0. 014mol. L^{-1}　C. 0. 016mol. L^{-1}
D. 0. 050mol. L^{-1}　E. 0. 013 mol. L^{-1}

4. 有葡萄糖（$C_6H_{12}O_6$），氯化钠（NaCl），氯化钙（$BaCl_2$）三种溶液，它们的浓度均为 0. 1mol·L^{-1}，按渗透压由低到高的排列顺序是

A. $BaCl_2<NaCl<C_6H_{12}O_6$　B. $C_6H_{12}O_6<NaCl<BaCl_2$
C. $NaCl<C_6H_{12}O_6<BaCl_2$　D. $C_6H_{12}O_6<BaCl_2<NaCl$
E. $C_6H_{12}O_6=NaCl=BaCl_2$

5. 当气态的 SO_2、SO_3、NO、NO_2、O_2 在一个反应器里共存时，至少会有以下反应存在

SO_2（g）+NO_2（g）$\rightleftharpoons$ SO_3（g）+NO（g）　K_{P_1}

NO_2（g）$\rightleftharpoons$ NO（g）+1/2O_2（g）　K_{P_2}

SO_2（g）+1/2O_2（g）$\rightleftharpoons$ SO_3（g）　K_{P_3}

这三个反应的压力平衡常数之间的关系是

A. $K_{P_1}+K_{P_2}=K_{P_3}$　B. $K_{P_1}=K_{P_3}\cdot K_{P_2}$　C. $K_{P_3}=K_{P_1}\cdot K_{P_2}$
D. $K_{P_1}=K_{P_2}/K_{P_3}$　E. $K_{P_1}=K_{P_3}/K_{P_2}$

6. 氯气和氢气反应：H_2（g）+Cl_2（g）$\rightleftharpoons$ 2HCl（g），在 298K 下，K_C=4. 4×10^{32} 这个极大的 K_C 说明该反应是

A. 逆向进行的趋势大　B. 正反应进行的程度大　C. 逆向不发生
D. 正向进行的程度不大　E. 正向不发生

7. 对化学反应平衡常数的数值（指同一种表示法）有影响的最主要因素是

A. 反应物质的浓度　B. 体系的温度　C. 体系的总压力
D. 实验测定的方法　E. 反应物质的分压

8. 已知温度下，$K_{a,\ HAc}$ =1. 76×10^{-5}，$K_{a,\ HCN}$=4. 93×10^{-10}，则下列碱的碱性强弱次序为

A. $Ac^- > CN^-$　　B. $Ac^- = CN^-$　　C. $Ac^- < CN^-$

D. $Ac^- >> CN^-$　　E. $Ac^- << CN^-$

9. 在可逆反应：HCO_3^-（aq）+OH^-（aq）$\rightleftharpoons$ CO_3^{2-}（aq）+H_2O（L）中，正逆反应中的布朗斯台德酸分别是

A. HCO_3^-和 CO_3^{2-}　　B. HCO_3^-和 H_2O　　C. OH^-和 H_2O

D. OH^-和 CO_3^{2-}　　E. H_2O 和 CO_3^{2-}

10. 下列关于缓冲溶液的叙述，正确的是

A. 当少量稀释缓冲溶液时，pH 将明显改变

B. 外加少量强碱时，pH 将明显降低

C. 外加少量强酸时，pH 将明显升高

D. 有抗少量强酸、强碱、稀释，溶液保持 pH 基本不变的能力

E. 外加大量强酸时，pH 基本不变

11. 影响缓冲溶液缓冲能力的主要因素是

A. 弱酸的 pK_a　　B. 弱碱的 pK_a　　C. 缓冲对的总浓度

D. 缓冲对的总浓度和缓冲比　　E. 缓冲比

12. 欲配制 pH=7 的缓冲溶液，应选用

A. HCOOH-HCOONa（$pK_{a,\ HCOOH}$=3. 74）

B. HAc-NaAc（$pK_{a,\ HAc}$=4. 75）

C. NH_4Cl-NH_3（$pK_{a,\ NH_4^+}$=9. 25）

D. NaH_2PO_4-Na_2HPO_4（$pK_{a,H_2PO_4^-}$=7. 21）

E. $NaHCO_3$-Na_2CO_3（pK_{a,HCO_3^-}=10. 25）

13. 王水的组成

A. 浓盐酸：硝酸（3∶1）　　B. 浓盐酸：浓硝酸（3∶1）

C. 盐酸：浓硝酸（1∶3）　　D. 盐酸：硝酸（1∶3）　　E. 盐酸:浓硝酸

14. HgS 易溶解于

A. H_2O　　B. 热、浓 H_2SO_4　　C. 浓 HNO_3 或稀 HNO_3

D. 王水　　E. 浓 HCl

15. AgBr 在下列哪种溶液中溶解度增大

A. $NH_3·H_2O$　　B. NaBr　　C. $AgNO_3$

D. $Na_2S_2O_3$　　E. H_2O

16. 已知溶质 B 的物质的量为 n_B，溶剂 A 的物质的量为 n_A，则溶质 B 在此溶液中的摩尔分数 x_B 为

A. $x_B+x_A=1$　　B. $\dfrac{n_A}{n_A+n_B}$　　C. $1-x_B$

D. $\dfrac{n_B}{n_A+n_B}$　　E. $x_B-x_A=1$

17. 混合溶液中 Cl^-、Br^-、I^- 的浓度相同，若逐滴加入 $PbNO_3$ 溶液时，首先析出的沉淀是

（已知：$K_{sp,\ PbI_2}$=9．8×10^{-9}；$K_{sp,\ PbCl_2}$=1. 7×10^{-5}；　$K_{sp,PbBr_2}$= 6. 6×10^{-6}；K_{sp,PbF_2}=

3. 3×10^{-8}）

A. $PbBr_2$　B. $PbCl_2$　C. PbI_2

D. PbF_2　E. PbI_2 和 PbF_2 同时析出

18. 强酸性介质中 MnO_4^- 作氧化剂被还原的产物是

A. MnO_4^{2-}　B. Mn^{3+}　C. $MnO_2\downarrow$

D. Mn^{2+}　E. Mn

19. 下列物质中最强的氧化剂是

A. Cl_2（$E^{\ominus}_{Cl_2/Cl^-}$=1.358V）　B. H_2（$E^{\ominus}_{H^+/H_2}$=0.000V）

C. Zn（$E^{\ominus}_{Zn^{2+}/Zn}$=－0.762V）　D. Br_2（$E^{\ominus}_{Br_2/Br^-}$=1.087V）

E. I_2（$E^{\ominus}_{I_2/I^-}$=0.536V）

20. 有一电池（-）Zn（s）｜Zn^{2+}（$1mol·L^{-1}$）‖H^+（$1mol·L^{-1}$）‖H_2（100kPa｜$Pt_{(s)}$（+），负极是

A. Zn^{2+}　B. H^+/H_2　C. Zn^{2+}/ Zn

D. Zn　E. H_2

21. 在非标态下，氧化还原反应正向自发进行的判据是

A. $E^{\ominus}_{池}>0$　B. $E_{池}>0$　C. $E^{\ominus}_{池}<0$

D. $E_{池}<0$　E. $E_{池}=0$

22. 溶液的 H^+ 浓度增大，下列氧化剂中氧化性增强的物质是

A. Cl_2　B. Fe^{3+}　C. $Cr_2O_7^{2-}$

D. I_2　E. Sn^{4+}

23. 电极反应 H_2O_2+ 2e+ $2H^+ \rightleftharpoons 2H_2O$ 中，还原态物质是

A. H_2O_2　B. H^+　C. H_2O 和 H_2O_2

D. H_2O_2 和 H^+　E. H_2O

24. 多电子原子中，决定电子能量的量子数为

A. n　B. n，l，m　C. n，l

D. n，l，m，m_s　E. l，m

25. 下列哪一系列的排列顺序正好是电负性逐次增大的

A. Li　K　Na　B. N　O　F　C. C　B　N

D. O　F　N　E. C　N　K

26. 指出多电子原子外层电子的能量随（n+0.7L）的增大而增大的科学家是

A. 德布罗依　B. 徐光宪　C. 薛定谔

D. 玻尔　E. 爱因斯坦

27. 基态 ^{29}Cu 原子的核外电子排布式及价电子构型均正确的是

A. [Ar] $3d^94s^2$、$3d^94s^2$　B. [Ar] $3s^23d^{10}$、$3s^23d^{10}$

C. [Ar] $3s^23d^9$、$3s^23d^9$　D. [Ar] $3d^{10}4s^1$、$3d^{10}4s^1$

E. $3d^94s^1$

28. H_2O 比 H_2S 的沸点高的原因是 H_2O 分子间存在

A. 氢键　B. 诱导力　C. 色散力

D. 取向力　E. 分子间力

29. 分子的偶极矩 μ 值都大于 0 的极性分子是

A. H_2O，NH_3，HCl　　B. H_2，O_2，N_2　　C. F_2，Cl_2，Br_2

D. HNO_3，CCl_4，O_2　　E. CO_2，BF_3，CH_4

30. BF_3 分子中，B 原子采取的杂化轨道类型是

A. 不等性 sp^3　　B. 等性 sp^3　　C. sp^2

D. sp　　E. dsp^2

31. 现代价键理论 VB 法认为形成共价键的首要条件是

A. 两原子只要有成单的价电子就能配对成键

B. 共价键是有饱和性和方向性的

C. 成键电子的自旋相反的未成对价电子相互接近时配对成键，形成稳定的共价键

D. 成键电子的原子轨道重叠越少，才能形成稳定的共价键

E. 成键电子的自旋相同的未成对的价电子互相配对成键

32. 下列物质中，有离子键的是

A. O_2　　B. HCl　　C. $NaNO_3$

D. CCl_4　　E. N_2

33. 下列分子中，键角最小的是

A. H_2O　　B. NH_3　　C. BF_3

D. CH_4　　E. $HgCl_2$

34. 下列分子中有顺磁性的物质是

A. H_2　　B. F_2　　C. N_2

D. O_2　　E. He

35. 下列分子中键级为零的是

A. H_2^+　　B. N_2　　C. H_2

D. F_2　　E. He_2

36. 价键理论认为，中心离子与配体之间的结合力是

A. 共价键　　B. 离子键　　C. 配位键

D. 氢键　　E. 金属键

37. 下列能与中心离子形成五个五元环的螯合剂是

A. H_2O　　B. ClO_4^-　　C. F^-

D. NCS^-　　E. EDTA

38. 已知$[Ag(NH_3)_2]^+$ 为直线型结构，其中心离子采用的杂化轨道类型为

A. dsp^2　　B. sp^2　　C. sp^3

D. sp　　E. sp^3d^2

39. $[Cu(NH_3)_4]SO_4$ 的正确命名是

A. 硫酸四氨合铜（Ⅱ）　　B. 硫酸四氨合铜（Ⅰ）

C. 硫酸 4 氨合铜（Ⅱ）　　D. 硫酸 4 氨合铜（Ⅰ）

E. 亚硫酸四氨合铜（Ⅱ）

40. 配位体中，属于二齿配位体的是

A. F^-和 Cl^-　　B. （$H_2N—CH_2—CH_2—NH_2$）和 $C_2O_4^{2-}$

C. Br^-和 I^-　　D. NH_3 和 H_2O

E. EDTA

41. 有关离子强度 I 的说法错误的是

A. 溶液的离子强度越大，离子间相互牵制作用越大

B. 离子强度越大，离子的活度系数 r 越小

C. 离子强度与离子的解荷及浓度有关

D. 离子强度越大，离子的活度 a 也越大

E. 离子强度与离子的本性无关

42. 下列说法错误的是

A. 在平衡常数表达式中各物质的浓度或分压力是指平衡时浓度或分压力，并且反应物的浓度或分压力要写成分母

B. 如果在反应体系中有固体或纯液体参加时，它们的浓度不写到平衡常数表达式中

C. 在稀溶液中进行的反应，虽有水参与反应，但其浓度也不写到平衡常数表达式中

D. 平衡常数表达式必须与反应方程式相对应

E. 正逆反应的平衡常数值相等

43. 根据酸碱质子理论，下列叙述中错误的是

A. 酸碱反应实质是质子的转移　　B. 质子论中没有了盐的概念

C. 酸越强其共轭碱也越强　　D. 酸失去质子后就成了碱

E. 酸碱反应的方向是（较）强酸与（较）强碱反应生成（较）弱碱与（较）弱酸

44. 下列叙述错误的是

A. H^+的浓度越大，pH 越低　　B. 任何水溶液都有$[H^+][OH^-]=K_W$关系

C. 温度升高时，K_W变大　　D. 溶液的 pH 越大，其 pOH 就越小

E. 在浓 HCl 溶液中，没有 OH^-存在

45. 针对沉淀溶解，下列说法中错误的是生成

A. 弱酸　　B. 弱酸盐 [$Pb(Ac)_2$]　　C. 弱碱

D. 水　　E. 强酸

46. 下列错误的是

A. H^+的氧化数是+1　　B. Fe^{2+}的氧化数是 +2

C. $Cr_2O_7^{2-}$中铬的氧化数是+5　　D. MnO_4^-中锰的氧化数是+7

E. Cu 的氧化数是 0

47. 对于 $E^{\ominus}$ 描述错误的是

A. $E^{\ominus}$越大的电对中氧化型物质的氧化能力越强

B. $E^{\ominus}$越大的电对中氧化型物质越易被还原

C. $E^{\ominus}$越小的电对中还原型物质的还原能力越强

D. $E^{\ominus}$越小的电对中还原型物质越易被氧化

E. $E^{\ominus}$越大电对中氧化型物质的氧化能力越弱

48. 下列各组量子数（n、l、m）不可能存在的是

A. 2、1、0　　B. 2、1、1　　C. 2、1、−1
D. 2、2、1　　E. 2、0、0

49. 下列有关氢键的说法中错误的是

A. 分子间氢键的形成一般可使物质的熔沸点升高
B. 氢键是有方向性和饱和性的　　C. H_2 与 H_2 之间不能形成氢键
D. NH_3 与 H_2O 之间能形成氢键　　E. 氢键是一种化学键

50. 下列错误的是

A. $[Cu(en)_2]^{2+}$中，Cu^{2+}的配位数是 2　　B. $[Ag(CN)_2]^-$中，Ag^+的配位数是 2
C. $[PtCl_2(NH_3)_2]$中，Pt^{2+}的配位数是 4　　D. $[Ag(NH_3)_2]^+$中，Ag^+的配位数是 2
E. $[Fe(CN)_6]^{3-}$中，Fe^{3+}的配位数是 6

Ⅱ、B_1 型题

答题说明：A、B、C、D、E 是备选答案，下面是两道考题。答题时，对每道考题从备选答案中选择一个正确答案，在答题卡上将相应考题的相应字母涂黑。每个备选答案可选择一次或一次以上，也可一次不选。

A. $c=\frac{n_B}{V}$　　B. $b_B=\frac{n_B}{m_A}$　　C. $x_B=\frac{n_B}{n_A+n_B}$

D. $\omega_B=\frac{m_B}{m_A+m_B}$　　E. $x_B=1-x_A$

51. 计算溶液中物质的量浓度的公式是
52. 计算质量摩尔浓度的公式是

A. F_2（$E^\ominus_{F_2/F^-}=2.866V$）　　B. Br_2（$E^\ominus_{Br_2/Br^-}=1.087V$）
C. I_2（$E^\ominus_{I_2/I^-}=0.536V$）　　D. Cl_2（$E^\ominus_{Cl_2/Cl^-}=1.358V$）
E. Ag^+（$E^\ominus_{Ag^+/Ag}=0.800V$）

53. 上述物质中，氧化能力最强的是
54. 上述物质中，氧化能力最弱的是

A. $1s^22s^22p^5$　　B. $1s^22s^2$　　C. $1s^22s^22p^63s^23p^64s^2$
D. $1s^22s^22p_x2p_y$　　E. $1s^2$

55. 基态原子 F 的电子组态是
56. 基态原子 He 的电子组态是

A. Na_2CO_3　　B. H_2O　　C. KNO_3
D. HF　　E. HAc

57. 在含有 Ag_2CO_3 沉淀的溶液中能产生同离子效应的是
58. 在含有 Ag_2CO_3 沉淀的溶液中能产生盐效应的是

A. NH_3　　B. SO_4^{2-}　　C. H

D. S　　E. N

59. 在 $Zn[(NH_3)_4]SO_4$ 中配体是

60. 配位原子是

二、判断题（每题 1 分 共 10 分）

答题说明：正确的将答题卡上的"T"涂黑，错误的将答题卡上的"F"涂黑。

1. 任何两种溶液用半透膜隔开，都有渗透现象发生。
2. 总压力的改变对哪些反应前后计量系数不变的反应的平衡没有影响。
3. NH_3-NH_4^+ 缓冲对中，只有抗碱成分而无抗酸成分。
4. 无机多元弱酸的酸性主要取决于第一步解离。
5. 在一定温度下，由于纯水，稀酸和碱中，H^+ 的浓度不同，所以水的离子积 K_W 也不同。
6. 难溶强电解质溶在水中的部分是全部解离的。
7. 氯电极的电极反应式不论是 $Cl_2+2e \rightleftharpoons 2Cl^-$，还是 $1/2Cl_2+e \rightleftharpoons Cl^-$，$E^\ominus$ 均 = +1.358V。
8. 量子力学中，描述一个原子轨道，需要四个量子数。
9. 凡是中心原子采用 sp^3 杂化轨道成键的分子，其空间构型都是四面体。
10. 螯合物的环数越多，螯合物越稳定。

三、填空题（每空 1 分 共 10 分）

答题说明：答案必须做在答题纸上，做在试卷上一律无效。

1. 稀溶液依数性的本质是 ＿（1）＿。
2. 强电解质的表观解离度小于 100％的原因是溶液中形成了 ＿（2）＿。
3. 平衡常数表达式中各物质的浓度项的指数与化学反应方程式中相应各物质分子式前的计量系数是＿（3）＿。
4. 沉淀生成的条件是 Q_C ＿（4）＿ K_{sp} 。
5. 原电池中，在负极上发生的是 ＿（5）＿反应 ；在正极上发生的是 ＿（6）＿反应。
6. $|\psi|^2$是电子在核外空间各点出现的 ＿（7）＿。
7. 共价键的特征是有 ＿（8）＿性和 ＿（9）＿性。
8. $[Fe(CN)_6]^{4-}$之中，中心离子采用 ＿（10）＿杂化轨道成键。

四、简答题（每题 2.5 分 共 5 分）

1. 下列电子组态中，违背了哪个原理?写出它的正确电子组态。

^6C　$1s^22s^22p_x^22p_y^02p_z^0$

2. CO_2 中，键是极性键，而分子却是非极性分子?

五、计算题（每题 5 分 共 15 分）

答题说明：答案必须做在答题纸上，做在试卷上一律无效。

1．将 0.001 $mol \cdot L^{-1} Ag^+$和 0.001 $mol \cdot L^{-1} Cl^-$等体积混合（$K_{SP,AgCl}=1.77\times10^{-10}$），是否能析出 AgCl 沉淀？

2. 已知：$Cr_2O_7^{2-}+6Fe^{2+}+14H^+ \rightleftharpoons 2Cr^{3+}+6Fe^{3+}+7H_2O$

（$E^{\ominus}_{Cr_2O_7^{2-}/Cr^{3+}}$=1. 232v，$E^{\ominus}_{Fe^{3+}/Fe^{2+}}$=0. 771v）

（1）计算标准电池电动势 $E^{\ominus}_{池}$；并判断反应进行的方向？

（2）求反应在 298K 时的标准平衡常数 $E^{\ominus}$，并判断反应进行的趋势如何？

3. 计算 0. 10mol·L^{-1} HAc 中[H_3O^+]、 pH 和解离度（α）。（$K_{a,HAc}$=1. 76×10^{-5}）

模拟试题二答案

一、选择题（每题 1 分 共 60 分）

1. A　2. B　3. A　4. B　5. B　6. B　7. B　8. C
9. B　10. D　11. D　12. D　13. B　14. D　15. D
16. D　17. C　18. D　19. A　20. C　21. B　22. C
23. E　24. C　25. B　26. B　27. D　28. A　29. A
30. C　31. C　32. C　33. A　34. D　35. E　36. C
37. E　38. D　39. A　40. B　41. D　42. E　43. C
44. E　45. E　46. C　47. E　48. D　49. E　50. A
51. A　52. B　53. A　54. C　55. A　56. E　57. A
58. C　59. A　60. E

二、判断题（每题 1 分 共 10 分）

1. F　2. F　3. F　4. T　5. F　6. T　7. T
8. F　9. F　10. T

三、填空题（每空 1 分　共 10 分）

（1）蒸气压下降　（2）离子氛

（3）一致的　（4）大于

（5）氧化反应　（6）还原反应

（7）几率密度　（8）饱和（或方向）

（9）方向（或饱和）（10）d^2sp^3

四、简答题（每题 2.5 分 共 5 分）

1. 答：违背了洪特规则　（1 分）

正确电子组态：^6C　$1s^22s^22p_X^12p_Y^12p^0_Z$

（1. 5 分）

2. 答：CO_2 为直线型分子（1 分）

2 个 C═O 键均有极性（0. 5 分）

但键完全相同（0. 5 分）

结构对称，（正电荷中心和负电荷中心都在分子的中心相重合），（0. 5 分）

所以，CO_2 是非极性分子。

五、计算题（每题 5 分 共 15 分）

1. 解：当相同浓度的 Ag^+和 Cl^-等体积混合后，各离子浓度减半（1 分）

$c_{Ag^+}=\dfrac{0.001}{2}=5.0\times10^{-4}$（mol·L^{-1}）；

（0. 5 分）

$c_{Cl^-}=\dfrac{0.001}{2}=5.0\times10^{-4}$（mol·L^{-1}）

（0. 5 分）

$Q_{C,AgCl}=c_{Ag^+}\times c_{Cl^-}\times(5.0\times10^{-4})^2=2.5\times10^{-7}$（1. 5 分）

因为 $Q_{C,AgCl} > K_{sp,AgCl}$（0. 5 分）

所以　可以析出 AgCl 沉淀（或↓）（1 分）

2. 解：（1）因为 $E^{\ominus}_{池}=E^{\ominus}_{(+)}-E^{\ominus}_{(-)}$（1 分）

所以 $E^{\ominus}_{池}$ = 1. 232V–0.771V=0. 46V　（1 分）

（2）通过计算得知，$E^{\ominus}_{池}>0$ 所以 该反应向右自发进行。（1 分）

（3）$\lg K^{\ominus}=\dfrac{nE^{\ominus}_{池}}{0.0592}=\dfrac{6\times0.461}{0.0592}=46.88$（1 分）

$K^{\ominus}=7.6\times10^{46}$

$K^{\ominus}>10^6$ 该反应向右进行的趋势很大(或程度很大)。（1 分）

3. 解：（1）因为 c/K_a= 0. 1/1. 76 ×10^{-5} = 5682（0. 5 分）

所以　可以用一元弱酸溶液中 H^+ 浓度的最简公式计算

$[H_3O^+]=\sqrt{K_ac}$（1 分）

$=\sqrt{1.76\times10^{-5}\times0.1}$

$=1.33\times10^{-3}(mol\cdot L^{-1})$　（1. 5 分）

（2）pH = –log[H_3O^+]（0. 5 分）

= –log1. 33 ×10^{-3} =2. 88

（0. 5 分）

（3）α=[H_3O^+]/c　×100%　=1.33×10^{-3} / 0. 1×100% =1. 33　（1 分）

模拟试题三

一、选择题（每题 1 分 共 60 分）

Ⅰ、A_1、A_2 型题

答题说明：每题均有 A、B、C、D、E 五个备选答案，其中有且只有一个正确答案，将其选出，并在答题卡上将相应的字母涂黑。

1. 下列说法中不正确的是

A. dsp^2 杂化轨道是由某个原子的 1s 轨道、2p 轨道和 3d 轨道混合形成的
B. sp^2 杂化轨道是由某个原子的 2s 轨道和 2p 轨道混合形成的
C. 几条原子轨道杂化时，必形成数目相同的杂化轨道
D. 在 CH_4 中，碳原子采用 sp^3 杂化，分子呈正四面体型
E. 杂化轨道的几何构型决定了分子的几何构型

2. 下列各组缓冲溶液缓冲能力最大的是

A. 0. 01mol·L^{-1}HAc 溶液 + 0. 01mol·L^{-1}NaAc 溶液
B. 0. 03mol·L^{-1}HAc 溶液 + 0. 03mol·L^{-1}NaAc 溶液
C. 0. 05mol·L^{-1}HAc 溶液 + 0. 05mol·L^{-1}NaAc 溶液
D. 0. 15mol·L^{-1}HAc 溶液 + 0. 15mol·L^{-1}NaAc 溶液
E. 0. 02mol·L^{-1}HAc 溶液 + 0. 02mol·L^{-1}NaAc 溶液

3. 已知 $E^{\ominus}_{Fe^{2+}/Fe}=-0.440V$，$E^{\ominus}_{Fe^{3+}/Fe^{2+}}=0.771V$，$E^{\ominus}_{MnO_4^-/Mn^{2+}}=1.507V$，$E^{\ominus}_{Sn^{4+}/Sn^{2+}}=0.151V$，试用标准电极电势判断下列每组物质不能共存的是

A. Fe 和 Sn^{2+}　　B. Fe^{2+}和 Fe　　C. Fe^{2+}和 MnO_4^-（酸性介质）
D. Fe^{3+}和 Sn^{4+}　　E. Fe^{2+}和 Sn^{2+}

4. 0. 020 mol·L^{-1} $NaNO_3$ 溶液中，离子强度 I 为

A. 0. 10 mol·L^{-1}　　B. 0. 010 mol·L^{-1}　　C. 0. 020 mol·L^{-1}
D. 0. 040 mol·L^{-1}　　E. 0. 050 mol·L^{-1}

5. 在 HAc 溶液中加入下列哪种固体，会使 HAc 的解离度降低

A. NaCl　　B. KBr　　C. NaAc
D. NaOH　　E. KNO_3

6. 下列不合理的一组量子数是

A. n=3，l=0，m=0，m_s=1/2　　B. n =2，l=1，m=1，m_s=1/2
C. n=1，l=2，m=1，m_s=−1/2　　D. n=2，l=1，m=0，m_s=−1/2
E. n=3，l=2，m=2，m_s=1/2

7. 原子序数等于 24 的元素，核外电子排布为

A. $1s^22s^22p^63s^23p^63d^44s^2$　　B. $1s^22s^22p^63s^23p^63d^54s^1$　　C. $1s^22s^22p^63s^23p^63d^64s^0$
D. $1s^22s^22p^63s^23p^64s^24p^4$　　E. $1s^22s^22p^63s^23p^63d^6$

8. 下列哪一对共轭酸碱混合物不能配制 pH＝9. 5 的缓冲溶液

A. HAc-NaAc（pK_a=4. 75）　　B. NH_4Cl-$NH_3·H_2O$（pK_a =9. 25）
C. HCN-NaCN（pK_a =10. 05）　　D. $NaHCO_3$-Na_2CO_3（pK_a =10. 25）

E. H_3BO_3-NaH_2BO_3（pK_a =9. 24）

9. $CaCO_3$ 在下列哪种试剂中的溶解度最大

A. 纯水
B. 0. 1 mol·L^{-1} Na_2CO_3 溶液
C. 0. 1 mol·L^{-1} $CaCl_2$ 溶液
D. 0. 1mol·L^{-1} NaCl 溶液
E. 0. 1 mol·L^{-1} Ca（NO_3）$_2$ 溶液

10. 一个反应达到平衡的标志是

A. 化学平衡是可逆反应进行的最大限度
B. 各反应物和生成物的浓度相等
C. 各反应物的浓度不随时间改变而改变
D. 正逆反应的速率相等
E. A、C、D 都有

11. 下列有关缓冲溶液的叙述中，错误的是

A. 总浓度一定时，缓冲比越远离 1，缓冲能力越强
B. 缓冲比一定时，总浓度越大，缓冲能力越大
C. 缓冲范围为（pK_a–1）～（pK_a+1）
D. 缓冲溶液稀释后缓冲比不变，所以 pH 不变
E. 缓冲溶液能够抵抗外来少量的强酸或强碱，而保持溶液的 pH 基本不变

12. 将葡萄糖固体溶于水后会引起溶液的

A. 沸点降低
B. 熔点升高
C. 蒸气压升高
D. 蒸气压降低
E. 凝固点升高

13. 关于稀溶液依数性的下列叙述中，错误的是

A. 稀溶液的依数性是指溶液的蒸气压下降、沸点升高、凝固点下降和渗透压
B. 稀溶液的依数性与溶质的本性有关
C. 稀溶液的依数性与溶液中溶质的微粒数有关
D. 稀溶液定律只适用于难挥发非电解质稀溶液
E. 沸点升高是稀溶液依数性之一

14. 今有蔗糖（$C_{12}H_{22}O_{11}$），氯化钠（NaCl），氯化钙（$CaCl_2$）三种溶液，它们的浓度均为 0. 1 mol·L^{-1}，按渗透压由低到高的排列顺序是

A. $CaCl_2$＜NaCl＜$C_{12}H_{22}O_{11}$
B. $C_{12}H_{22}O_{11}$＜NaCl＜$CaCl_2$
C. NaCl＜$C_{12}H_{22}O_{11}$＜$CaCl_2$
D. $C_{12}H_{22}O_{11}$＜$CaCl_2$＜NaCl
E. $CaCl_2$＜$C_{12}H_{22}O_{11}$＜NaCl

15. 量子数 n=3，l=1 的原子轨道可容纳的量子数最多的是

A. 10 个
B. 6 个
C. 5 个
D. 8 个
E. 2 个

16. 下列反应达平衡时，$2SO_2$（g）+O_2（g）= SO_3（g），保持体积不变，加入惰性气体 He，使总压力增加一倍，则平衡移动的方向是

A. 平衡向左移动
B. 平衡向右移动
C. 平衡不发生移动
D. 条件不充足，不能判断
E. 先向左移动，再向右移动

17. N_2 分子间存在的作用力是

A. 氢键
B. 取向力
C. 诱导力
D. 色散力
E. B，C，D 都有

18. 已知 298. 15K 时，$E^{\ominus}_{MnO_4^-/Mn^{2+}}$ =1. 507V，$E^{\ominus}_{H_2O_2/H_2O}$ =1. 780V，$E^{\ominus}_{Cr_2O_7^{2-}/Cr^{3+}}$ =1. 232V，

$E^{\ominus}_{Fe^{3+}/Fe^{2+}}$=0. 771V，$E^{\ominus}_{Cl_2/Cl^-}$=1. 358V，$E^{\ominus}_{Br_2/Br^-}$=1. 066V。标准状态下，若将 Cl^-和 Br^-混合液中的 Br^-氧化成 Br_2，而 Cl^-不被氧化，可选择的氧化剂是

A. $KMnO_4$　　B. H_2O_2　　C. $K_2Cr_2O_7$

D. $FeCl_3$　　E. Cr^{3+}

19. 在 10ml 0. 1mol·L^{-1} NaH_2PO_4 和 0. 1 mol·L^{-1} Na_2HPO_4 混合液中加入 10ml 水后，混合溶液的 pH

A. 增大　　B. 减少　　C. 基本不变

D. 先增后减　　E. 先减后增

20. $PtCl_4$ 和氨水反应，生成化合物的化学式为 $Pt(NH_3)_4Cl_4$。将 1mol 此化合物用 $AgNO_3$ 处理，得到 2mol AgCl。试推断配合物内界和外界的组成，其结构式是

A. $[Pt(NH_3)_4Cl]Cl_3$　　B. $[Pt(NH_3)_4Cl_2]Cl_2$　　C. $[Pt(NH_3)_4Cl_3]Cl$

D. $[Pt(NH_3)_4Cl_4]$　　E. $[Pt(NH_3)_4]Cl_4$

21. 银和碘电对中最强的氧化剂是（已知 $E^{\ominus}_{Ag^+/Ag}$ =+0. 799V，$E^{\ominus}_{I_2/I^-}$ =+0. 536V）

A. Ag　　B. I^-　　C. Ag^+　　D. I_2　　E. I_3^-

22. 缓冲比关系如下的 $NH_4Cl\text{-}NH_3 \cdot H_2O$ 缓冲溶液中，缓冲能力最大的是

A. 0. 18 / 0. 02　　B. 0. 05 / 0. 15　　C. 0. 15 / 0. 05

D. 0. 1 / 0. 1　　E. 0. 02 / 0. 18

23. 在能量简并的 d 轨道中，电子排布成↑↑↑↑↑，而不排布成↑↓↑↓↑，其最直接的根据是

A. 能量最低原理　　B. 保里原理　　C. 原子轨道能级图

D. 洪特规则　　E. 玻尔理论

24. H_3PO_4 的三级解离常数是 K_{a_1}、K_{a_2}、K_{a_3}，NaH_2PO_4 中$[H_3O^+]$ =

A. $(K_{a_1} \cdot K_{a_2})^{1/2}$　　B. $(K_{a_2} \cdot K_{a_3})^{1/2}$　　C. $(K_{a_1} \cdot c)^{1/2}$

D. $(K_{a_2} \cdot c)^{1/2}$　　E. $(K_{a_3} \cdot c)^{1/2}$

25. 关于配合物，下列说法错误的是

A. 配体数目不一定等于配位数　　B. 内界和外界之间是离子键

C. 配合物可以只有内界　　D. 配位数等于配位原子的数目

E. 中心原子与配位原子之间是离子键

26. 根据铬在酸性溶液中的元素电势图，

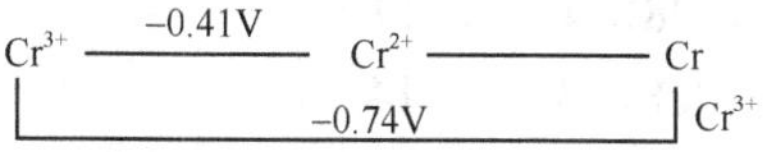

计算 $E^{\ominus}_{Cr^{2+}/Cr}$ 为

A. −0. 580V　　B. −0. 905 V　　C. −1. 320V

D. −1. 810V　　E. −0. 567V

27. s 轨道和 p 轨道杂化的类型中错误的是

A. sp 杂化　　B. sp^2 杂化　　C. sp^3 杂化

D. s^2p 杂化　　E. sp^3 不等性杂化

28. 已知[$PbCl_2$（OH）$_2$]为平面正方形结构，其中心原子采用的杂化轨道类型为

A. sp^3 杂化　B. ds^2p 杂化　C. dsp^2 杂化

D. sp^3d 杂化　E. d^2sp 杂化

29. 已知葡萄糖 $C_6H_{12}O_6$ 的摩尔质量是 180g·mol^{-1}，1 升水溶液中含葡萄糖 18g，则此溶液中葡萄糖的物质的量浓度为

A. 0. 05mol·L^{-1}　B. 0. 10mol·L^{-1}　C. 0. 20mol·L^{-1}

D. 0. 30mol·L^{-1}　E. 0. 40 mol·L^{-1}

30. 下列关于缓冲溶液的叙述，正确的是

A. 当稀释缓冲溶液时，溶液的 pH 将明显改变

B. 外加少量强酸时，溶液的 pH 将明显降低

C. 外加少量强碱时，溶液的 pH 将明显升高

D. 有少量的抗强酸、抗强碱及抗稀释保持溶液 pH 基本不变的能力

E. 以上都不是

31. 下列物质在水溶液中具有两性的是

A. H_2SO_4　B. $H_2PO_4^-$　C. NaOH　D. HCl　E. HAc

32. 提出测不准原理的科学家是

A. 德布罗意（de Broglie）　B. 薛定谔（Schrodinger）

C. 海森堡（Heisenberg）　D. 普朗克（Planck）　E. 玻尔（Bohr）

33. 证明电子运动具有波动性的实验是

A. 氢原子光谱　B. 解离能的测定　C. 电子衍射实验

D. 光的衍射实验　E. 光的干射实验

34. 已知 $K_{sp,AgCl}$ =1. 77×10^{-10}，$K_{sp,AgBr}$ =5. 35×10^{-13}，$K_{sp,AgI}$ =8. 52×10^{-17}，在含有相同浓度的 Cl^-、Br^-、I^-溶液中，逐滴加入 $AgNO_3$ 溶液，最先出现的沉淀是

A. AgCl　B. AgBr　C. AgI　D. Ag_2CrO_4　E. Ag_2CO_3

35. 溶液凝固点降低值为 ΔT_f，溶质为 g 克，溶剂为 G 克，溶质的分子量是

A. $\dfrac{G\times g\times 1000}{K_f\times \Delta T_f}$　B. $\dfrac{K_f\times g\times 1000}{G\times \Delta T_f}$　C. $\dfrac{G\times 1000}{K_f\times g\times \Delta T_f}$

D. $\dfrac{K_f\times g\times \Delta T_f}{G\times 1000}$　E. $\dfrac{g\times 1000\times \Delta T_f}{K_f\times G}$

36. 在 $Cr_2O_7^{2-}+I^-+H^+= Cr^{3+}+I_2+H_2O$ 反应式中，配平后各物种的化学计量数从左至右依次为

A. 1，3，14，2，1，7　B. 2，6，28，4，3，14

C. 1，6，14，2，3，7　D. 2，3，28，4，1，14

E. 3，6，15，8，9

37. 凡是中心原子采用 sp^3d^2 杂化轨道成键的分子，其空间构型可能是

A. 正八面体　B. 平面正方形　C. 正四面体

D. 平面三角形　E. 三角锥型

38. 今要配制 pH=3. 5 的缓冲溶液，选用什么缓冲对最为合适

A. H_3PO_4-NaH_2PO　pK_{a_1}=2. 13　B. HAc-NaAc　pK_a =4. 75

C. Na_2HPO_4-NaH_2PO_4　pK_{a_2}=7. 2　D. HCOOH-HCOONa　pK_a =3. 75

E. $NaHCO_3$-$NaCO_3$　　pK_{a_2}=10. 25

39. 计算一元弱酸 HB 溶液中的$[H_3O^+]$浓度，应用下列哪个公式

A. $[H_3O^+]=(K_a/c)^{-1/2}$　　B. $[H_3O^+]=(K_a\cdot c)^{1/2}$　　C. $[H_3O^+]=(K_a/c)^{-1/2}$

D. $[H_3O^+]=K_w/[OH^-]$　　E. $[H_3O^+]=(K_a\cdot c)^2$

40. 在以下五种元素的基态原子中，价电子组态不正确的是

A. ^{24}Cr　$1s^22s^22p^63s^23p^63d^54s^1$　　B. ^{29}Cu　$1s^22s^22p^63s^23p^63d^94s^2$

C. ^{8}O　$1s^22s^22p^4$　　D. ^{17}Cl　$1s^22s^22p^63s^23p^5$

E. ^{26}Fe　$1s^22s^22p^63s^23p^63d^64s^2$

41. 下列配位体中，属于二齿配位体的是

A. H_2O　　B. 乙二胺（$H_2N—CH_2—CH_2—NH_2$）　　C. CN^-

D. NH_3　　E. EDTA

42. NH_3 中 N 原子采用的杂化类型和分子的空间构型分别为

A. sp^3 等性杂化和四面体形　　B. sp^3 不等性杂化和三角锥形

C. sp^2 等性杂化和平面三角型　　D. sp^2 不等性杂化和平面三角型

E. sp 杂化和直线型

43. 下列分子中，中心原子采用的杂化轨道类型错误的是

A. H_2O 中，O 采用 sp^3 不等性杂化

B. $[Ag(NH_3)_2]^+$中，Ag 采用 sp 等性杂化

C. BF_3 中，B 采用 sp^2 等性杂化

D. $BeCl_2$ 中，Be 采用 sp^2 等性杂化

E. CH_4 中，C 采取的是 sp^3 等性杂化

44. 已知 $2H_2(g)+S_2(g)=2H_2S(g)$　　K_{P_1}

$2Br_2(g)+2H_2S(g)=4HBr(g)+S_2(g)$　　K_{P_2}

则反应 $H_2(g)+Br_2(g)=2HBr(g)$ 的 K_{P_3} 为

A. $(K_{P_1}/K_{P_2})^{1/2}$　　B. $(K_{P_1}\cdot K_{P_2})^{1/2}$　　C. K_{P_2}/K_{P_1}

D. $K_{P_1}\cdot K_{P_2}{}^2$　　E. $(K_{P_1}\cdot K_{P_2})^2$

45. $[Pt(NH_3)_4BrCl]^{2+}$配离子中，中心离子的氧化数是

A. 0　　B. +2　　C. +4　　D. +6　　E. +7

46. 某一元弱酸 HA 的氢离子浓度为 0. 00010 $mol\cdot L^{-1}$，该弱酸溶液的 pH=

A. 6　　B. 5　　C. 4　　D. 3　　E. 2

47. 下列溶液能使红细胞发生溶血现象的是

A. 9. 0$g\cdot L^{-1}$的 NaCl 溶液　　B. 50. 0 $g\cdot L^{-1}$ 葡萄糖溶液

C. 5 $g\cdot L^{-1}$ 的 NaCl 溶液　　D. 12. 5 $g\cdot L^{-1}$ 的 $NaHCO_3$ 溶液

E. 9. 0 $g\cdot L^{-1}$ 的 NaCl 溶液和 50. 0 $g\cdot L^{-1}$ 葡萄糖溶液等体积混合

48. 已知反应 $A_2(g)+2B(g)=2AB_2(g)$，为吸热反应，为使平衡向正反应方向移动，应采取的措施是

A. 降低总压力，降低温度　　B. 增加总压力，升高温度

C. 增加总压力，降低温度　　D. 降低总压力，升高温度

E. 总压力不变，升高温度

49. 某难溶电解质（AB 型）的溶解度为 0. 0010mol·L^{-1}，则其溶度积常数 K_{sp}（AB）为

A. 1. 0×10^{-5}　　B. 1. 0×10^{-6}　　C. 1. 0×10^{-7}　　D. 1. 0×10^{-8}　　E. 1. 0×10^{-9}

50. 在含有 AgBr 沉淀的饱和溶液中，能产生同离子效应的是

A. KI　　B. KBr　　C. AgCl　　D. AgI　　E. KCl

Ⅱ、B_1 型题

答题说明：A、B、C、D、E 是备选答案，下面是二道考题。答题时，对每道考题从备选答案中选择一个正确答案，在答题卡上将相应考题的相应字母涂黑。每个备选答案可选择一次或一次以上，也可一次不选。

A. 硝酸钾　　B. 碘化银　　C. 硝酸银　　D. 氯化钾　　E. 溴化银

51. 在含有氯化银沉淀的饱和溶液中，能产生盐效应的是

52. 在氯化银沉淀的中，加入碘化钾溶液，生成的黄色沉淀是

A. $BeCl_2$　　B. CH_4　　C. BF_3　　D. H_2O　　E. $K_2[Ni(CN)_4]$

53. 分子的几何构型是直线型的是

54. 中心原子采取 dsp^2 杂化的分子是

A. 0. 02 mol·L^{-1}HCl 和 0. 02 mol·L^{-1}$NH_3·H_2O$

B. 0. 2 mol·L^{-1}$H_2PO_4^-$和 0. 2 mol·L^{-1}HPO_4^{2-}

C. 0. 5 mol·L^{-1}$H_2PO_4^-$和 0. 2 mol·L^{-1} HPO_4^{2-}

D. 0. 1 mol·L^{-1} $H_2PO_4^-$和 0. 1 mol·L^{-1} HPO_4^{2-}

E. 0. 05 mol·L^{-1}$H_2PO_4^-$和 0. 05 mol·L^{-1} HPO_4^{2-}

55. 上述浓度的混合溶液中，无缓冲作用的是

56. 上述浓度的混合溶液中，缓冲能力最大的

A. NH_3　　B. SO_4^{2-}　　C. H　　D. Cu　　E. N

57. $[Cu(NH_3)_4]SO_4$ 中，配体是

58. 配位原子是

A. 键级＝3　B. 键级＝1.5　C. 键级＝1　D. 键级＝2　E. 键级＝0

59. H_2 的键级是

60. N_2 的键级是

二、判断题（每题 1 分 共 10 分）

答题说明：正确的将答题卡上的“T”涂黑，错误的将答题卡上的“F”涂黑。

1. 溶质的溶解过程是一个物理过程。

2. 在氨水溶液中，加入氯化铵可使氨水的解离度降低。

3. 因为 $E^{\ominus}_{Ag^+/Ag} > E^{\ominus}_{Zn^{2+}/Zn}$，所以 Ag 的氧化能力比 Zn 强。

4. 氧化还原反应：Fe（s）＋Ag^+（aq）$\longrightarrow$$Fe^{2+}$（aq）＋Ag（s）

原电池符号：（−）Ag（s）| Ag^+（c_1）‖ Fe^{2+}（c_2）| Fe（s）（+）

5. 酸式盐的水溶液一定呈酸性。

6. 在某温度下，密闭容器中反应 2NO（g）+O_2（g）=2NO_2（g）达到平衡，当保持温度和体积不变充入惰性气体，总压将增加，平衡向气体分子数减少即生成 NO_2 的方向移动。

7. $K_4[Fe(CN)_6]$的正确命名是六氰合铁（Ⅲ）酸钾。

8. 血液中最重要的缓冲对是 H_2CO_3-HCO_3^-。

9. Ag_2CrO_4 在纯水中的溶解度小于在 K_2CrO_4 溶液中的溶解度。

10. 国际单位制有 7 个基本单位。

三、填空题（每空 1 分 共 10 分）

答题说明：答案必须做在答题纸上，做在试卷上一律无效。

1. 某溶液含有 0. 01 mol·L^{-1}KBr，0. 01 mol·L^{-1}KCl 和 0. 01 mol·L^{-1}KI，把 0. 01 mol·L^{-1}$AgNO_3$ 溶液逐滴加入时，最先产生沉淀的是<u>（1）</u>最后产生沉淀的是<u>（2）</u>。（$K_{sp,AgBr}$ =5. 35×10^{-13}，$K_{sp,AgCl}$ =1. 77×10^{-10}，$K_{sp,AgI}$ = 8. 52×10^{-17}）。

2. 根据酸碱质子理论，在 PO_4^{3-}、NH_4^+、H_2O、HCO_3^-、S^{2-}、$H_2PO_4^-$中，只属于酸的是<u>（3）</u>，只属于碱的是<u>（4）</u>，两性物质是<u>（5）</u>。

3. 命名$[Fe(CN)_6]^{4-}$为<u>（6）</u>，其中心离子为<u>（7）</u>配位原子为<u>（8）</u>。

4. 3*s* 电子的几率径向分布图有<u>（9）</u>峰。

5. 某电子处在 3d 轨道上，主量子数 *n* 和角量子数 *l*<u>（10）</u>。

四、简答题（每题 5 分 共 10 分）

1. 已知 $E^{\ominus}_{I_2/I^-}$ =+0. 536V，$E^{\ominus}_{AsO_4^{3-}/AsO_3^{3-}}$ =+0. 580V，试问：

当有关离子浓度均为 1 mol·L^{-1} 时，判断下列反应进行方向?（5 分）

AsO_4^{3-} +2I^-+2H^+= AsO_3^{3-} +I_2+H_2O

2. 写出原子序数为 25 的元素核外电子排布、元素符号、元素名称以及此元素在周期表中的位置。（5 分）

五、计算题（第 1、3 题每题 3 分，第 2 题 4 分，共 10 分）

1. 将 0. 1mol·L^{-1} 的 NH_4Cl 和 0. 1mol·L^{-1} 的 $NH_3·H_2O$ 等体积混合，求混合溶液的 pH。已知 pK_a= 9. 25（3 分）

2. 电极反应：$Cr_2O_7^{2-}$+14H^++6e $\rightleftharpoons$ 2Cr^{3+}+7H_2O

已知：298K: $E^{\ominus}_{Cr_2O_7^{2+}/Cr^{3+}}$ =1. 232V　$c_{Cr_2O_7^{2-}}$ =1mol·L^{-1}，pH=2，$c_{Cr^{3+}}$ =1mol·L^{-1}，求算 $E_{Cr_2O_7^{2-}/Cr^{3+}}$?（4 分）

3. 已知在室温下，将 0. 001 mol·L^{-1} 的 NaCl 溶液和 0. 0001 mol·L^{-1}$AgNO_3$ 溶液等体积混合，问有无沉淀产生？已知 AgCl 的 K_{sp}=1. 77×10^{-10}。（3 分）

模拟试题三答案

一、选择题（每题 1 分 共 60 分）

1. A　2. D　3. C　4. C　5. C　6. C　7. B　8. A
9. D　10. E　11. A　12. D　13. B　14. B　15. B
16. C　17. D　18. C　19. C　20. B　21. C　22. D
23. D　24. A　25. E　26. B　27. D　28. C　29. B
30. D　31. B　32. C　33. C　34. C　35. B　36. C
37. A　38. D　39. B　40. B　41. B　42. B　43. D
44. B　45. C　46. C　47. C　48. B　49. B　50. B
51. C　52. B　53. A　54. E　55. A　56. B　57. A
58. E　59. C　60. A

二、判断题（每题 1 分 共 10 分）

1. F　2. T　3. F　4. F　5. F　6. F　7. F　8. T

9. F　10. T

三、填空题（每空 1 分　共 10 分）

（1）KI　　（2）KCl　　（3）NH_4^+

（4）PO_4^{3-}、S^{2-}

（5）H_2O、HCO_3^-、$H_2PO_4^-$

（6）六氰合铁（Ⅱ）配离子

（7）Fe^{2+}　　（8）C　　（9）3 个

（10）3、2

四、简答题（每题 5 分　共 10 分）

1. （1）$E^{\ominus}_{AsO_4^{3-}/AsO_3^{3-}}$ =0.580V > $E^{\ominus}_{I_2/I^-}$ = +0. 536V，反应正向进行。　（5 分）

2. $1s^2 2s^2 2p^6 3s^2 3p^6 3d^5 4s^2$（2 分），Mn（1 分），锰元素（1 分），第四周期（1 分）、$Ⅶ_B$（1 分）。

五、计算题（第 1、3 题每题 3 分，第 2 题 4 分，共 10 分）

1. $pH = pK_a + \lg\frac{c_b}{c_a} = 9.25 + \lg\frac{0.05}{0.05} = 9.25$

（3 分）

2. 解：T=298K，$Cr_2O_7^{2-} + 14H^+ + 6e \rightleftharpoons 2Cr^{3+} + 7H_2O$　pH=2，c_{H^+}= 0. 01mol·L^{-1}

（1）用能斯特方程：$E = E^{\ominus} + \frac{0.059}{n}\lg\frac{c^a_{OX}}{c^b_{Red}}$（1 分）

（2）$E_{Cr_2O_7^{2-}/Cr^{3+}} = E^{\ominus}_{Cr_2O_7^{2-}/Cr^{3+}} + \frac{0.059}{6}\lg\frac{c_{Cr_2O_7^{2-}} \cdot c^{14}_{H^+}}{c^2_{Cr^{3+}}}$　（1 分）

$=1.232 + \frac{0.059}{6}\lg\frac{1\times(0.01)^{14}}{1^2}$

$=1.232 - 0.275$

$=0.957$（V）（2 分）

3. $[c_{Ag^+} \cdot c_{Cl^-}] = \left(\frac{0.001}{2}\right)\times\left(\frac{0.0001}{2}\right)$

$= 2.50\times10^{-8} > K_{sp,AgCl}$，有 AgCl 沉淀产生。

（3 分）

模拟试题四

一、选择题（每题 1 分 共 60 分）

Ⅰ、A_1、A_2 型题

答题说明：每题均有 A、B、C、D、E 五个备选答案，其中有且只有一个正确答案，将其选出，并在答题卡上将相应的字母涂黑。

1. 质量浓度的单位是

A. $g·L^{-1}$　B. $mol·L^{-1}$　C. $g·mol^{-1}$　D. $g·g^{-1}$　E. $L·mol^{-1}$

2. 下列各组溶液缓冲能力最大的是

A. 0. 1$mol·L^{-1}$HAc 溶液+0. 1$mol·L^{-1}$NaAc 溶液

B. 0. 01$mol·L^{-1}$HAc 溶液+0. 01$mol·L^{-1}$NaAc 溶液

C. 0. 05$mol·L^{-1}$HAc 溶液+0. 05$mol·L^{-1}$NaAc 溶液

D. 0. 15$mol·L^{-1}$HAc 溶液+0. 15$mol·L^{-1}$NaAc 溶液

E. 0. 02$mol·L^{-1}$HAc 溶液+0. 02$mol·L^{-1}$NaAc 溶液

3. 下列各组物质不属于共轭酸碱对的是

A. HCO_3^- - CO_2^{2-}　B. $H_2PO_4^-$ - HPO_4^{2-}　C. $H_2PO_4^-$ - PO_4^{3-}

D. HAc-Ac^-　E. HCN-CN^-

4. 0. 010 $mol·L^{-1}$ NaBr 溶液中，离子强度 I 为

A. 0. 10 $mol·L^{-1}$　B. 0. 010 $mol·L^{-1}$　C. 0. 020 $mol·L^{-1}$

D. 0. 040 $mol·L^{-1}$　E. 0. 050 $mol·L^{-1}$

5. 向 HAc 溶液中加入少量 NaA_C 固体，则会使 HAc 的 pH

A. 降低　B. 升高　C. 不变

D. 先升高后降低　E. 先降低后升高

6. 下列不合理的一组量子数是

A. n=2，l=0，m=0，m_s=1/2　B. n=2，l=1，m=0，m_s=1/2

C. n=2，l=2，m=1，m_s=−1/2　D. n=2，l=1，m=−1，m_s=−1/2

E. n=3，l=2，m=2，m_s=1/2

7. 原子序数等于 26 的元素，核外电子排布为

A. $1s^22s^22p^63s^23p^63d^64s^2$　B. $1s^22s^22p^23s^23p^63d^{10}4s^2$　C. $1s^22s^22p^63s^23p^63d^84s^0$

D. $1s^22s^22p^63s^23p^64s^24p^6$　E. $1s^22s^22p^23s^23p^63d^{10}4s^1$

8. 下列哪一对共轭酸碱对混合物不能配制 pH＝9. 5 的缓冲溶液

A. HAc-NaAc（pK_a =4. 75）　B. NH_4Cl-$NH_3·H_2O$（pK_a =9. 25）

C. HCN-NaCN（pK_a =10. 05）　D. $NaHCO_3$-Na_2CO_3（pK_a =10. 25）

E. H_3BO_3-NaH_2BO_3（pK_a =9. 24）

9. 下列物质，在水溶液中属于二元弱碱的是

A. H_2S　B. $NaHCO_3$　C. Na_2CO_3　D. NH_4Cl　E. NH_3

10. 一个反应达到平衡的标志是

A. 各反应物和生成物的平衡浓度的比值等于常数

B. 各反应物和生成物的平衡浓度的比值相等

C. 各反应物的浓度不随时间改变而改变

D. 正逆反应的速率相等

E. A、C、D 都有

11. 下列有关缓冲溶液的叙述中，错误的是

A. 总浓度一定时，缓冲比越接近 1，缓冲能力越强

B. 缓冲比一定时，总浓度越大，缓冲能力越小

C. 缓冲范围为（pK_a –1）~（pK_a +1）

D. 缓冲溶液稀释后缓冲比不变，所以 pH 不变

E. 缓冲溶液能够抵抗外来少量的强酸或强碱，而保持溶液的 pH 基本不变

12. 难挥发的非电解质溶质溶于水后会引起

A. 沸点降低　　B. 熔点升高　　C. 蒸气压升高

D. 蒸气压降低　　E. 凝固点升高

13. 关于稀溶液依数性的下列叙述中，错误的是

A. 稀溶液的依数性是指溶液的蒸气压下降、沸点升高、凝固点下降和渗透压

B. 稀溶液的依数性与溶质的本性有关

C. 稀溶液的依数性与溶液中溶质的微粒数有关

D. 稀溶液定律只适用于难挥发非解解质稀溶液

E. 沸点升高是稀溶液依数性之一

14. 1. 0g·L^{-1} 的葡萄糖溶液和 1. 0g·L^{-1} 的蔗糖溶液用半透膜隔开后，会发生以下哪种现象

A. 两个溶液之间不会发生渗透

B. 葡萄糖溶液中的水分子透过半透膜进入蔗糖溶液中

C. 蔗糖溶液中的水分子透过半透膜进入葡萄糖溶液中

D. 葡萄糖溶液和蔗糖溶液是等渗溶液

E. 葡萄糖分子透过半透膜进入蔗糖溶液中

15. 在下列原子轨道中，可容纳的电子数最多的是

A. n=2、l=0　　B. n=3、l=0　　C. n=3、l=1

D. n=3、l=2　　E. n=4、l=1

16. 下列反应达平衡时，$2SO_2$（g）+O_2（g）= SO_3（g），保持体积不变，加入惰性气体 He，使总压力增加一倍，则平衡移动的方向是

A. 平衡向左移动　　B. 平衡向右移动

C. 平衡不发生移动　　D. 条件不充足，不能判断

E. 先向左移动，再向右移动

17. 下列各组分子中仅存在色散力和诱导力的是

A. CO_2 和 CCl_4　　B. NH_3 和 H_2O　　C. N_2 和 H_2O

D. N_2 和 O_2　　E. H_2O 和 H_2O

18. H_2O 比 H_2S 的沸点高的原因是 H_2O 分子间存在

A. 色散力　　B. 诱导力　　C. 氢键　　D. 取向力　　E. 范德华力

19. 在 10ml 0. 1mol·L^{-1} NaH_2PO_4 和 0. 1 mol·L^{-1} Na_2HPO_4 混合液中加入 10ml 水后，混合溶液的 pH

A. 增大　B. 减少　C. 基本不变　D. 先增后减　E. 先减后增

20. $PtCl_4$ 和氨水反应，生成化合物的化学式为 $Pt(NH_3)_4Cl_4$，将 1mol 此化合物用 $AgNO_3$ 处理，得到 2mol AgCl。试推断配合物内界和外界的组成，其结构式是。

A. $[Pt(NH_3)_4Cl]Cl_3$　B. $[Pt(NH_3)_4Cl_2]Cl_2$　C. $[Pt(NH_3)_4Cl_3]Cl$

D. $[Pt(NH_3)_4Cl_4]$　E. $[Pt(NH_3)_4]Cl_4$

21. 银和碘电对中最强的氧化剂是（已知 $E^{\ominus}$（Ag^+/Ag）=+0. 799V，$E^{\ominus}$（I_2/I^-）=+0. 536V）

A. Ag　B. I^-　C. Ag^+　D. I_2　E. I_3^-

22. 缓冲比关系如下的 NH_4Cl-$NH_3·H_2O^-$缓冲溶液中，缓冲能力最大的是

A. 0. 18 / 0. 02　B. 0. 05 / 0. 15　C. 0. 15 / 0. 05

D. 0. 1 / 0. 1　E. 0. 02 /0. 18

23. 下列说法正确的是

A. 配合物由内界和外界两部分组成

B. 只有金属离子才能作为配合物的中心离子

C. 配位体的数目就是中心离子的配位数

D. 配离子的电荷数等于中心离子的电荷数

E. 配离子的几何构型取决于中心离子所采用的杂化轨道类型

24. H_3PO_4 的三级解离常数是 K_{a_1}、K_{a_2}、K_{a_3}，NaH_2PO_4 中$[H_3O^+]$=

A. $(K_{a_1} \cdot K_{a_2})^{1/2}$　B. $(K_{a_2} \cdot K_{a_3})^{1/2}$　C. $(K_{a_1} \cdot c)^{1/2}$

D. $(K_{a_2} \cdot c)^{1/2}$　E. $(K_{a_3} \cdot c)^{1/2}$

25. 关于配合物，下列说法错误的是

A. 配体数目不一定等于配位数　B. 内界和外界之间是离子键

C. 配合物可以只有内界　D. 配位数等于配位原子的数目

E. 中心原子与配位原子之间是离子键

26. 已知 $E^{\ominus}_{Fe^{3+}/Fe^{2+}} > E^{\ominus}_{Sn^{4+}/Sn^{2+}}$，则下列物质中还原性最强的是

A. Fe^{2+}　B. Fe^{3+}　C. Sn^{4+}　D. Sn^{2+}　E. 溶液中的水

27. s 轨道和 p 轨道杂化的类型中错误的是

A. sp 杂化　B. sp^2 杂化　C. sp^3 杂化　D. s^2p 杂化　E. sp^3 不等性杂化

28. 已知$[PbCl_2(OH)_2]$为平面正方形结构，其中心原子采用的杂化轨道类型为

A. sp^3 杂化　B. ds^2p 杂化　C. dsp^2 杂化　D. sp^3d 杂化　E. d^2sp 杂化

29. 已知葡萄糖 $C_6H_{12}O_6$ 的摩尔质量是 180g·mol^{-1}，1 升水溶液中含葡萄糖 18g，则此溶液中葡萄糖的物质的量浓度为

A . 0. 05mol·L^{-1}　B. 0. 10mol·L^{-1}　C. 0. 20mol·L^{-1}

D. 0. 30mol·L^{-1}　E. 0. 40 mol·L^{-1}

30. 下列关于缓冲溶液的叙述，正确的是

A. 当稀释缓冲溶液时，溶液的 pH 将明显改变

B. 外加少量强酸时，溶液的 pH 将明显降低
C. 外加少量强酸时，溶液的 pH 将明显升高
D. 有抗少量强酸、强碱及稀释保持溶液 pH 基本不变的能力
E. 当稀释缓冲溶液时，溶液的 pH 将明显升高

31. 下列物质在水溶液中不具有两性的是
A. H_2SO_4　B. $H_2PO_4^-$　C. HPO_4^{2-}　D. HCO_3^-　E. H_2O

32. 提出测不准原理的科学家是
A. 德布罗意（de Broglie）　B. 薛定谔（Schrodinger ）
C. 海森堡（Heisenberg）　D. 普朗克（Planck）　E. 玻尔（Bohr）

33. 证明电子运动具有波动性的实验是
A. 氢原子光谱　B. 解离能的测定　C. 电子衍射实验
D. 光的衍射实验　E. 光的干射实验

34. 已知 $K_{sp,AgCl}$=1. 77×10^{-10}，$K_{sp,AgBr}$=5. 35×10^{-13}，$K_{sp,AgI}$=8. 52×10^{-17}，在含有相同浓度的 Cl^-、Br^-、I^-的溶液中，逐滴加入 $AgNO_3$ 溶液，最后出现的沉淀是
A. AgCl　B. AgBr　C. AgI　D. Ag_2CrO_4　E. Ag_2CO_3

35. 已知 $E^{\ominus}_{Zn^{2+}/Zn}$ = –0. 760V，$E^{\ominus}_{Fe^{3+}/Fe^{2+}}$ =0. 771V，$E^{\ominus}_{Cr_2O_7^{2-}/Cr^{3+}}$ =1. 232V，$E^{\ominus}_{Sn^{4+}/Sn^{2+}}$ =0. 151V，试用标准电极电势值判断下列每组物质不能共存的是
A. Fe^{2+}和 Sn^{2+}　B. Fe^{3+}和 $Cr_2O_7^{2-}$　C. Fe^{3+}和 Sn^{4+}
D. $Cr_2O_7^{2-}$和 Sn^{2+}　E. Zn 和 Sn^{2+}

36. 某元素基态原子的最外电子构型是 $ns^n np^{n+1}$，则该原子中未成对电子数是
A. 0 个　B. 1 个　C. 2 个　D. 3 个　E. 4 个

37. 配合物的中心原子轨道杂化时，其轨道必须是
A. 有单电子的　B. 能量相近的空轨道　C. 能量相差大的
D. 同层的　E. 没有任何要求

38. 今要配制 pH=3. 5 的缓冲溶液，选用什么缓冲对最为合适
A. H_3PO_4-NaH_2PO　pK_{a_1}=2. 13　B. HAc-NaAc　pK_a=4. 75
C. Na_2HPO_4-NaH_2PO_4　pK_{a_2}=7. 2　D. HCOOH-HCOONa　pK_a=3. 75
E. $NaHCO_3$-$NaCO_3$　pK_{a_2}=10. 25

39. 计算 $NH_3·H_2O$ 溶液中的 OH^-浓度，应用下列哪个公式
A. $[OH^-]=(K_b·c)^{-1/2}$　B. $[OH^-]=(K_b·c)^{1/2}$　C. $[OH^-]=(K_b/c)^{-1/2}$
D. $[OH^-]=K_w/[H^+]$　E. $[OH^-]=(K_b·c)^2$

40. Ag_2CrO_4 的溶解度为 s mol·L^{-1}。则 Ag_2CrO_4 的 K_{sp}=
A. $4s^3$　B. s^2　C. s^3　D. $2s^3$　E. $5s$

41. 在以下五种元素的基态原子中，核外电子排布正确的是
A. ^{24}Cr　$1s^22s^22p^63s^23p^63d^44s^2$　B. ^{29}Cu　$1s^22s^22p^63s^23p^63d^94s^2$
C. ^{8}O　$1s^22s^22p^4$　D. ^{25}Mn　$1s^22s^22p^63s^23p^63d^64s^1$
E. ^{26}Fe　$1s^22s^22p^63s^23p^63d^74s^1$

42. 下列配位体中，属于六齿配位体的是

A. H_2O　B. 乙二胺（$H_2N—CH_2—CH_2—NH_2$）　C. CN^-

D. NH_3　E. EDTA

43. BF_3分子的B原子采用的杂化类型和分子的空间构型分别为

A. sp^3等性杂化和四面体形　B. sp^3不等性杂化和三角锥形

C. sp^2等性杂化和平面三角型　D. sp^2不等性杂化和平面三角型

E. sp杂化和平面三角型

44. 下列分子中，中心原子采用的杂化轨道类型错误的是

A. H_2O中，O采用sp^3不等性杂化

B. NH_3中，N采用sp^3不等性杂化

C. BF_3中，B采用sp^2等性杂化

D. $BeCl_2$中，Be采用sp^2等性杂化

E. CH_4 中，C 采取的是sp^3等性杂化

45. 已知：H_2（g）+ S（s）$\rightleftharpoons$ H_2S（g）K_1

S（s）+ O_2（g）$\rightleftharpoons$ SO_2（g）K_2

则反应 H_2（g）+ SO_2（g）$\rightleftharpoons$ O_2（g）+ H_2S（g）的平衡常数是

A. K_1+K_2　B. K_1-K_2　C. $K_1\times K_2$　D. K_1/K_2　E. $(K_1\times K_2)^{1/2}$

46. 500K时，反应 SO_2（g）+1/2 O_2（g）$\rightleftharpoons$ SO_3（g）的 K_P=50，在同温下，反应 $2SO_3$（g）$\rightleftharpoons$ $2SO_2$（g）+ O_2（g）的 K_P 必等于

A. 100　B. 2×10^{-2}　C. 2500　D. 4×10^{-4}　E. 500

47. $H_2PO_4^-$ 的共轭碱是

A. H_3PO_4　B. HPO_4^{2-}　C. $H_2PO_3^-$　D. PO_4^{3-}　E. $H_2PO_4^{2-}$

48. 有关溶质摩尔分数 x_B 与溶剂摩尔分数 x_A 不正确的是

A. $x_B=\dfrac{n_B}{n_A+n_B}$　B. $x_A=\dfrac{n_A}{n_A+n_B}$　C. $x_A+x_B=1$　D. $x_A+x_B=2$

E. $x_A+x_B=\dfrac{n_A+n_B}{n_A+n_B}$

49. 下列分子中，中心原子以sp^3d^2杂化的是

A. $[Ag(NH_3)_2]^+$　B. $[Cu(NH_3)_4]^{2+}$　C. $[Pt(Cl)_2(NH_3)_2]^{2+}$

D. $[Fe(H_2O)_6]^{2+}$　E. $[Zn(CN)_4]^{2-}$

50. 电子云是

A. 波函数ψ在空间分布的图形　B. 几率密度$|\psi|^2$在空间分布的图形

C. 波函数的径向分布图形　D. 波函数角度分布图

E. 几率密度$|\psi|^2$的径向分布图

Ⅱ、B_1型题

答题说明：A、B、C、D、E 是备选答案，下面是二或三道考题。答题时，对每道考题从备选答案中选择一个正确答案，在答题卡上将相应考题的相应字母涂黑。每个备选答案可选择一次或一次以上，也可一次不选。

A. 碘化银　B. 碘化钾　C. 硝酸钾　D. 氯化银　E. 溴化银

51. 在含有碘化银沉淀的饱和溶液中，能产生同离子效应的是
52. 在含有碘化银沉淀的饱和溶液中，能产生盐效应的是
A. AgI　　B. AgCl　　C. AgBr　　D. 极性分子　　E. 非极性分子
53. 在氯化银沉淀的中，加入碘化钾溶液，生成的黄色沉淀是
54. CO_2 是
A. $[Co(NH_3)_6]Cl_2$　　B. $[CoCl(NH_3)_5]Cl_2$　　C. $Na[Ag(CN)_2]$
D. $[Ni(NH_3)_2(C_2O_4)]$　　E. $[Cu(NH_3)_4]SO_4$
55. 配位数是 2 的配合物是
56. 中心原子是 Co^{2+}的配合物是
A. 键级＝0　B. 键级＝0. 5　C. 键级＝1　D. 键级＝2　E. 键级＝3
57. H_2 的键级是
58. N_2 的键级是
A. P 轨道上的电子数　　B. s 轨道上的电子数　　C. 元素原子的电子层数
D. 最外层的电子数　　E. 内层电子数
59. 决定元素在元素周期表中所处周期数是
60. 决定元素在元素周期表中所处族数是

二、 判断题（每题 1 分 共 10 分）

答题说明：正确的将答题卡上的“T”涂黑，错误的将答题卡上的“F”涂黑。

1. 由极性键形成的分子一定是极性分子。
2. 平衡常数的大小与方程式的书写无关。
3. 在标准状态下，已知 $E^{\ominus}_{Fe^{3+}/Fe^{2+}}$ =0. 771V， $E^{\ominus}_{Sn^{4+}/Sn^{2+}}$ =0. 151V，则反应 $Fe^{3+} + Sn^{2+} = Fe^{2+} + Sn^{4+}$ 逆向进行。
4. 离子键的特征是无方向性，有饱和性。
5. BF_3 分子是非极性分子，但 B－F 键是极性键。
6. 电子不具有波粒二象性。
7. $K_4[Ni(CN)_6]$的正确命名是六氰合镍（III）酸钾。
8. 血液中最重要的缓冲对是 H_2CO_3 - HCO_3^-。
9. $K_2Cr_2O_7$ 中 Cr 的氧化数为+7。
10. 波函数就是原子轨道。

三、填空题（每空 1 分 共 10 分）

答题说明：填空题、简答题、计算题答案必须做在答题纸上，做在试卷上一律无效。

1. 用 Nernst 方程式计算 Br_2/Br^-电对的电极电势，Br_2 的浓度增大，E_{Br_2/Br^-} ＿（1）＿，Br^- 的浓度增大，E_{Br_2/Br^-} ＿（2）＿。
2. 使 $BaSO_4$ 沉淀溶解的唯一条件是使$[Ba^{2+}][SO_4^{2-}]$＿（3）＿$K_{sp,BaSO_4}$。
3. 酸碱质子理论认为酸碱反应的实质是质子＿＿＿（4）＿＿＿。
40 已知 H_3PO_4 的 pK_{a_2} =7. 21，则 NaH_2PO_4 - Na_2HPO_4 缓冲溶液在 pH=＿＿（5）＿范围内有缓冲作用。

5. 某电子处在 3d 轨道上，主量子数 n ＿（6）＿，角量子数 l ＿（7）＿。

6. 溶液的蒸气压比纯溶剂的＿（8）＿，溶液的沸点比纯溶剂的＿（9）＿。

7. CH_4 中碳原子的杂化类型是＿（10）＿。

四、简答题（第 1 题 6 分，第 2 题 4 分 共 10 分）

1. 用离子-电子法配平下列方程式

$Cl_2+I^- = Cl^-+I_2$（3 分）

$MnO_4^-+Fe^{2+}+H^+ = Mn^{2+}+Fe^{3+}+H_2O$（3 分）

2. 写出原子序数为 17 的元素核外电子排布、元素符号、元素名称以及此元素在周期表中的位置。（4 分）

五、计算题（每题 5 分 共 10 分）

1. 将 0. 1mol·L^{-1} 的 NaH_2PO_4 和 0. 1mol·L^{-1} 的 Na_2HPO_4 等体积混合，求混合溶液的 pH。已知 $pK_{a_2}=7.21$（5 分）

2. 计算 25℃时，下列电池的电动势。并写出电极反应和电池反应。（5 分）

(−) Cd（s）|Cd^{2+}（1.0 mol·L^{-1}）‖Sn^{2+}（0.01 mol·L^{-1}），Sn^{4+}（0.1 mol·L^{-1}）|Pt（s）(+)

（$E^{\ominus}_{Sn^{2+}/Sn^{4+}}=0.151V$　　$E^{\ominus}_{Cd^{2+}/Cd}=-0.403V$）

模拟试题四答案

一、选择题（每题 1 分 共 60 分）

1. A 2. D 3. C 4. B 5. B 6. C 7. A 8. A 9. C 10. E 11. B 12. D 13. B 14. C 15. D 16. C 17. C 18. C 19. C 20. B 21. C 22. D 23. E 24. A 25. E 26. D 27. D 28. C 29. B 30. D 31. A 32. C 33. C 34. A 35. D 36. D 37. B 38. D 39. B 40. A 41. C 42. E 43. C 44. D 45. D 46. D 47. B 48. D 49. D 50. B 51. B 52. C 53. A 54. E 55. C 56. A 57. C 58. E 59. C 60. D

二、判断题（每题 1 分 共 10 分）

1. F 2. F 3. F 4. F 5. T 6. F 7. F 8. T 9. F 10. T

三、填空题（每空 1 分 共 10 分）

（1）增大 （2）减小 （3）＜ （4）在两对共轭酸碱对之间的传递

（5）6. 21～8. 21 （6）=3 （7）=2 （8）低 （9）高 （10）sp^3

四、简答题（第 1 题 6 分，第 2 题 4 分 共 10 分）

1. $Cl_2+2I^- = 2Cl^-+I_2$（3 分）

2. （1）$MnO_4^-+5Fe^{2+}+8H^+ = Mn^{2+}+5Fe^{3+}+4H_2O$（3 分）

（2）$1s^22s^22p^63s^23p^5$（1 分），Cl（1 分），氯元素（1 分），

第三周期、ⅦA（1 分）

五、计算题（每题 5 分 共 10 分）

1. $pH=pK_a+\lg\frac{c_b}{c_a}=7.21+\lg\frac{0.05}{0.05}=7.21$（5 分）

2. 电极反应：$Cd^{2+}+2e \rightleftharpoons Cd$　$Sn^{4+}+2e \rightleftharpoons Sn^{2+}$（1 分）

电池反应：$Sn^{4+}+Cd \rightleftharpoons Cd^{2+}+Sn^{2+}$（1 分）

$$E_{池}=E^{\ominus}_{池}-\frac{0.0591}{2}\lg\frac{[Cd^{2+}]\times[Sn^{2+}]}{[Sn^{4+}]}$$

$$=0.151+0.403-\frac{0.059}{2}\lg\frac{1.0\times0.01}{0.1}=0.5853V$$

（3 分）

模拟试题五

一、选择题（每题 1 分 共 60 分）

Ⅰ、A_1、A_2 型题

答题说明：每题均有 A、B、C、D、E 五个备选答案，其中有且只有一个正确答案，将其选出，并在答题卡上将相应的字母涂黑。

1. 国际单位制有几个基本单位

A. 2　　B. 4　　C. 5　　D. 6　　E. 7

2. 符号 c 用来表示

A. 物质的质量　　B. 物质的量　　C. 物质的量浓度
D. 质量浓度　　E. 质量分数

3. 土壤中 NaCl 含量高是植物难以生存，这与下列哪一个稀溶液的性质有关

A. 蒸气压下降　　B. 沸点升高　　C. 凝固点下降
D. 渗透压　　E. 沸点降低

4. 有关溶质摩尔分数 x_B 与溶剂摩尔分数 x_A 不正确的是

A. $x_B = \dfrac{n_B}{n_A + n_B}$　　B. $x_A = \dfrac{n_A}{n_A + n_B}$　　C. $x_B + x_A = 1$
D. $x_B + x_A = 2$　　E. $x_B = 1 - x_A$

5. 已知葡萄糖 $C_6H_{12}O_6$ 的摩尔质量是 $180g \cdot mol^{-1}$，1 升水溶液中含葡萄糖 18g，则此溶液中葡萄糖的物质的量浓度为

A. $0.05mol \cdot L^{-1}$　　B. $0.10\ mol \cdot L^{-1}$　　C. $0.20mol \cdot L^{-1}$
D. $0.30mol \cdot L^{-1}$　　E. $0.15\ mol \cdot L^{-1}$

6. 混合溶液中，用来计算某分子或某离子的物质的量浓度的稀释公式是

A. $c_{浓} \times V_{浓} = c_{稀} \times V_{稀}$　　B. $c_{浓} \div V_{浓} = c_{稀} \div V_{稀}$
C. $c_{浓} + V_{浓} = c_{稀} + V_{稀}$　　D. $c_{浓} - V_{浓} = c_{稀} - V_{稀}$
E. $c_{浓} \times V_{稀} = c_{稀} \times V_{浓}$

7. $0.10mol \cdot L^{-1}$ HCl 溶液中，离子强度 I 为

A. $0.10mol \cdot L^{-1}$　　B. $0.20mol \cdot L^{-1}$　　C. $0.30mol \cdot L^{-1}$
D. $0.40mol \cdot L^{-1}$　　E. $0.50\ mol \cdot L^{-1}$

8. 有关离子的活度系数 γ_i 的说法不正确的是

A. 一般，γ_i 只能是<1 的正数　　B. γ_i 可以是正数、负数、小数
C. 溶液越浓，γ_i 越小　　D. 溶液无限稀时，$\gamma_i \to 1$
E. 对于无限稀溶液 $I \to 0$，$\lg\gamma \to 0$

9. 实验测得电解质溶液的解离度总达不到 100%，其原因是

A. 电解质不纯　　B. 电解质与溶剂有作用
C. 有离子氛和离子对存在
D. 强电解质在溶液中离子间相互牵制作用大
E. 强电解质在溶液中是部分解离的

10. 关于溶剂的沸点升高常数，下列哪一种说法是正确的

A. 只与溶质的性质有关　　B. 只与溶剂的性质有关

C. 只与溶质的浓度有关

D. 是溶质的质量摩尔浓度为 1 $mol \cdot kg^{-1}$ 时的实验值

E. 是溶质的物质的量浓度为 1 $mol \cdot kg^{-1}$ 时的实验值

11. 稀溶液依数性的本质是

A. 渗透性　B. 沸点升高　C. 蒸气压下降　D. 凝固点降低

E. 蒸气压升高

12. 已知: CO_2（g）+H_2（g）$\rightleftharpoons$ CO（g）＋ H_2O（g）　K_{P_1}

CoO（s）+H_2（g）$\rightleftharpoons$ Co（s）＋ H_2O（g）　K_{P_2}

CoO（s）＋ CO（g）$\rightleftharpoons$ Co（s）＋ CO_2（g）　K_{P_3}

这三个反应的压力平衡常数之间的关系是

A. $K_{P_3} = K_{P_1} / K_{P_2}$　B. $K_{P_3} = K_{P_2} / K_{P_1}$　C. $K_{P_2} = K_{P_1} - K_{P_3}$

D. $K_{P_3} = K_{P_2} \cdot K_{P_2}$　E. $K_{P_1} = K_{P_2} + K_{P_3}$

13. 对于任一可逆反应: aA（g）+bB（g）$\rightleftharpoons$ dD（g）+eE（g）在一定温度下达到平衡状态时，各反应物和生成物浓度之间的关系式是

A. [D][E]/[A][B]　B. [A][B]/[D][E]　C. $[A]^a[B]^b/[D]^d[E]^e$

D. $[D]^d[E]^e/[A]^a[B]^b$　E. $[D]^d[E]/[A][B]^b$

14. 共轭酸碱对的酸度常数 K_a 和碱度常数 K_b 之间的关系式为

A. $K_a \div K_b = K_W$　B. $K_a + K_b = K_W$　C. $K_a - K_b = K_W$

D. $K_a \times K_b = K_W$　E. $K_a \times K_b \times K_W = 0$

15. 下列物质中，属于质子酸的是

A. HAc　B. CN^-　C. Ac^-　D. Na^+　E. S^{2-}

16. 下列物质中，属于质子碱的是

A. K^+　B. NH_3　C. HCl　D. H_3PO_4　E. NH_4^+

17. 对于反应 HPO_4^{2-}＋H_2O $\rightleftharpoons$ $H_2PO_4^-$＋OH^-，正向反应的酸和碱各为

A. $H_2PO_4^-$和 OH^-　B. HPO_4^{2-}和 H_2O　C. H_2O 和 HPO_4^{2-}

D. $H_2PO_4^-$ 和 HPO_4^{2-}　E. $H_2PO_4^-$和 H_2O

18. 在 HAc 溶液中，加入下列哪种物质可使其解离度增大

A. HCl　B. NaAc　C. HCN　D. KAc　E. NaCl

19. H_3O^+、H_2S 的共轭碱分别是

A. OH^-、S^{2-}　B. H_2O、HS^-　C. H_2O、S^{2-}　D. OH^-、HS^-

E. H_2O、H_2S

20. 在 HAc 溶液中，加入下列哪一种物质可使其解离度不增大

A. Na_2SO_4　B. NH_4Ac　C. KNO_3　D. KCl　E. NaCl

21. $BaSO_4$ 的溶解度为 s mol/L，则 $BaSO_4$ 的 K_{sp} ＝

A. s^2　B. $4s^3$　C. s^3　D. $2s^3$　E. $5s$

22. CuS 易溶于

A. H_2O　B. 稀 HNO_3　C. HCl　D. HAc　E. NH_4Cl

23. 在含有 AgCl 沉淀的饱和溶液中，加入 KI 溶液，白色 AgCl 的沉淀转化为黄色 AgI

的沉淀的原因是（已知：$K_{sp,\ AgI}$=8. 52×10^{-17}，$K_{sp,\ AgCl}$=1.77×10^{-10}）

A. $K_{sp,\ AgI}>K_{sp,\ AgCl}$　　B. $K_{sp,\ AgCl}>K_{SP,\ AgI}$　　C. $K_{sp,\ AgCl}=K_{sp,\ AgI}$

D. 发生了盐效应　　E. 发生了同离子效应

24. 在 0. 010 mol·L^{-1} CrO_4^{2-}和 0. 10 mol·L^{-1} Cl^-混合溶液中，逐滴加入 $AgNO_3$ 溶液，在难溶物 AgCl 和 Ag_2CrO_4 中先产生沉淀的是

（已知：$K_{sp,AgCl}$=1. 77×10^{-10}，K_{sp,Ag_2CrO_4}=1. 12×10^{-12}）

A. Ag_2CrO_4　　B. AgCl　　C. AgCl 和 Ag_2CrO_4 同时产生沉淀

D. AgCl 和 Ag_2CrO_4 不产生沉淀　　E. 先 Ag_2CrO_4 产生沉淀后 AgCl 产生沉淀

25. AgI 在下列哪一种溶液中溶解度最大

A. $NH_3·H_2O$　　B. NaI　　C. $AgNO_3$　　D. KCN　　E. H_2O

26. 下列有关氧化数的叙述中，不正确的是

A. 单质的氧化数均为零

B. 氧化数既可以为整数，也可以为分数

C. 离子团中，各原子的氧化数之和等于离子的解荷数

D. 氟的氧化数均为–1

E. 氢的氧化数都为+1，氧的氧化数都为–2

27. 下列物质中最强的氧化剂是

A. MnO_4^-（$E^\ominus_{MnO_4^-/Mn^{2+}}$=+1. 507V）

B. $Cr_2O_7^{2-}$（$E^\ominus_{Cr_2O_7^{2-}/Cr^{3+}}$=+1. 323V）

C. Cl_2（$E^\ominus_{Cl_2/Cl^-}$=+1. 358V）

D. F_2（$E^\ominus_{F_2/F^-}$=+ 2. 866V）

E. $E^\ominus_{I_2/I^-}$=+0. 536V

28. 在 Na_2SO_4、$Na_2S_2O_3$、$Na_2S_4O_6$ 中，S 的氧化数分别为

A. +6、+4、+2　　B. +6、+2. 5、+4　　C. +6、+2、+2. 5

D. +6、+4、+3　　E. +6、+ 5、+ 4

29. 下列反应：$2Fe^{2+}+I_2 \rightleftharpoons 2Fe^{3+}+2I^-$ 在标态下自发进行的方向是

（已知：$E^\ominus_{I_2/I^-}$=0. 536V，$E^\ominus_{Fe^{3+}/Fe^{2+}}$=0. 771V）

A. 正向　　B. 逆向　　C. 逆向不自发

D. 处于平衡　　E. 正向不自发

30. 相同条件下，若反应 $I_2+2e \rightleftharpoons 2I^-$的 $E^\ominus$=+0. 536V，则反应 $1/2I_2+e=I^-$的 $E^\ominus$ 值为

A. 0. 269V　　B. 1. 071V　　C. 0. 536V

D. 0. 071V　　E. 2. 071V

31. 对于原电池描述正确的是

A. 正极发生的是还原反应　　B. 正极发生的是氧化反应

C. 正极是失电子的一极　　D. 负极是得电子的一极

E. 负极发生还原反应

32. 下列说法不正确的是

A. $\lg K^{\ominus}=nE^{\ominus}_{池}/0.0592$　　B. $E^{\ominus}_{池}$越大，平衡常数也越大

C. $E^{\ominus}_{池}$与速率无关　　D. $E^{\ominus}_{池}>0$ 时，反应一定正向自发进行

E. $E^{\ominus}_{池}>0$ 时，反应一定逆向自发进行

33. IUPAC 规定的标准电极是

A. 甘汞电极　　B. 银-氯化银电极　　C. 标准氢电极

D. 铜电极　　E. 锌电极

34. 以下五种元素的基态原子核外电子排布式中，正确的是

A. ^{13}Al　$1s^22s^22p^63s^3$　　B. ^6C　$1s^22s^22p_x^22p^0_y2p^0_z$

C. ^4Be　$1s^22p^2$　　D. ^{24}Cr　$1s^22s^22p^63s^23p^63d^44s^2$

E. ^{26}Fe　$1s^22s^22p^63s^23p^63d^64s^2$

35. 基态 ^{24}Cr 原子的核外电子排布式及在周期表中的位置均正确的是

A. $[Ar]\ 3d^54s^1$、d 区　　B. $[Ar]\ 3d^44s^2$、d 区

C. $[Ar]\ 3d^64s^1$、ds 区　　D. $[Ar]3s^23p^63d^{10}$、ds 区

E. $[Ar]\ 3d^64s^2$、ds 区

36. 3d 电子的径向分布函数图是

A. 1 个峰　　B. 2 个峰　　C. 3 个峰

D. 4 个峰　　E. 5 个峰

37. 如果一个原子的主量子数是 3，则它

A. 只有 s 电子和 p 电子　　B. 只有 s 电子

C. 只有 s、p 电子和 d 电子　　D. 有 s、p、d 电子和 f 电子

E. 只有 p 电子

38. 当主量子数 n 相同时，s、p、d、f 轨道的能量高低顺序正确的是

A. $E_s>E_p>E_d>E_f$　　B. $E_s>E_p>E_d=E_f$

C. $E_p>E_s>E_d>E_f$　　D. $E_d>E_p>E_s>E_f$

E. $E_f>E_d>E_p>E_s$

39. 基态原子 Na（Z=11）最外层有一个电子，描述这个电子运动状态的四个量子数为

A. $n=3$，$l=1$，$m=0$，$m_s=+1/2$ 或 $-1/2$

B. $n=3$，$l=1$，$m=+1$，$m_s=+1/2$ 或 $-1/2$

C. $n=3$，$l=0$，$m=0$，$m_s=+1/2$ 或 $-1/2$

D. $n=3$，$l=1$，$m=-1$，$m_s=+1/2$ 或 $-1/2$

E. $n=3$，$l=0$，$m=1$，$m_s=+1/2$ 或 $-1/2$

40. $|\psi|^2$ 用来描述

A. 核外电子在空间出现的几率　　B. 核外电子在空间出现的几率密度

C. 核外电子的波动性　　D. 核外电子的能级

E. 核外电子的微粒性

41. 已知 O_2 的分子轨道 $KK\sigma_{2S}^2\sigma^{*2}_{2S}\sigma_{2P_x}^2\pi_{2Py}^2\pi_{2Pz}^2\pi^{*1}_{2Py}\pi^{*1}_{2Pz}$，则 O_2 的键级为

A. 2　　B. 2.5　　C. 3　　D. 1　　E. 0

42. 已知 $HgCl_2$ 是直线型分子，则 Hg 的成键杂化轨道是

A. sp　B. sp^2　C. sp^3　D. sp^2　E. sp^3d^2

43. 下列分子中，键角大小次序不正确的是

A. $NH_3>H_2O$　B. $CO_2>NH_3$　C. $CH_4<H_2O$

D. $BF_3>H_2O$　E. $CO_2>CH_4$

44. 有关 CO_2 的极性和键极性的说法中不正确的是

A. CO_2 中存在着极性共价键

B. CO_2 中键有极性，所以 CO_2 是极性分子

C. CO_2 是结构对称的直线型分子

D. CO_2 偶极矩 μ 值为零

E. CO_2 中键有极性，但结构对称，所以 CO_2 是非极性分子

45. 原子形成分子时，原子轨道之所以要进行杂化，其原因是

A. 进行电子重排　B. 增加配对的电子数

C. 增加成键能力　D. 保持共价键的方向性

E. 保持共价键的饱和性

46. 下列化合物中没有氢键的是

A. H_2O　B. NH_3　C. HF

D. H_2O 和 CH_3OH　E. CH_4

47. 配合物 $K_2[CaY]$的名称和配位数分别为

A. EDTA 合钙（Ⅱ）酸钾、1　B. EDTA 和钙（0）酸钾、2

C. EDTA 和钙（Ⅲ）酸钾、4　D. EDTA 合钙（Ⅱ）酸钾、6

E. EDTA 合钙（Ⅱ）酸钾、5

48. $[Fe(H_2O)_6]^{2+}$的空间构型和中心离子的杂化轨道类型分别为（已知 Fe：Z=26）

A. 八面体型和 d^2sp^3　B. 八面体型和 sp^3d^2　C. 四面体型和 sp^3

D. 四方型和 dsp^2　E. 三角双锥型和 dsp^3

49. 下列说法中不正确的是

A. 中心离子和配体是电子论中的酸碱关系

B. 高自旋配合物中单电子数较多

C. 低自旋配合物是单电子数较少的内轨型

D. CN^-作配体的配合物都是内轨型

E. F^-作配体的配合物都是外轨型

50. 下列哪一种关于螯合作用的说法是不正确的

A. 有两个配原子或两个以上配原子的配体都可与中心离子形成螯合物

B. 螯合作用的结果将使配合物成环

C. 起螯合作用的配体称为螯合剂

D. 螯合物通常比相同配原子的相应单齿配合物稳定

E. 由于环状结构的生成而使配合物具有特殊稳定性的作用称为螯合效应。

Ⅱ、B_1 型题

答题说明：A、B、C、D、E 是备选答案，下面是两道考题。答题时，对每道考题从备选答案中选择一个正确答案，在答题卡上将相应考题的相应字母涂黑。每个备选答案可选择一次或一次以上，也可一次不选。

A. NaH_2PO_4-Na_2HPO_4（$pK_{a,H_2PO_4^-}$=7. 21）

B. $NaHCO_3$-Na_2CO_3（pK_{a,HCO_3^-}=10. 25）

C. $NH_3\cdot H_2O$-NH_4Cl（pK_{a,NH_4^+}=9. 25）

D. HAc-NaAc（$pK_{a,\ HAc}$=4. 75）

E. HCOOH-HCOONa（$pK_{a,\ HCOOH}$=3. 77）

51. 缓冲范围为 8. 21～6. 21 的缓冲对是（　）
52. 配制的 pH=5. 0 的最适宜的缓冲对是（　）

A. $CaSO_4$（K_{sp} = 4. 93×10^{-5}）　　B. $BaSO_4$（K_{sp} =1. 08×10^{-10}）

C. $SrSO_4$（K_{sp} = 3. 44×10^{-7}）　　D. $PbSO_4$（K_{sp} =2. 53×10^{-8}）

E. $CaCrO_4$（K_{sp} = 7. 10×10^{-4}）

53. 溶解度最小的难溶电解质（　）
54. 溶解度最大的难溶电解质（　）

对于一个已达平衡的气体反应，如 N_2（g）＋$3H_2$（g）$\rightleftharpoons$ $2NH_3$（g），

A. $[N_2][H_2]^3/[NH_3]$　　B. $[NH_3]^2/[N_2][H_2]^3$　　C. $P_{N_2}P^3_{H_2}/P^2_{NH_3}$

D. $[P_{NH_3}]^2/[P_{N_2}][P_{H_2}]^3$　　E. $[NH_3]^2\cdot[N_2]\cdot[H_2]^3$

55. K_C 的 表达式为 （　）
56. K_P 的 表达式为 （　）

A. Cr^{3+}　　B. $Cr_2O_7^{2-}$　　C. Fe^{3+}　　D. Fe^{2+}　　E. H_2O

反应：$Cr_2O_7^{2-}+6Fe^{2+}+14H^+ \rightleftharpoons 2Cr^{3+}+6Fe^{3+}+7H_2O$ 在标态下正向进行

57. 该反应的氧化剂是（　）
58. 该反应的还原产物是（ ）

A. $X_{Cl}>X_O$　　B. $X_O>X_{Cl}$　　C. $I_{I,\ N}>I_{I,\ O}$

D. $I_{I,\ O}>I_{I,\ N}$　　E. $I_{I,\ O}>I_{I,\ He}$

59. 元素电负性 X 大小次序正确的是（ ）
60. 元素原子的解离能 I_1 大小次序正确的是（　）

二、判断题（每题 1 分 共 10 分）

答题说明：正确的将答题卡上的“T”涂黑，错误的将答题卡上的“F”涂黑。

1. 饱和溶液均为浓溶液。
2. 通常，化学平衡常数 K 与浓度无关，而与温度有关。

3. 在饱和 H_2S 溶液中，$[H^+]$为$[S^{2-}]$的二倍。

4. 难溶电解质的溶解度均可由其溶度积计算得到。

5. MnO_4^-的氧化能力随溶液 pH 的增大而增大。

6. p_X 轨道与 s 轨道可以形成 π 键，P_Y 与 P_Y 轨道可以形成 σ 键。

7. 同一缓冲系的缓冲溶液，总浓度相同时，只有 pH= pK_a 溶液，缓冲能力最大。

8. 一个共轭酸碱对可以相差一个、两个或三个质子。

9. H 的 $E_{4s}>E_{3d}$，而 Fe 的 $E_{4s}<E_{3d}$。

10. 所有配合物都由内界和外界两部分组成。

三、填空题（每空 1 分 共 10 分）

答题说明：答案必须做在答题纸上，做在试卷上一律无效。

1. 无限稀的强电解质溶液的活度（a）就是 ___(1)___。

2. K 越大，表示正反应完成程度越 ___(2)___。

3. $NaHCO_3$-Na_2CO_3 缓冲系中，抗酸成分是 ___(3)___。

4. 一种物质的氧化态氧化性越强，则与它共轭的还原态的还原性就越___(4)___。

5. 周期表中最活泼的金属是 ___(5)___ ，最活泼的非金属是 ___(6)___ 。

6. 双原子分子中，键有极性，分子一定有___(7)___。

7. 形成配位键的必要条件是中心原子（或离子）必须要有 ___(8)___，配位原子必须要有___(9)___。

8. $[Ag(NH_3)_2]Cl$ 的正确命名是___(10)___。

四、简答题（1、2 题各 2 分，3、4 题各 3 分 共 10 分）

答题说明：答案必须做在答题纸上，做在试卷上一律无效。

1. 写出计算一元弱酸溶液中$[H_3O^+]$的最简公式及使用的条件。

2. 下列氮元素的基态原子核外电子排布式中，违背了哪个原理?写出它的正确电子构型。^7N $1s^22s^23p^3$

3. 分子轨道是原子轨道遵循哪成键三原则形成的?

4. 比较配酸 $H[Ag(CN)_2]$ 和 HCN 的酸性强弱，并说明理由。

五、计算题（1 题 3 分，2 题 7 分 共 10 分）

答题说明：答案必须做在答题纸上，做在试卷上一律无效。

1. 取 0. 749g 谷氨酸溶于 50. 0g 水中，其凝固点降低 0. 188K，求谷氨酸的摩尔质量。（已知水的 K_f=1. 86 K·kg·mol^{-1} ）

2. 已知：$E^{\ominus}_{Cu^{2+}/Cu}=0.342V$ $E^{\ominus}_{Zn^{2+}/Zn}=-0.762V$

（1）写出标准铜-锌原电池的电池符号。

（2）指出正极、负极并写出正极反应和负极反应。

（3）写出配平的原电池反应。

（4）计算标准电池电动势（$E^{\ominus}_{池}$），并判断反应进行的方向?

模拟试题五答案

一、选择题（每题 1 分 共 60 分）

1. E 2. C 3. D 4. D 5. B 6. A 7. A 8. B 9. C 10. B 11. C 12. B 13. D 14. D 15. A 16. B 17. C 18. E 19. B 20. B 21. A 22. B 23. B 24. B 25. D 26. E 27. D 28. C 29. B 30. C 31. A 32. E 33. C 34. E 35. A 36. A 37. C 38. E 39. C 40. B 41. A 42. A 43. C 44. B 45. C 46. E 47. D 48. B 49. D 50. A 51. A 52. D 53. B 54. E 55. B 56. D 57. B 58. A 59. B 60. C

二、判断题（每题 1 分 共 10 分）

1.（F） 2.（T） 3.（F） 4.（F） 5.（T） 6.（F） 7.（T） 8.（F） 9.（T） 10.（F）

三、填空题（每空 1 分 共 10 分）

（1）浓度（或 c） （2）大

（3）CO_3^{2-} （4）弱 （5）Cs（或铯）

（6）F（或氟） （7）极性

（8）空轨道 （9）孤对电子

（10）氯化二氨合银（I）

四、简答题（1、2 题各 2 分，3、4 题各 3 分 共 10 分）

1. 答：（1）计算一元弱酸溶液中 H_3O^+浓度的最简公式：

$$[H_3O^+]=\sqrt{K_a \cdot c} \quad （1 分）$$

（2）使用的条件为 $c/K_a \geqslant 500$ （1 分）

2. 答：违背了能量最低原理 （1 分）

正确电子组态：^7N $1s^22s^22p_X{}^12p_Y{}^12p_z{}^1$ （或 $1s^22s^22P^3$ ）（1 分）

3. 答：（1）对称性匹配原则（1 分）

（2）能量近似原则 （1 分）

（3）最大重叠原则 （1 分）

4.（1）$H[Ag(CN)_2]$ 比 HCN 的酸性强。（或酸性：$H[Ag(CN)_2]$ >HCN） （1 分）

（2）原因：由于配合物的内界与外界之间为离子键，在水中完全离解：$H[Ag（CN)_2]=H^+ + [Ag（CN）_2]^-$，

故 $H[Ag（CN)_2]$为一种强酸而非弱酸。

（1 分）

HCN 是弱酸，在水溶液中部分离解：$HCN \rightleftharpoons H^+ + CN^-$ 故 HCN 为弱酸。（1 分）

五、计算题（1 题 2 分，2 题 8 分 共 10 分）

1 解：设谷氨酸的摩尔质量为 M_B

已知：水的 K_f=1. 86 K· kg · mol^{-1}

由 $\Delta T_f = K_f b_B = K \cdot m_B/m_A M_B$ （1 分）

得 $M_B = K_f \cdot m_B / m_A \Delta T_f$

$= 1.86\ K \cdot kg \cdot mol^{-1} \times 0.749g/50g \times 0.188\ K$

$= 0.148 K \cdot g \cdot mol^{-1} = 148 g \cdot mol^{-1}$ （1 分）

2. 解：（1）（-）Zn（s）｜Zn^{2+}（1mol·L^{-1}）‖ Cu^{2+}（1mol·L^{-1}）｜Cu（s）（+）（1 分）

（2）正极是铜电极 （0. 5 分）

负极是锌电极 （0. 5 分）

正极反应（或还原反应）：$Cu^{2+}+2e \rightleftharpoons Cu$ （1 分）

负极反应（或氧化反应）：$Zn^{2+}+2e \rightleftharpoons Zn$（1 分）

（3）$Cu^{2+} + Zn = Zn^{2+} + Cu$ （1 分）

（4）$E^{\ominus}_{池} = E^{\ominus}_{(+)} - E^{\ominus}_{(-)}$ （1 分）

$E^{\ominus}_{池} = 0.342V - (-0.762V) = 1.104V$ （1 分）

通过计算得知，$E^{\ominus}_{池} > 0$ 所以，该反应向右自发进行。（1 分）